DIANLI DIANZI JISHU JICHU

电力电子技术基础

段志梅 程加堂 编著

U0300256

中国电力出版社
CHINA ELECTRIC POWER PRESS

内 容 提 要

本书是针对专业基础课程教学需要编写的教材，对电力电子技术的内容进行了精选，以电力电子器件、变流电路和控制技术为主线，注重基础，强调应用，并将 Matlab 仿真融入变流电路的性能分析与设计中。主要内容包括电力电子器件、整流电路、无源逆变电路、直流—直流变换电路、交流—交流变换电路、PWM 控制技术、软开关技术和电力电子技术应用。内容取材丰富、结构合理、系统性强，是分析和设计电力电子电路不可或缺的基础知识。

本书适合高等院校电气工程、自动化、电力电子及相关专业的本科生阅读，也可供从事相关工作的技术人员参考。

图书在版编目（CIP）数据

电力电子技术基础/段志梅，程加堂编著. —北京：中国电力出版社，2017.9（2023.1 重印）

ISBN 978 - 7 - 5198 - 0262 - 2

Ⅰ．①电…　Ⅱ．①段…②程…　Ⅲ．①电力电子技术-高等学校-教材　Ⅳ．①TM1

中国版本图书馆 CIP 数据核字（2017）第 005443 号

出版发行：中国电力出版社
地　　　址：北京市东城区北京站西街 19 号（邮政编码 100005）
网　　　址：http：//www. cepp. sgcc. com. cn
责任编辑：莫冰莹（iceymo@qq.com）　孙世通
责任校对：闫秀英
装帧设计：王英磊　赵姗姗
责任印制：蔺义舟

印　　　刷：三河市航远印刷有限公司
版　　　次：2017 年 9 月第一版
印　　　次：2023 年 1 月北京第二次印刷
开　　　本：787 毫米×1092 毫米　16 开本
印　　　张：17.25
字　　　数：417 千字
印　　　数：2001—2500 册
定　　　价：54.00 元

前　言

电力电子技术是依靠电力电子器件实现电能的高效率变换和控制的一门学科。电力电子技术是现代社会的重要支撑技术，它几乎已渗透到社会的各个方面，如电力系统、交通运输、无线电通信、计算机、冶金、家电、可再生能源、混合动力汽车、环境保护、补偿控制等领域。未来90％的电能都将通过电力电子技术处理后再加以利用，以便提高能源利用效率，提高工业生产的效率，实现可再生能源的最大利用，电力电子技术在未来的科技发展中发挥着不可替代的作用。

本书是作者根据多年的教学经验，遵循编写教材的规律，并在参考大量文献的基础上，对电力电子技术的内容进行了精选，重点介绍电力电子技术的基础知识，突出电力电子应用技术所占比重，引入 Matlab 对基本的电力电子电路进行仿真分析，供读者进一步加深对电力电子电路工作原理的理解和定量分析方法的掌握。全书共9章，主要内容包括绪论、电力电子器件、整流电路、无源逆变电路、直流—直流变换电路、交流—交流变换电路、PWM 控制技术、软开关技术和电力电子技术应用，各章均有代表性的例题。以通俗性和实用性为主，便于读者加深理解和灵活运用。

本书力求概念清晰、内容层次分明，注重基础，突出重点。作为一门工程技术，具有理论基础与应用技术并重的特点。本书适用于高等学校电气工程、自动化、电力电子及相关专业的本科生学习，也可供从事相关工作的技术人员参考。

本书第1章、第7章、第8章由程加堂编写，第2～6章、第9章由段志梅编写，全书由段志梅统稿。

本书在编写过程中参阅了大量的图书资料，在此对参考文献中的作者表示衷心的感谢。本书配套免费电子课件，请需要的读者发邮件至 704424481@qq.com 索取。

限于作者水平，书中难免存在缺点和错误，敬请读者批评指正。

作　者
2016 年 12 月

前　言

目 录

1

绪　　论

1.1　电力电子技术基本概念

1.1.1　电力电子技术的概念

1. 电子技术与电力电子技术的关系

电子技术包括信息电子技术和电力电子技术，信息电子技术包括模拟电子技术和数字电子技术，是用来对信息进行处理的技术，属于弱电范畴。电子技术一般是指信息电子技术。

2. 什么是电力电子技术

电力电子技术是应用于电力领域的电子技术，具体来说就是使用电力电子器件对电能进行变换和控制的技术。目前电力电子器件均用半导体制成，故也称电力半导体器件。电力电子技术主要用于电力变换。电力电子技术变换的"电力"，可大到数百兆瓦甚至吉瓦，也可小到数瓦甚至 1W 以下。

3. 电力变换

电力有交流和直流两种。从公用电网直接获得的电力是交流，从蓄电池和干电池获得的电力是直流。

实际应用中，从公用电网和电池获得的电力往往不能直接满足实际要求，需要进行电力变换。

电力变换通常可分为四大类，即交流变直流（AC - DC）、直流变交流（DC - AC）、直流变直流（DC - DC）和交流变交流（AC - AC）。能进行上述电力变换的技术称为变流技术。

能把交流电变成直流电（AC - DC）的电路称为整流电路，而把直流电变成交流电（DC - AC）的电路是整流电路的逆过程，称为逆变电路。直流变直流（DC - DC）的电路是指把某种数值的直流电压（或电流）变为另一种数值的直流电压（或电流）。交流变交流（AC - AC）的电路可以实现变换交流电的电压、频率、相数、功率等。

1.1.2　电力电子技术的两大分支

电力电子技术包含电力电子器件制造技术和变流技术（也称为电力电子器件的应用技术）两大分支。

变流技术包括用电力电子器件构成的各种电力变换电路和对这些电路进行控制的技术，以及由这些电路构成电力电子装置和电力电子系统的技术。"变流"不只指交直流之间的变换，也包括上述的直流变直流和交流变交流的变换。

电力电子器件的制造技术是电力电子技术的基础，其理论基础是半导体物理。变流技术是电力电子技术的核心，其理论基础是电路理论。

1.1.3 电力电子技术的相关学科

1. "电力电子技术"和"电力电子学"的关系

"电力电子学"和"电力电子技术"在内容上没有很大的不同，只是分别从学术和工程技术这两个不同的角度来称呼。1974 年，美国的 W. Newell 用图 1-1 所示的倒三角形对电力电子学进行了描述，认为电力电子学是由电力学、电子学和控制理论这 3 个学科交叉而形成的，这一观点被全世界普遍接受。

（1）电力电子技术和电子学的关系。电子学包含电子器件和电子电路两大分支，分别与电力电子器件和电力电子电路相对应。

电力电子器件制造技术和电子器件制造技术的理论基础是一样的，其大多数工艺也是相同的。特别是现代电力电子器件的制造大都使用集成电路制造工艺，采用微电子制造技术，许多设备都和微电子器件制造设备通用，这说明二者同根同源。

电力电子电路和电子电路的许多分析方法也是一致的，只是二者应用目的不同，前者用于电力变换和控制，后者用于信息处理。广义而言，电子电路中的功率放大和功率输出部分也可算做电力电子电路。此外，电力电子电路广泛用于包括电视机、计算机在内的各种电子装置中，其电源部分都是电力电子电路。

在信息电子技术中，半导体器件既可工作在放大状态，也可工作在开关状态；而在电力电子技术中为避免功率损耗过大，电力电子器件总是工作在开关状态，这是电力电子技术的一个重要特征。

（2）电力电子技术与电力学的关系。电力电子技术广泛用于电气工程中，这就是电力电子学和电力学的主要关系。

"电力学"这个术语在我国已不太应用，可用"电工科学"或"电气工程"取代之。

各种电力电子装置广泛应用于高压直流输电、静止无功补偿、电力机车牵引、交直流电力传动、电解、励磁、电加热、高性能交直流电源等电力系统和电气工程中，因此，通常把电力电子技术归属于电气工程学科。电力电子技术是电气工程学科中的一个最为活跃的分支。电力电子技术的不断进步给电气工程的现代化以巨大的推动力，是保持电气工程活力的重要源泉。

（3）电力电子技术与控制理论的关系。控制理论广泛用于电力电子技术中，它使电力电子装置和系统的性能不断满足人们日益增长的各种需求。

电力电子技术可以看成是弱电控制强电的技术，是弱电和强电之间的接口。而控制理论则是实现这种接口的一条强有力的纽带。

控制理论和自动化技术密不可分，而电力电子装置则是自动化技术的基础元件和重要支撑技术。

2. 我国电力电子与电气工程的关系

在我国的学科分类中，电力电子与电力传动是电气工程的一个二级学科。图 1-2 用两个三角形对电气工程进行了描述，其中大三角形描述了电气工程一级学科和其他学科的关系，小三角形则描述了电气工程一级学科内各二级学科的关系。

从大三角形来看，信息科学和能源科学与电气工程有密切的关系。信息科学即电子信息工程（包括通信，但可以不包括计算机科学和工程），也就是所谓的弱电。电气工程研究的主要是电能，而信息科学则是研究（如何利用电磁来）处理信息。二者有所不同，但又同根

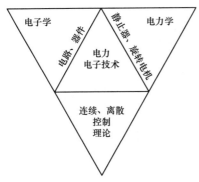

图 1-1 描述电力电子学的倒三角形

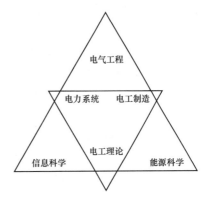

图 1-2 电气工程的双三角形描述

同源，而且电气工程的发展越来越依赖于电子信息技术的进步。从应用领域看，电气工程又和能源科学密切相关。电能是能源的一种，且是使用、输送和控制最为方便的能源。人类在任何时候都不可能离开能源，能源为人类提供动力，是人类的研究对象。因此，人类如果关注能源，就必须关注电能，也就必须关注电气工程。正因为这个密切的关系，国家在划分专业或行业时，常常把电力和动力放在一起。

小三角形所描述的电气工程内部结构，电工理论是电气工程的基础，主要包括电路理论和电磁场理论，这些理论是物理学中的电学和磁学的发展和延伸。电气装备制造既包括发电机、电动机、变压器等电机设备的制造，也包括开关、用电设备等电器设备的制造，还包括电力电子设备的制造、各种电气控制装置的制造以及电工材料、电气绝缘等内容。电气设备在制造时必须考虑其运行，而电力系统是由各种电气设备组成的，系统的良好运行当然是依靠良好的设备。

在电气工程的二级学科中，电力电子技术处于十分特殊的地位。其他几个二级学科的发展都依赖于电力电子技术的发展，正是由于电力电子技术的迅速发展，才使电气工程始终保持强大的活力。

3. 21 世纪电力电子技术的前景

电力电子技术是 20 世纪后半叶诞生和发展的一门崭新的技术。21 世纪，电力电子技术仍将以迅猛的速度发展，以计算机为核心的信息科学将是 21 世纪起主导作用的科学技术之一，电力电子技术和运动控制一起，将和计算机技术共同成为未来科学技术的两大支柱。把计算机的作用比做人的大脑。那么，可以把电力电子技术比做人的消化系统和循环系统。消化系统对能量进行转换（把电网或其他电源提供的"粗电"变成适合于使用的"精电"），再由以心脏为中心的循环系统把转换后的能量传送到大脑和全身。电力电子技术连同运动控制一起，还可比做人的肌肉和四肢，使人能够运动和从事劳动。电力电子技术在 21 世纪中将会起着十分重要的作用，有着十分光明的未来。

1.2 电力电子技术的发展史与发展趋势

1.2.1 电力电子技术的发展史

电力电子器件的发展对电力电子技术的发展起着决定性的作用，因此，电力电子技术的发展史是以电力电子器件的发展史为纲的。电力电子技术的发展史如图 1-3 所示。

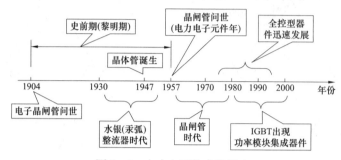

图 1-3 电力电子技术发展史

电力电子技术的诞生是以 1957 年美国通用电气公司研制出的第一个晶闸管为标志，晶闸管出现前，用于电力变换的电子技术已经存在了，晶闸管出现前的时期可称为电力电子技术的史前期或黎明期。

1904 年出现了电子管，它能在真空中对电子流进行控制，并应用于通信和无线电，从而开了电子技术用于电力领域的先河。

后来出现了水银整流器，其性能和晶闸管很相似。20 世纪 30 年代到 50 年代，水银整流器发展迅速并大量被应用。它广泛用于电化学工业、电气铁道直流变电站以及轧钢用直流电动机的传动，甚至用于直流输电。这一时期，各种整流电路、逆变电路、周波变流电路的理论已经发展成熟并广为应用。在晶闸管出现以后的相当一段时期内，所使用的电路形式仍然是这些形式。这一时期，把交流变为直流的方法除水银整流器外，还有发展更早的电动机—直流发电机组，即变流机组。和旋转变流机组相对应，静止变流器的称呼从水银整流器开始而沿用至今。

1947 年美国贝尔实验室发明了晶体管，引发了电子技术的一场革命，最先用于电力领域的半导体器件是硅二极管。

1.2.2 电力电子技术的发展趋势

（1）晶闸管。1957 年晶闸管出现后，由于其优越的电气性能和控制性能，使之很快就取代了水银整流器和旋转变流机组，并且应用范围也迅速扩大。电化学工业、铁道电气机车、钢铁工业（轧钢用电气传动、感应加热等）、电力工业（直流输电、无功补偿等）的迅速发展也有力地推动了晶闸管的进步。电力电子技术的概念和基础就是由晶闸管及晶闸管变流技术的发展而确立的。

晶闸管是通过控制门极，使其能够导通而不能关断的器件，因而属于半控型器件。

晶闸管电路的控制方式主要是相位控制方式，晶闸管的关断通常依靠电网电压等外部条件来实现，这就使得晶闸管的应用受到了很大的局限。

（2）全控型器件。20 世纪 70 年代后期开始，以门极可关断晶闸管（GTO）、电力双极型晶体管（BJT）和电力场效应晶体管（Power-MOSFET）为代表的全控型器件迅速发展。全控型器件的特点是通过对门极（基极、栅极）的控制，既可使其开通又可使其关断，开关速度普遍高于晶闸管，可用于开关频率较高的电路。这些优越的特性使电力电子技术的面貌焕然一新，把电力电子技术推进到一个新的发展阶段。

和晶闸管电路的相位控制方式相对应，采用全控型器件电路的主要控制方式为脉冲宽度调制（PWM）方式，可称之为斩波控制方式，简称斩控方式。PWM 控制技术在电力电子变流技术中占有十分重要的地位，它在逆变、斩波、整流、变频及交流电力控制中均可应用。它使电路的控制性能大为改善，使以前难以实现的功能也得以实现，对电力电子技术的发展产生了深远的影响。

（3）复合型器件和功率集成电路。20 世纪 80 年代后期开始，出现了以绝缘栅双极型晶体管（IGBT）为代表的复合型器件，IGBT 是 MOSFET 和 BJT 的复合，属于全控型器件。它把 MOSFET 驱动功率小、开关速度快的优点和 BJT 通态压降小、载流能力大的优点集于一身，性能十分优越，使之成为现代电力电子技术的主导器件。与 IGBT 相对应，MOS 控制晶闸管（MCT）和集成门极换流晶闸管（IGCT）都是 MOSFET 和 GTO 的复合，它们也综合了 MOSFET 和 GTO 两种器件的优点。

为了使电力电子装置的结构紧凑、体积减小，常常把若干个电力电子器件及必要的辅助元件做成模块的形式，这给应用带来了很大的方便。后来又把驱动、控制、保护电路和功率器件集成在一起，构成功率集成电路（PIC）。目前经常使用的智能化功率模块（IPM），除了集成功率器件和驱动电路以外，还集成了过电压、过电流和过热等故障检测电路，并可将监测信号传送至 CPU，以保证 IPM 自身不受损害。目前其功率集成电路模块的功率都还较小，但代表了电力电子技术发展的一个重要方向。

（4）软开关技术。随着全控型电力电子器件的不断进步，电力电子电路的工作频率也不断提高，同时，电力电子器件的开关损耗也随之增大。为了减小开关损耗，软开关技术便应运而生，零电压开关（ZVS）和零电流开关（ZCS）就是软开关的最基本形式，理论上讲采用软开关技术可使开关损耗降为零，可以提高效率，也使得开关频率可以进一步提高，从而提高了电力电子装置的功率密度。

1.3 电力电子技术的应用

1.3.1 一般工业

工业中大量应用各种交直流电动机。直流电动机有良好的调速性能，给其供电的可控整流电源或直流斩波电源都是电力电子装置。近年来，由于电力电子变频技术的迅速发展，使得交流电机的调速性能可与直流电机相媲美，交流调速技术大量应用并占据主导地位。大至数百万瓦的各种轧钢机，小到几百瓦的数控机床的伺服电机，以及矿山牵引等场合都广泛采用电力电子交直流调速技术。一些对调速性能要求不高的大型鼓风机等近年来也采用了变频装置，以达到节能的目的。还有些不调速的电机为了避免启动时的电流冲击而采用了软启动装置，这种软启动装置也是电力电子装置。

电化学工业大量使用直流电源，电解铝、电解食盐水等都需要大容量整流电源。电镀装置也需要整流电源。

电力电子技术还大量用于冶金工业中的高频、中频感应加热电源、淬火电源及直流电弧炉电源等场合。

1.3.2 交通运输

电气化铁道中广泛采用电力电子技术。电气机车中的直流机车采用整流装置，交流机车采用变频装置。直流斩波器也广泛用于铁道车辆。在未来的磁悬浮列车中，电力电子技术更是一项关键技术。除牵引电机传动外，车辆中的各种辅助电源也都离不开电力电子技术。

电动汽车的发电机靠电力电子装置进行电力变换和驱动控制，其蓄电池的充电也离不开电力电子装置。一台高级汽车中需要许多控制电机，它们也要靠变频器和斩波器驱动并控制。

飞机、船舶需要很多不同要求的电源，因此航空和航海都离不开电力电子技术。

如果把电梯也算做交通运输，那么它也需要电力电子技术。以前的电梯大都采用直流调速系统，而近年来交流变频调速已成为主流调速方式。

1.3.3 电力系统

电力电子技术在电力系统中有着非常广泛的应用。据估计，发达国家在用户最终使用的电能中，有 60% 以上的电能至少经过一次以上电力电子变流装置的处理。电力系统在通向现代化的进程中，电力电子技术是关键技术之一。毫不夸张地说，如果离开电力电子技术，电力系统的现代化就是不可想象的。

直流输电在长距离、大容量输电时有很大的优势，其送电端的整流阀和受电端的逆变阀都采用晶闸管变流装置。近年发展起来的柔性交流输电（FACTS）也是依靠电力电子装置才得以实现的。

无功补偿和谐波抑制对电力系统有重要的意义。晶闸管控制电抗器（TCR）、晶闸管投切电容器（TSC）都是重要的无功补偿装置。近年来出现的静止无功发生器（SVG）、有源电力滤波器（APF）等新型电力电子装置具有更为优越的无功功率和谐波补偿性能。在配电网系统，电力电子装置还可用于防止电网瞬时停电、瞬时电压跌落、闪变等情况中，以进行电能质量控制，改善供电质量。在变电站中，给操作系统提供可靠的交直流操作电源，给蓄电池充电等都需要电力电子装置。

1.3.4 电子装置电源

各种电子装置一般都需要不同电压等级的直流电源供电。通信设备中的程控交换机所用的直流电源以前用晶闸管作为整流电源，现在已改为采用全控型器件的高频开关电源。大型计算机所需的工作电源、微型计算机内部的电源现在也都采用高频开关电源。在大型计算机等场合，常常需要不间断电源（Uninterruptible Power Supply，UPS）供电，不间断电源实际就是典型的电力电子装置。采用电力电子技术的照明电源，变频空调、电视机、音响设备、家用计算机等电子设备的电源部分也都需要电力电子技术。此外，有些洗衣机、电冰箱、微波炉等电器也应用了电力电子技术。航天飞行器中的各种电子仪器需要电源，载人航天器中为了人的生存和工作，也离不开各种电源，电力电子技术广泛用于装置电源，使得它和我们的生活变得十分贴近。

1.3.5 环境保护

大气污染是我国现阶段重要的环境污染之一，治理污染已成为推动经济增长、改善人民生活水平的重要手段。电力电子技术作为一种高新技术为大气污染治理提供了很好的机遇，当前我国电力电子技术在大气污染治理中的应用主要是高压静电除尘法，该方法是利用高压电场的静电力，使粉尘荷电产生定向运动而从气体中分离得到净化的方法，在实现粉尘与气流分离的过程中，静电除尘器可分离的粒度范围为 $0.02 \sim 200 \mu m$，除尘效率为 $80\% \sim 90\%$。随着电力电子技术的迅猛发展，具有控制方便、灵敏度和精度高等优点的电力电子技术将成为影响静电除尘器除尘效果的重要技术。

另外，工业排放的可吸附颗粒物、装修房间排放的甲醛、室内地毯排放的 VOC 污染物以及厨房排放的油烟等是室内环境污染的主要来源。解决室内环境的污染问题，也可采用电力电子技术实现的空气净化器，能有效地改善室内空气质量。空气净化器的直流高压电源部分也离不开电力电子技术，在家庭、医院和宾馆等多种场合获得广泛的应用。

1.3.6 新能源

传统的发电方式是火力发电、水力发电以及后来兴起的核能发电。能源危机后，各种新能源、可再生能源及新型发电方式越来越受到重视。其中太阳能发电、风力发电的发展较快，燃料电池更是备受关注。太阳能发电和风力发电受环境的制约，发出的电力质量较差，常需要储能装置缓冲，需要改善电能质量，这就需要电力电子技术。当需要和电力系统联网时，也离不开电力电子技术。

为了合理地利用水力发电资源，近年来抽水储能发电站受到重视。其中的大型电动机的启动和调速都需要电力电子技术。超导储能是未来的一种储能方式，它需要强大的直流电源供电，这也离不开电力电子技术。核聚变反应堆在产生强大磁场和注入能量时，需要大容量的脉冲电源，这种电源就是电力电子装置。科学实验或某些特殊场合，常常需要一些特种电源，这也是电力电子技术的用武之地。

以前电力电子技术的应用偏重于中、大功率。现在，在 1kW 以下，甚至几十瓦以下的功率范围内，电力电子技术的应用也越来越广，其地位也越来越重要。这已成为一个重要的发展趋势，值得引起人们的注意。

总之，电力电子技术的应用范围十分广泛。从人类对宇宙和大自然的探索，到国民经济的各个领域，再到我们的衣食住行，到处都能感受到电力电子技术存在的巨大魅力。这也激发了一代又一代的学者和工程技术人员学习、研究电力电子技术并使其飞速发展。

习题

1. 什么是电力电子技术？
2. 什么是变流技术？包含哪几种电力变换？
3. 电力电子技术有哪几个分支？
4. 电力电子技术与电力学、电子学、控制理论有何关系？
5. 简述电力电子技术的发展经历了哪几个关键时期？
6. 请列举出你所了解的电力电子装置。

2

电 力 电 子 器 件

电力电子器件是电力电子电路的基础。掌握常用电力电子器件的特性和正确使用方法是学习电力电子技术的基础。

2.1 概述

2.1.1 电力电子器件的概念

电力电子器件是指可直接用于处理电能的主电路中，实现电能的变换和控制的电子器件。电力电子器件一般指电力半导体器件，目前它所采用的主要材料仍然是单晶硅，但由于电压等级和功率要求不一样，制造工艺也有所不同。

2.1.2 电力电子器件的特征

由于电力电子器件是直接用于处理电能的主电路中，因而同处理信息的电子器件相比，一般具有如下特征：

（1）电力电子器件所能处理的电功率较大，其承受电压和电流的能力是其最重要的参数。处理电功率的能力小至毫瓦级，大至兆瓦级，一般都远大于处理信息的电子器件。

（2）电力电子器件一般都工作在开关状态。因为电力电子器件处理的电功率较大，使器件工作于开关工作状态可减小器件本身的损耗，高效地完成对电能的变换和控制。而在模拟电子电路中，电子器件一般都工作在线性放大状态，数字电子电路中的电子器件虽然也工作在开关状态，但其目的是利用开关状态表示不同的信息。

器件的开关状态是指器件导通时相当于开关闭合，导通时（通态）阻抗很小，接近短路，管压降接近于零，而电流由外电路决定；器件阻断时相当于开关断开，阻断时（断态）阻抗大，接近于断路，电流几乎为零，而管子两端的电压由外电路决定。

（3）电力电子器件需要由信息电子电路来控制和驱动。在实际应用中，由于电力电子器件所处理的电功率较大，因此普通的信息电子电路信号一般不能直接控制电力电子器件的导通和关断，需要一定的中间电路对这些信号进行适当地放大。

（4）电力电子器件必须安装散热器。电力电子器件尽管工作在开关状态，但是器件自身的功率损耗通常远大于信息电子器件，因而为了防止因损耗散发的热量导致器件温度过高而损坏，不仅在封装上比较讲究散热设计，而且在其工作时都还需要安装散热器。

电力电子器件的损耗主要包括通态损耗、断态损耗和开通损耗、关断损耗。

电力电子器件在导通或者阻断状态下，并不是理想的短路或者断路。导通时器件上有一定的通态降压，阻断时器件上有微小的断态漏电流流过。尽管其数值都很小，但分别与数值较大的通态电流和断态电压相互作用，就形成了电力电子器件的通态损耗和断态损耗。

在电力电子器件由断态转为通态（开通过程）或者由通态转为断态（关断过程）的转换过程中产生的损耗，分别称为开通损耗和关断损耗，总称开关损耗。对某些器件来讲，驱动电路向其注入的功率也是造成器件发热的原因之一。除一些特殊的器件外，电力电子器件的断态漏电流都极其微小，因而通态损耗是电力电子器件功率损耗的主要原因。当电力电子器件的开关频率较高时，开关损耗会随之增大而可能成为器件功率损耗的主要因素。

2.1.3 电力电子器件的分类

电力电子器件种类繁多，对其可从以下几个角度进行分类。

1. 根据电力电子器件的可控程度分

（1）不可控型器件。器件的导通和关断完全是由其在主电路中承受的电压和电流决定的，其本身不具备可控开关能力。是无控制端的二端器件。常用的不可控器件是电力二极管（PD 或 SR）。

（2）半控型器件。通过在器件的控制端施加控制信号只能控制其导通而不能控制其关断，器件的关断完全由其在主电路中承受的电压和电流决定。是具有控制端的三端器件。常用的半控器件有晶闸管（SCR）和晶闸管的大部分派生器件。

（3）全控型器件。通过在器件的控制端施加控制信号既可以控制其导通，又可以控制其关断。是具有控制端的三端器件。常用的全控型器件有绝缘栅双极型晶体管（IGBT）、电力场效应晶体管（Power MOSFET）、电力晶体管（GTR）、门极可关断晶闸管（GTO）。

2. 根据器件内部电子和空穴两种载流子参与导电的情况分

（1）单极型器件。由一种载流子参与导电的器件称为单极型器件。常见的单极型器件有电力场效应晶体管（Power MOSFET）、静电感应晶体管（SIT）等。

（2）双极型器件。由电子和空穴两种载流子参与导电的器件称为双极型器件。常见的双极型器件有电力二极管（PD 或 SR）、电力晶体管（GTR）、晶闸管（SCR）、门极可关断晶闸管（GTO）、静电感应晶闸管（SITH）等。

（3）复合型器件。由单极型器件和双极型器件集成混合而成的器件称为复合型器件。常见的复合型器件有绝缘栅双极型晶体管（IGBT）、MOS 控制晶闸管（MCT）等。

3. 根据驱动信号的不同分

（1）电流驱动型。如果是通过从控制端注入或者抽出电流来实现导通或者关断的控制，这类电力电子器件被称为电流驱动型电力电子器件或者电流控制型电力电子器件。常见的电流驱动型电力电子器件有电力晶体管（GTR）、晶闸管（SCR）和晶闸管的大部分派生器件。

（2）电压驱动型。通过在控制端和公共端之间施加一定的电压信号来实现导通或者关断的控制，这类电力电子器件被称为电压驱动型电力电子器件或者电压控制型电力电子器件。常见的电压驱动型电力电子器件有电力场效应晶体管（Power MOSFET）、绝缘栅双极型晶体管（IGBT）、静电感应晶体管（SIT）、静电感应晶闸管（SITH）、MOS 控制晶闸管（MCT）等。

2.2 不可控器件—电力二极管

电力二极管（Power Diode，PD）自 20 世纪 50 年代初期就开始应用，当时也被称为半导体整流器（Semiconductor Rectifier，SR）。虽然是不可控器件，但其结构和原理简单、工作可靠，直到现在仍然大量应用于电气设备中。尤其是快速恢复二极管和肖特基二极管，应用于中、高频率整流和逆变等装置中，具有不可替代的地位。

2.2.1 电力二极管的结构和工作原理

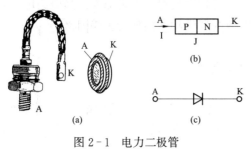

图 2-1 电力二极管
(a) 外形；(b) 基本结构；(c) 电气图形符号

1. 结构

电力二极管的基本结构和工作原理与信息电子电路中的二极管是一样的，都是以半导体 PN 结为基础的单向导电器件。实际上电力二极管是由一个面积较大的 PN 结和两端引线以及封装组成。电力二极管的外形、基本结构和电气图形符号如图 2-1 (a)、(b)、(c) 所示。从外形上看，电力二极管可以有螺栓型、平板型两种封装（一般情况下，200A 以下的管子采用螺栓型，200A 以上则采用平板型）。电气图形符号中的 A 为阳极，K 为阴极。

2. 工作原理

（1）PN 结的导电原理。将一块单晶硅的一侧掺入杂质制作成 P 型半导体，另一侧掺入杂质制作成 N 型半导体，在二者的交界处就形成一个 PN 结，如图 2-2 (a) 所示。

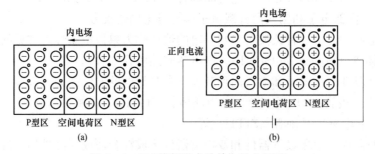

图 2-2 PN 节的形成及单向导电原理
(a) PN 结的形成；(b) PN 结的单向导电原理

当 PN 结外加正向电压（正向偏置），如图 2-2 (b) 所示，电压正极接 P 区、负极接 N 区时，外加电场与 PN 结内电场方向相反，促进多子的扩散运动，抑制少子的漂移运动，使 PN 结内部空间电荷区变窄，而在外电路上则形成自 P 区流入而从 N 区流出的电流，称之为正向电流 I_F（电流的大小主要由电源电压和外电路决定），PN 结表现为低阻态，称为 PN 结的导通。

当 PN 结加反向电压（反向偏置）时，外加电场与 PN 结内电场方向相同，促进少子的漂移运动，抑制多子的扩散运动，使 PN 结内部空间电荷区变宽，而外电路则形成自 N 区流入而从 P 区流出的电流，称之为反向漏电流 I_R，由于少子的浓度很低，一般 I_R 很小，仅为微安数量级。因此，反向偏置的 PN 结呈现高阻态，几乎没有电流流过，被称为反向截止状态。

这就是 PN 结的单向导电性，即正偏导通，反偏截止。电力二极管的基本工作原理就在于 PN 结的单向导电这个主要特征。

PN 结具有承受一定的反向电压的能力，但当施加的反向电压超过其承受能力，反向电流将会急剧增大，破坏 PN 结反向偏置的截止状态，称为反向击穿。反向击穿按照机理不同有雪崩击穿和齐纳击穿。反向击穿时，只要在外电路中采取措施，将反向电流限制在一定范围内，则当反向电压降低后 PN 结仍可恢复至原来的状态。如果反向电流未被限制住，因反向电流过大使 PN 结功耗增大，导致 PN 结温度升高，直至过热而烧毁，这就是热击穿。

（2）电力二极管的结构特点。电力二极管由于处理电功率的能力比信息电子电路中的二极管强，其内部结构断面示意图如图 2 - 3 所示，电力二极管在结构上有如下特点：

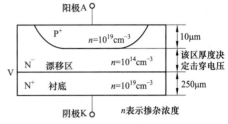

图 2 - 3　电力二极管内部结构断面示意图

1）电力二极管大部分是采用垂直导电结构，即电流在硅片内流动的总体方向是与硅片表面垂直的。而信息电子电路中的二极管一般是横向导电结构，即电流在硅片内流动的总体方向是与硅片表面平行的。垂直导电结构使得硅片中流过的电流有效面积增大，可以显著提高电力二极管的流通能力。

2）电力二极管在 P 区和 N 区之间多了一层低掺杂 N 区（在半导体物理中用 N⁻ 表示），又称为漂移区。N⁻ 区由于掺杂浓度低而接近于无掺杂的纯半导体材料即本征半导体，因此，电力二极管的结构也被称为 P—i—N 结构。由于掺杂浓度低，N⁻ 区就可以承受很高的电压而不致被击穿，因此 N⁻ 区越厚，电力二极管能够承受的反向电压就越高。

N⁻ 区由于掺杂浓度低而具有的高电阻率对于电力二极管的正向导通是不利的。这个矛盾是通过电导调制效应来解决的。即当 PN 结上流过的正向电流较小时，电力二极管的电阻主要是基片的 N⁻ 区的欧姆电阻，数值较高，是常量；当 PN 结流过的正向电流较大时，注入 N⁻ 区的空穴浓度大幅度增加，为了维持半导体电中性的条件，N⁻ 区多子的浓度也要大幅度增加，意味着在大注入的条件下原始基片的电阻率下降，即电导率增加。电导调制效应使得电力二极管在正向电流较大时压降仍然很低，维持 1V 左右，所以正向偏置的电力二极管表现为低阻态。

（3）电力二极管 PN 结的电容效应。PN 结中的电荷量随外电压而变化，呈现电容效应，称为结电容 C_J，又称微分电容。结电容按其产生机制和作用的差别分为势垒电容 C_B 和扩散电容 C_D。

势垒电容只在外加电压变化时才起作用，外加电压频率越高，势垒电容作用越明显。势垒电容的大小和 PN 结截面积成正比，与阻挡层厚度成反比。正向偏置时，当正向电压较低时，势垒电容为主。

扩散电容仅在正向偏置时起作用。正向电压较高时，扩散电容为结电容主要成分。结电容影响 PN 结的工作频率，特别是在高速开关的状态下，可能使其单向导电性变差，甚至不能工作。

2.2.2　电力二极管的特性

电力二极管的特性包括静态特性和动态特性。

1. 静态特性

静态特性主要是指其伏安特性，如图 2 - 4 所示，当电力二极管承受的正向电压增大到一定值（U_{TO}），正向电流才开始明显增加，进入稳定导通状态，与正向电流 I_F 对应

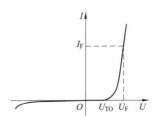

图 2 - 4　电力二极管的静态特性

的电力二极管两端电压 U_F 是正向压降（一般为 0.4～1.2V）。当电力二极管承受反向电压时只有微小的反向漏电流，但反向电压太高，超过承受能力，会发生反向击穿，使二极管损坏。

电力二极管流过的电流 I_F 与两端的电压 U_F 的函数关系，即 $I_F = f(U_F)$，称为电力二极管的伏安特性，对应的曲线称为伏安特性曲线，亦称伏安特性。

2. 动态特性

因为结电容的存在，电力二极管在零偏置（外加电压为零）、正向偏置和反向偏置这 3 种状态之间转换的时候，必然要经历一个过渡过程，在这个过渡过程中，PN 结的一些区域需要一定的时间来调整其带电状态，因而其电压—电流特性不能用前面的伏安特性来描述，而是随时间变化的，这就是电力二极管的动态特性，并且往往专指反映电力二极管通态和断态之间转换过程的开关特性。电力二极管的动态特性如图 2-5 所示。

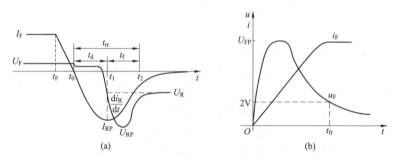

图 2-5　电力二极管的动态特性
（a）正向偏置转为反向偏置；（b）零偏置转为正向偏置

（1）关断过程。图 2-5（a）所示为电力二极管由正向偏置转换为反向偏置时的动态过程波形。设 t_F 时刻外加电压突然由正向变为反向，正向电流在此反向电压作用下开始下降，下降速率由反向电压大小和电路中的电感决定，而管压降由于电导调制效应基本变化不大，直至正向电流降为零的时刻 t_0。此时电力二极管由于在 PN 结两侧（特别是多掺杂区 N^+ 区）储存有大量少子的缘故而并没有恢复反向阻断能力，这些少子在外加反向电压的作用下被抽取出电力二极管，因而流过较大的反向电流。当空间电荷区附近储存的少子即将被抽尽时，管压降变为负极性，于是开始抽取离空间电荷区较远的浓度较低的少子。因而在管压降极性改变后不久的 t_1 时刻，反向电流从其最大值 I_{RP} 开始下降，空间电荷区开始迅速展宽，电力二极管开始重新恢复对反向电压的阻断能力。在 t_1 时刻以后，由于反向电流迅速下降，在外电路电感的作用下会在电力二极管两端产生比外加反向电压大得多的反向电压过冲 U_{RP}。在电流变化率接近于零的 t_2 时刻（一般定为电流降至 $25\% I_{RP}$ 的时刻），电力二极管两端承受的反向电压才降至外加电压的大小，电力二极管完全恢复对反向电压的阻断能力。$t_d = t_1 - t_0$ 为延迟时间；$t_f = t_2 - t_1$ 为电流下降时间；$t_{rr} = t_d + t_f$ 为电力二极管的反向恢复时间。

若反向电流下降的时间较长，在同样的外电路条件下造成的反向电压过冲 U_{RP} 较小。

（2）开通过程。图 2-5（b）所示为电力二极管由零偏置转换为正向偏置时的动态过程波形。可以看出，在这一动态过程中，电力二极管的正向压降也会先出现一个过冲 U_{FP}，经过一段时间才趋于接近稳态压降的某个值（如 2V）。该过程所对应的时间称为正向恢复时

间 t_{fr}。

出现电压过冲的原因：电导调制效应起作用所需的大量少子需要一定的时间来储存，在达到稳态导通之前管压降较大；正向电流的上升会因器件自身的电感而产生较大压降。

电流上升率越大，U_{FP} 越高。

2.2.3　电力二极管的参数

1. 正向平均电流 $I_{F(AV)}$

正向平均电流是指电力二极管在规定的管壳温度（T_C）和散热条件下长期工作，允许流过的最大工频正弦半波电流的平均值。在此电流下，管的结温升高不会超过所允许的最高工作结温（T_{jM}），这就是标称电力二极管的额定电流参数。由于结温升高与流过电流的有效值有关，因此在使用时应按照工作中实际波形的电流与正向平均电流所造成的发热效应相等（即两个波形电流的有效值相等）的原则来选取电力二极管的额定电流，并应留有一定裕量。工频正弦半波电流波形如图 2-6 所示。

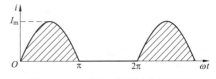

图 2-6　工频正弦半波电流波形

设电流峰值为 I_m，对应的工频正弦半波电流的平均值为 $I_{F(AV)}$，有效值为 I，则有

$$I_{F(AV)} = \frac{1}{2\pi}\int_0^\pi I_m \sin\omega t \, \mathrm{d}(\omega t) = \frac{I_m}{\pi} \qquad (2-1)$$

$$I = \sqrt{\frac{1}{2\pi}\int_0^\pi (I_m \sin\omega t)^2 \, \mathrm{d}(\omega t)} = \frac{I_m}{2} \qquad (2-2)$$

设流过负载电流的平均值为 I_d，对于图 2-6 所示的波形，$I_d = I_{F(AV)}$，流过晶闸管电流的有效值与负载电流平均值之比为

$$\frac{I}{I_d} = K_f \qquad (2-3)$$

式中：K_f 为波形系数。

由此可知，正弦半波电流的平均值与有效值的关系为 $I = 1.57 I_{F(AV)}$。

例如，当一只二极管的额定电流为 100A 时，允许通过的有效值电流为 157A。

如果已知某电力二极管在电路中需要流过某种波形电流的有效值为 I_{VD}，并考虑 1.5～2 倍的裕量，则选取电力二极管的额定电流为

$$I_{F(AV)} = (1.5 \sim 2)\frac{I_{VD}}{1.57} \qquad (2-4)$$

电力二极管若在开关频率较高的电路中使用，除通态损耗使管发热外，开关损耗造成的发热也不小，在选择电力二极管的电流定额值时，更应考虑有足够的裕量。

2. 正向管压降 U_F

正向管压降是指电力二极管在规定的温度下，流过某一指定的稳态正向电流时对应的正向管压降。使用时，尽量选 U_F 低的管，可减少损耗。

3. 反向重复峰值电压 U_{RRM}

反向重复峰值电压是指电力二极管能够承受的重复施加的反向最高峰值电压。使用时，

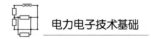

通常按电路中电力二极管承受的实际工作电压的两倍来选此项参数。

4. 最高工作结温 T_{jM}

结温是管芯 PN 结的平均温度 T_j。最高工作结温 T_{jM} 是指 PN 结能稳定工作所能承受的最高温度。由于半导体材料不同，T_{jM} 通常在 125～175℃ 范围内。

5. 浪涌电流 I_{FSM}

浪涌电流是指电力二极管所能承受的一个或几个工频周期流过最大的电流。I_{FSM} 可达正常工作电流的 6 倍以上。

6. 反向恢复时间 t_{rr}

反向恢复时间 $t_{rr} = t_d + t_f$。

2.2.4　电力二极管的主要类型

电力二极管在许多电力电子电路中都有着广泛的应用，可以在电路中作为整流元件，也可以组成电感元件的电能释放电路，即续流元件，还可以在各种变流电路中起隔离、钳位或元件的保护作用。由于半导体物理结构和制造工艺的差别，可以制造出多种类型的电力二极管。各种电力二极管的特性不完全相同，如正向压降、反向耐压、反向漏电流、反向恢复特性等各有差异。应用时，应根据不同场合的不同要求，选择不同类型的电力二极管。下面介绍几种常用的电力二极管。

1. 普通二极管

普通二极管（General Purpose Diode，GPD）又称整流二极管（Rectifier Diode，RD），其开关频率不高（1kHz 以下），反向恢复时间较长（5μs 以上）。其特点是正向电流额定值和承受反向电压额定值可达很高（数千安和数千伏以上），多应用于开关速度不高的整流或逆向电路中。

2. 快速恢复二极管

快速恢复二极管（Fast Recovery Diode，FRD）关断时反向恢复过程很短（一般在 5μs 以下），正向压降也很低（0.9V 左右）。快速恢复二极管可以分为快速和超快恢复两个等级，后者反向恢复时间在 100ns 以下。快速恢复二极管承受电流和电压的最高值不及普通电力二极管，一般应用于转换速度要求高的变流装置，如斩波器、逆变器等。

3. 肖特基二极管

以金属和半导体接触形成的势垒为基础的二极管，习惯上称为肖特基势垒二极管，简称为肖特基二极管（Schottky Barrier Diode，SBD）。肖特基二极管的优点在于：反向恢复时间很短（10～40ns）；反向电压低时其正向压降很低（0.4～0.6V）。肖特基二极管的缺点在于：当所承受的反向电压提高时其正向压降也会增高，甚至不能满足要求；反向漏电流较大，且对温度敏感。它主要用于低电压、低功耗、高频、低电流的开关电源和仪表等设备中。

2.3　半控型器件——晶闸管

晶闸管（Thyristor）是晶体闸流管的简称，也称为可控硅整流器（Silicon Controlled Rectifer，SCR）。1956 年美国贝尔实验室（Bell Lab）发明了晶闸管，1957 年美国通用电气公司（GE）开发出第一只晶闸管产品，1958 年商业化，开辟了电力电子技术迅速发展和广泛应用的崭新时代，20 世纪 80 年代以来，开始被性能更好的全控型器件取代，但是由于其所能承受的电压和电流容量仍然是目前电力电子器件中最高的，而且工作可靠，在大容量的场合具有重要地位。

2.3.1 晶闸管的结构和工作原理

1. 晶闸管的结构

晶闸管是一种功率半导体器件，其外形、结构和电气图形符号如图 2-7 所示，晶闸管外形有螺栓型和平板型两种封装结构，均引出阳极 A、阴极 K 和门极 G（控制端）3 个连接端，其中做成螺栓形状是为了能与散热器紧密连接且安装方便；螺栓是阳极，另一侧较粗的是阴极，细的是门极；平板型封装的晶闸管可由 2 个散热器将其夹在中间，2 个平面分别是阳极和阴极，引出的细长端子为门极。

晶闸管内部是四层半导体 $P_1N_1P_2N_2$，3 个 PN 结（J_1、J_2 和 J_3）的结构。若在晶闸管的 A-K 极之间加上正向电压，J_2 结便成反偏，晶闸管中流过很小的漏电流，此状态称为正向阻断。若在晶闸管的 A-K 极之间加上反向电压，J_1 和 J_3 结反偏，晶闸管也只流过很小的漏电流，此状态称为反向阻断。此上两种电源接法，晶闸管流过的电流都很小，处于阻断状态。

2. 晶闸管的工作原理

晶闸管的 $P_1N_1P_2N_2$ 四层结构，可看成由 $P_1N_1P_2$ 和 $N_1P_2N_2$ 两只晶体管 V_1、V_2 构成，如图 2-8 所示，其导通工作原理可以用双晶体管模型来解释。如果外电路向门极注入驱动电流 I_G，则 I_G 注入晶体管 V_2 的基极，便产生集电极电流 I_{C2}，它也是 V_1 的基极电流 I_{B1}，使 V_1 导通，产生 I_{C1}，它又注入 V_1 的基极，进一步加大 V_2 的基极电流，如此形成强烈的正反馈，最后 V_1 和 V_2 都进入了完全饱和状态，即晶闸管导通。此时如果撤掉外电路注入门极的电流 I_G，晶闸管由于内部已形成了强烈的正反馈会依然维持导通状态。若要使晶闸管关断，必须去掉阳极所加的正向电压，或者给阳极施加反压，或者设法使流过晶闸管的电流降低到接近于零的某一数值以下，晶闸管才能关断。所以，对晶闸管的驱动过程更多的是称为触发，产生注入门极的触发电流 I_G 的电路称为门极触发电路。

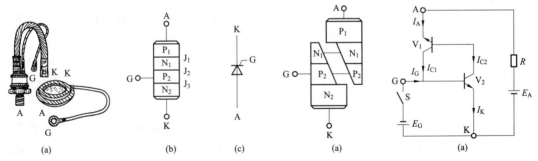

图 2-7　晶闸管外形、结构和电气图形符号
(a) 外形；(b) 结构；(c) 电气图形符号

图 2-8　晶闸管的双晶体管模型及工作原理
(a) 双晶体管模型；(b) 工作原理

晶体管 V_1 和 V_2 为共基极连接，电流增益分别为 $\alpha_1(I_{C1}/I_A)$、$\alpha_2(I_{C2}/I_K)$，漏电流分别为 I_{CO1}、I_{CO2}。流过晶体管和晶闸管的电流可用方程式表示为

$$I_{C1} = \alpha_1 I_A + I_{CO1} \tag{2-5}$$

$$I_{C2} = \alpha_2 I_K + I_{CO2} \tag{2-6}$$

$$I_K = I_A + I_G \tag{2-7}$$

$$I_A = I_{C1} + I_{C2} \tag{2-8}$$

联立式（2-6）～式（2-8）解得

$$I_A = \frac{\alpha_2 I_G + I_{CO1} + I_{CO2}}{1 - (\alpha_1 + \alpha_2)} \tag{2-9}$$

从式（2-9）可以看出，阳极电流 I_A 的大小与 $(\alpha_1 + \alpha_2)$ 的数值有关。在门极未加正向电压时，$I_G = 0$，$\alpha_1 + \alpha_2$ 很小，此时 $I_A \approx I_{CO1} + I_{CO2}$，晶闸管处于正向阻断状态。当注入足够的 I_G，两晶闸管的发射极电流增大，使 $\alpha_1 + \alpha_2 \approx 1$，这时 I_A 急剧增大，实现晶闸管的饱和导通。I_A 受主回路电源电压和负载阻抗的限制。当 $\alpha_1 + \alpha_2 > 1$ 时，晶闸管进入深度饱和，式（2-9）无意义。

晶闸管导通后，及时去掉门极的电压（$I_G = 0$），由于 $1 - (\alpha_1 + \alpha_2) \approx 1$，从式（2-9）可知，晶闸管仍然保持阳极电流 I_A 而继续导通。这说明，晶闸管导通后，门极不起控制作用。晶闸管是一种由门极控制其导通而不能控制其关断的半控型器件。

综上所述，晶闸管导通要具备下列两个条件：

（1）阳—阴极之间加正向电压。

（2）门—阴极之间正向电流（触发脉冲）。

这两个条件必须同时满足，缺一不可。

在以下几种情况下晶闸管也可能被触发导通：阳极电压升高至相当高的数值造成雪崩效应；阳极电压上升率 du/dt 过高；结温较高；光触发，光直接照射硅片，光触发可以保证控制电路与主电路之间的良好绝缘而应用于高压电力设备中，称光控晶闸管（LTT）。只有门极触发是最精确、迅速且可靠的控制手段。

2.3.2 晶闸管的特性

和电力二极管一样，晶闸管的特性包括静态特性和动态特性。

1. 静态特性

（1）阳极伏安特性。晶闸管的静态特性主要是指阳极伏安特性，即阳极—阴极之间的电压 U_{AK} 与阳极电流 I_A 的关系，如图 2-9 所示。位于第 1 象限的是正向特性，位于第 3 象限的是反向特性。当 $I_G = 0$ 时，如果在晶闸管 A—K 两端施加正向电压，由于 J_2 结处反偏，晶闸管保持着正向阻断状态，只有很小的漏电流。当正向电压增大超过正向转折电压 U_{bo}（临界极限值），J_2 被击穿，漏电流急剧增大，器件进入导通状态（由高阻区经虚线到低阻区）。随着门极电流 I_G 幅值增大，正向转折电压 U_{bo} 降低，器件被触发导通，流过阳极的电流 I_A 增大，正向压降 U_{AK} 降低（在 1V 左右）。I_G 幅值越大，对应的转折电压 U_{bo} 越低（见图 2-9 中的 I_{G1}、I_{G2} 对应的曲线）。

晶闸管导通期间，如果门极电流为零，并且阳极电流降至接近于零的某一数值 I_H 以下，则晶闸管又回到正向阻断状态。I_H 称为维持电流。当在晶闸管 A—K 两端加反向电压时，门极触发脉冲不起作用，器件处于反向阻断状态，只流过很小的反向漏电流，其值随反向电压增高而增大。当反向电压超过一定限度（U_{ro}）时，反向漏电流突然剧增，导致器件反向击穿而损坏。晶闸管正向导通和反向阻断状态特性曲线与二极管对应的特性曲线相似。

（2）门极伏安特性。从晶闸管的结构图可以看出，晶闸管 G—K 之间是一个 PN 结 J_3，其伏安特性称为门极伏安特性。该特性表示门极电压 U_{GK} 与门极电流 I_G 的关系。由于工艺等原因，晶闸管的门极伏安特性分散性很大。在应用时，为保证可靠、安全地触发，门极触发脉冲的电压、电流和功率都应限制在器件所要求的范围之内。

2. 动态特性

晶闸管在电路中一般起开关作用，开通和关断过程十分复杂，下面只对这一过程简单介绍。晶闸管开通和关断过程的波形如图 2-10 所示。

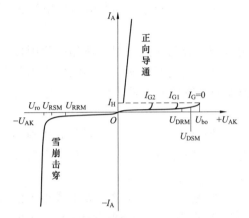

图 2-9 晶闸管的伏安特性（$I_{G1} > I_{G2} > I_G$）　　图 2-10 晶闸管开通和关断过程的波形

（1）开通过程。开通过程描述的是使门极在坐标原点时刻开始受到理想阶跃电流触发的情况。由于晶闸管内部正反馈建立过程需要时间，阳极电流 I_A 不可能瞬间增长。从门极被触发开始，I_A 上升到稳态值的 10% 所需的时间 t_d，称为延迟时间，如图 2-10 所示，I_A 从此值上升到稳态值的 90% 所需的时间 t_r，称为上升时间，晶闸管的开通时间 t_{on} 是两者之和，即

$$t_{on} = t_d + t_r \tag{2-10}$$

普通晶闸管的延迟时间为 $0.5 \sim 1.5\mu s$，上升时间为 $0.5 \sim 3\mu s$。其延迟时间随门极电流的增大而减小。上升时间除反映晶闸管本身的特性外，还受到外电路电感的影响。延迟时间和上升时间还与阳极电压大小有关。为保证晶闸管可靠开通，触发脉冲宽度通常在 $20 \sim 50\mu s$。

（2）关断过程。关断过程描述的是对已导通的晶闸管，外电路所加电压在某一时刻突然由正向变为反向的情况。由于外电路电感的存在，原处于导通状态的晶闸管当外加电压突然由正向变为反向时，其阳极电流在衰减时必然也是有过渡过程的，如图 2-10 所示，需要经过两个阶段。阳极电流 I_A 在外加反向电压的作用下，逐步衰减到零，然后反方向流过反向恢复电流（与电力二极管关断过程类似），经过最大值 I_{RM}，又反方向衰减接近零，晶闸管恢复其对反向电压的阻断能力。所需时间 t_{rr}，称为反向阻断恢复时间。由于外电路电感的作用，会在晶闸管阳极 A 和阴极 K 之间出现尖峰反向电压 U_{RRM}。反向恢复过程结束后，由于载流子复合过程比较慢，还需经过一段时间 t_{gr}，称为正向阻断恢复时间，晶闸管才能恢复其对正向电压的阻断能力。晶闸管的关断时间 t_{off} 为两者之和，即

$$t_{off} = t_{rr} + t_{gr} \tag{2-11}$$

t_{gr} 比 t_{rr} 长的多，若在 t_{gr} 之内重新给晶闸管加正向电压，晶闸管会重新导通，而不受

门极电流控制。在实际应用中，加给晶闸管的反向电压的时间必须大于其关断时间 t_{off}，才能使晶闸管充分恢复其正向阻断能力，保证电路可靠工作。

2.3.3 晶闸管的参数

1. 电压参数

（1）断态重复峰值电压 U_{DRM}。门极开路，晶闸管的结温为额定值时，从晶闸管阳极伏安特性正向阻断高阻区（见图 2-9）漏电流急剧增长的拐弯处所决定的电压称断态不重复峰值电压 U_{DSM}，"不重复"表明这个电压不可长期重复施加。取断态不重复峰值电压的 90% 定义为断态重复峰值电压 U_{DRM}。

（2）反向重复峰值电压 U_{RRM}。门极开路，晶闸管的结温为额定值时，从晶闸管阳极伏安特性反向阻断高阻区（见图 2-9）反向漏电流急剧增长的拐弯处所决定的电压称为反向不重复峰值电压 U_{RSM}，这个电压是不能长期重复施加的。取反向不重复峰值电压的 90% 定义为反向重复峰值电压 U_{RRM}，这个电压允许重复施加。

"重复"表示这个电压可以以每秒 50 次，每次持续时间不大于 10ms 的重复方式施加于元件上。而不重复值是偶然出现的峰值电压，如雷击，电压已超过工作电压，但不会造成正向转折或反向击穿。

（3）晶闸管的额定电压 U_{N}。取 U_{DRM} 和 U_{RRM} 中较小的一个，并化整至等于或小于该值的规定电压等级上。电压等级不是任意决定的，额定电压在 1000V 以下是每 100V 一个电压等级，1000V 至 3000V 则是每 200V 一个电压等级。为了确保管子安全运行，在选用晶闸管时，应使其额定电压为正常工作电压峰值的 2～3 倍，以作安全裕量。

（4）通态平均电压 $U_{\text{T(AV)}}$。通态平均电压是指在晶闸管的结温为额定值时，晶闸管通过单相工频正弦半波电流，其阳极与阴极间电压的平均值，也称之为管压降。在晶闸管型号中，常按通态平均电压的数值进行分组，以大写英文字母 A～I 表示。通态平均电压影响元件的损耗与发热，应选用管压降小的来使用。

2. 电流参数

（1）通态平均电流 $I_{\text{T(AV)}}$。指在环境温度为 40℃ 和规定的冷却条件下，稳定结温不超过额定结温时，晶闸管所允许流过的最大工频正弦半波电流的平均值。该电流就标称为晶闸管的额定电流。

同电力二极管的正向平均电流一样，选用晶闸管时应根据有效值相等的原则来确定晶闸管的额定电流。由于晶闸管的过载能力小，为保证安全可靠工作，所选用晶闸管的额定电流 $I_{\text{T(AV)}}$ 应使其对应有效值电流为实际流过电流有效值的 1.5～2 倍。当晶闸管流过的电流波形不同，对应的电流有效值、负载电流平均值和电流波形系数也不同。

（2）维持电流 I_{H}。指晶闸管维持导通所必需的最小电流，一般为几十到几百毫安。维持电流与结温有关，结温越高，维持电流越小，晶闸管越难关断。

（3）擎住电流 I_{L}。指晶闸管刚从阻断状态转变为导通状态并撤除门极触发信号后，此时要维持元件导通所需的最小阳极电流。一般擎住电流比维持电流大 2～4 倍。

（4）浪涌电流 I_{TSM}。指由于电路异常情况引起的并使结温超过额定结温的不重复性最大正向过载电流。浪涌电流有上下两个级，这个参数可作为设计保护电路的依据。

3. 动态参数

动态参数除开通时间 t_{on} 和关断时间 t_{off} 外，还有以下参数：

（1）断态电压临界上升率 $\mathrm{d}u/\mathrm{d}t$。断态电压临界上升率是指在额定结温和门极开路的情况下，不会导致晶闸管从断态到通态转换的外加电压最大上升率。如果在阻断的晶闸管两端所施加的电压具有正向上升率，则在其内部相当于在一个电容的 J_2 结上会有充电电流流过，被称为位移电流。此电流流经 J_3 结时，起到类似门极触发电流的作用。

如果断态电压临界上升率过大，使充电电流足够大，就会使晶闸管误导通。使用中实际电压上升率必须低于此临界值。

（2）通态电流临界上升率 $\mathrm{d}i/\mathrm{d}t$。通态电流临界上升率是指在规定条件和规定正常的门极驱动下，使晶闸管由阻断到导通过程所能承受的最大通态电流上升率。

如果电流上升过快，则晶闸管刚一导通，便会有很大的电流集中在门极附近的小区域内，从而造成局部过热而使晶闸管损坏。

例 2 - 1 晶闸管额定电流 $I_{\mathrm{T(AV)}}=$ 100A，当流过晶闸管的实际电流波形分别为图 2 - 6 和图 2 - 11 时，求各波形的平均电流 I_d，有效值 I，电流波形系数 K_f。

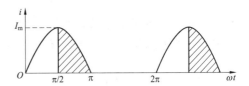

图 2 - 11 实际流过晶闸管电流波形

解：（1）对图 2 - 6，$I_\mathrm{d}=I_{\mathrm{T(AV)}}$，根据式（2 - 1）、式（2 - 2）和式（2 - 3）求得 $K_{\mathrm{f1}}=\dfrac{I}{I_{\mathrm{T(AV)}}}=1.57$，得 $I=K_{\mathrm{f1}}\cdot I_{\mathrm{T(AV)}}=157\mathrm{A}$。

（2）对图 2 - 11，根据式（2 - 1）、式（2 - 2）和式（2 - 3）求得 $K_{\mathrm{f2}}=2.22$。

对于 $I_{\mathrm{T(AV)}}=100\mathrm{A}$，对应的 $I=157\mathrm{A}$，故 $I_\mathrm{d}=\dfrac{I}{K_{\mathrm{f2}}}=70.7\mathrm{A}$。

这时，100A 的器件只能当 70A 使用。可见，晶闸管允许通过的电流与电流波形有关。

2.3.4 晶闸管的派生器件

1. 快速晶闸管

快速晶闸管（Fast Switching Thyristor，FST）的工作原理和普通晶闸管相同，普通晶闸管的关断时间一般为数百微秒，快速晶闸管的关断时间为数十微秒，而高频晶闸管的关断时间则为 $10\mu\mathrm{s}$ 左右。可分别应用于 400Hz 和 40kHz 以上的斩波和逆变电路中。由于对普通晶闸管的管芯结构和制造工艺进行改进，快速晶闸管的开关时间以及 $\mathrm{d}u/\mathrm{d}t$ 和 $\mathrm{d}i/\mathrm{d}t$ 的耐量都有了明显改善。和普通晶闸管相比，高频晶闸管的电压和电流定额容量都较低。由于工作频率较高，选择快速晶闸管和高频晶闸管的通态平均电流时，应考虑其开关损耗的发热效应。

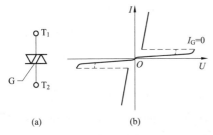

图 2 - 12 双向晶闸管的图形符号与伏安特性
（a）电气图形符号；（b）伏安特性

2. 双向晶闸管

双向晶闸管（Triode AC Switch，TRIAC）可以认为是一对反并联连接的普通晶闸管的集成，双向晶闸管图形符号与伏安特性如图 2 - 12 所示。它有两个主电极 T_1 和 T_2，一个门极 G。门极使器件在主电极的正反两方向均可触发导通，所以双向晶闸管在第 1 象限和第 3 象限有对称的伏安特性。双向晶闸管与一对反并联晶闸管相比是比较经济的，而且控制电路比较简单，所以在交流调压电路、固态继电器和交流电动机调速等领域应用较多。

3. 逆导晶闸管

逆导晶闸管（Reverse Conducting Thyristor，RCT）是将普通晶闸管反并联一个二极管制作在同一管芯上的功率集成器件，这种器件不具有承受反向电压的能力，一旦承受反向电压，反并联的二极管就开通。逆导晶闸管的符号与伏安特性如图 2-13 所示。由于逆导晶闸管不同于普通晶闸管的特殊结构，其具有耐高压、通态电压低、关断时间短、高温特性好和额定结温高等优良性能，可用于不需要阻断反向电压的电路中。逆导晶闸管有两个额定电流，即晶闸管电流和二极管电流。

4. 光控晶闸管

光控晶闸管（Light Triggered Thyristor，LTT）又称光触发晶闸管，是利用一定波长的光照信号触发导通的晶闸管，光控晶闸管的符号与伏安特性如图 2-14 所示。光照强度不同，其转折电压也不同，转折电压随光照强度的增加而降低。

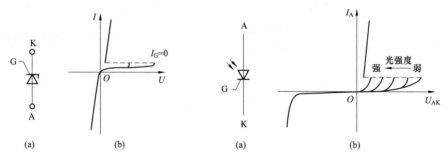

图 2-13　逆导晶闸管的符号与伏安特性　　　图 2-14　光控晶闸管的符号与伏安特性
（a）电气图形符号；（b）伏安特性　　　　　　（a）电气图形符号；（b）伏安特性

小功率光控晶闸管只有阳极和阴极两个端子，大功率光控晶闸管则还带有光缆，光缆上装有作为触发光源的发光二极管或半导体激光器。由于采用光触发保证了主电路与控制电路之间的绝缘，而且可以避免电磁干扰的影响，因此光控晶闸管目前在高压大功率的场合，如高压直流输电和高压核聚变装置中，有着极其广泛的应用。

2.4　典型全控型器件

20 世纪 80 年代以来，信息电子技术与电力电子技术在各自发展的基础上相结合而产生了一代高频化、全控型、采用集成电路制造工艺的电力电子器件，将电力电子技术带入了一个崭新的时代。门极可关断晶闸管、电力晶体管、电力场效应晶体管和绝缘栅双极晶体管就是全控型电力电子器件的典型代表。

2.4.1　门极可关断晶闸管

门极可关断晶闸管（Gate Turn-off Thyristor，GTO），可以通过在门极施加正触发脉冲电流使其开通，也可通过在门极施加负触发脉冲电流使其关断，因而属于电流驱动全控型器件。GTO 的电流容量、耐压和承受浪涌电流的能力与晶闸管接近，是一种大功率开关器件，目前主要应用于高压、大容量的电力电子装置中。

1. GTO 的结构

GTO 和普通晶闸管相似，为 PNPN 四层半导体三端器件。GTO 的内部结构和电气图形符号如图 2-15 所示。GTO 外部也引出阴极 K、阳极 A 和门极 G。但两者结构也不尽相同，GTO 是一种多元的功率集成器件，即并联阴极结构，一个 GTO 内部包含数十个甚至数百个共阳极的小 GTO 元，它们的门极、阴极在器件内部单独引线，分别并联在一起。这种特殊的多元集成结构使每个 GTO 阴极面积很小，门极和阴极间的距离大为缩短，使得 P_2 基极的横向电阻很小，从而使门极抽出较大的电流成为可能，以实现门极控制关断的目的。

2. GTO 的工作原理

GTO 的工作原理仍然可以用图 2-8 所示的双晶体管模型来分析。与普通晶闸管一样，由 $P_1N_1P_2$ 和 $N_1P_2N_2$ 两只晶体管 V_1、V_2 构成，共基极电流增益分别为 α_1 和 α_2。由晶闸管的分析可知，$\alpha_1 + \alpha_2 = 1$ 是器件临界导通的条件，$\alpha_1 + \alpha_2 > 1$ 表明器件进入饱和，晶闸管饱和导通设为 $\alpha_1 + \alpha_2 \approx 1.15$，与普通晶闸管不同，GTO 设计时 α_2 较大，使晶体管 V_2 控制灵敏，使得 GTO 容易关断；且 GTO 导通时的 $\alpha_1 + \alpha_2$ 更接近于 1，设计为 $\alpha_1 + \alpha_2 \approx 1.05$，这样使 GTO 导通时饱和程度不深，从而为门极控制关断提供了有利条件，当然，负面影响是 GTO 导通时管压降增大了。

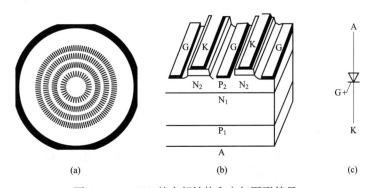

图 2-15 GTO 的内部结构和电气图形符号

（a）各单元的阴极、门析间隔排列的图形；（b）并联单元结构断面示意图；（c）电气图形符号

GTO 的导通过程与普通晶闸管是一样的，有同样的正反馈过程，只不过导通时饱和程度较浅。GTO 关断时给门极施加负的脉冲电流信号，晶体管 V_1 的集电极电流 I_{C1} 被抽出，即从门极抽出电流，使晶体管 V_2 的基极电流 I_{B2} 减小，使 I_K 和 I_{C2} 减小，I_{C2} 减小引起 I_A 和 I_{C1} 进一步减小。如此循环，当两个晶体管发射极电流 I_A 和 I_K 的减小使 $\alpha_1 + \alpha_2 < 1$ 时，器件很快退出饱和而关断。GTO 的多元集成结构除了对关断有利外，也使得其比普通晶闸管开通过程更快，承受 $\mathrm{d}i/\mathrm{d}t$ 的能力更强。

3. GTO 的动态特性

GTO 的开通和关断过程波形如图 2-16 所示。开通过程中需要经过延迟时间 t_d 和上升时间 t_r。关断过程需要经历抽取饱和导通时所储存的大量载流子的时间——储存时间 t_s，

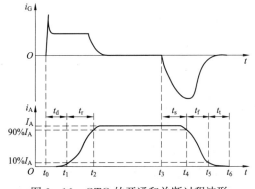

图 2-16 GTO 的开通和关断过程波形

从而使晶体管退出饱和状态，然后则是等效晶体管从饱和区退至放大区，阳极电流逐渐减小时间（下降时间 t_f），最后还有残存载流子复合时间（尾部时间 t_t）。

通常 t_f 比 t_s 小得多，而 t_t 比 t_s 要长。门极负冲电流幅值越大，前沿越陡，抽走储存载流子的速度越快，t_s 就越短。在尾部时间 t_t 内仍有残存的载流子被抽出，如果此时加上阳极正电压，则过高的 du/dt 会使 GTO 重新导通，导致关断失败。为了保证 GTO 可靠关断，在 t_t 阶段保持适当的负电压，可以缩短尾部时间。

4. GTO 的主要参数

GTO 的很多参数都和普通晶闸管相应的参数意义相同。这里介绍一些意义不同的参数：

（1）最大可关断阳极电流 I_{ATO}。这是标称 GTO 额定电流的参数。这一点与晶闸管用通态平均电流作为额定电流不同。

GTO 的阳极电流受两个条件限制：一是发热限制；二是关断失败。虽然没有超过发热的限制，但较大的电流会使器件饱和导通的程度加深，导致门极关断时间失败。因此采用最大可关断阳极电流 I_{ATO} 作为其额定电流。使用时必须注意，若实际工作电流已大于 I_{ATO}，则不能用负脉冲关断 GTO，必须用其他方法关断。

（2）电流关断增益 B_{off}。最大可关断阳极电流 I_{ATO} 与门极负脉冲电流最大值 I_{GM} 之比称为电流关断增益，即

$$B_{off} = \frac{I_{ATO}}{|I_{GM}|} \qquad (2-12)$$

β 一般很小，只有 5 左右，这是 GTO 的一个主要缺点。一个 500A 的 GTO，关断时门极负脉冲电流的峰值达 100A，这是一个相当大的数值。GTO 的门极关断负脉冲电压不高，电流却很大，对驱动电路的设计要求较高。

（3）开通时间 t_{on}。开通时间由延迟时间 t_d 与上升时间 t_r 组成。GTO 的延迟时间一般为 $1\sim2\mu s$，上升时间则随阳极电流值的增大而增大。

（4）关断时间 t_{off}。关断时间一般指储存时间 t_s 和下降时间 t_f 之和，不包含尾部时间。GTO 的储存时间随阳极电流的增大而增大，下降时间一般小于 $2\mu s$。

（5）工作频率 f。GTO 的工作频率比晶闸管高，但又低于其他全控器件，一般为 $20\sim100kHz$。

另外需要指出的是，不少 GTO 都制造成逆导型，类似于逆导晶闸管。当需要承受反向电压时，应和电力二极管串联使用。

2.4.2 电力晶体管

电力晶体管（Giant Transistor，GTR）按英文直译为巨型晶体管，是一种耐高压、大电流的双极结型晶体管（Bipolar Junction Transistor，BJT），所以也称 Power BJT。GTR（BJT）具有控制方便、开关时间短、通态电压低、高频特性好等特点，广泛用于中小容量系统中。

1. GTR 的结构

GTR 是电流控制型器件，其最主要的特性是耐高压、电流大、开关特性好，而小功率的用于信息处理的双极结型晶体管重视单管电流放大系数、线性度、频率响应以及噪声和温漂等性能参数。因此 GTR 通常采用至少由两个晶体管按达林顿接法组成的单元结构，同

GTO 一样采用集成电路工艺将许多这种单元并联而成。

单管的 GTR 结构与普通的双极结型晶体管是类似的。GTR 是由三层半导体（分别引出集电极 c、基极 b 和发射极 e）形成两个 PN 结（集电结和发射结）构成，多采用 NPN 结构。GTR 的结构、电气图形符号、内部载流子的流动和 NPN 型达林顿 GTR 如图 2-17 所示。注意，表示半导体类型字母的右上角标"＋"表示高掺杂浓度，"－"表示低掺杂浓度。

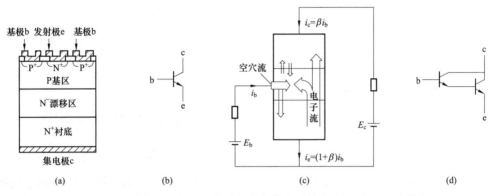

图 2-17　GTR 的结构、电气图形符号、内部载流子的流动和 NPN 型达林顿 GTR

(a) 内部结构断面示意图；(b) 电气图形符号；(c) 内部载流子的流动；(d) NPN 型达林顿 GTR

为了承受高电压、大电流，GTR 不仅尺寸要随容量的增大而增大，其内部结构、外形也要与普通双极结型晶体管有所不同。从图 2-17（a）可以看出，与信息电子电路中的普通双极结型晶体管相比，GTR 多了一个 N^- 漂移区（低掺杂 N 区），是用来承受高电压的；而采用至少由两个晶体管按达林顿接法组成的单元结构来提高电流容量。

2. GTR 的工作原理

与普通的双极型晶体管工作原理是一样的，其工作在正偏（$I_b>0$）时处于导通状态；工作在反偏（$I_b<0$）时，处于截止状态。在应用中，GTR 一般采用共射极接法，如图 2-17（c）所示，集电极电流 i_c 与基极电流 i_b 之比为

$$\beta=\frac{i_c}{i_b} \tag{2-13}$$

β 称为 GTR 的电流放大系数，它反映了基极电流对集电极电流的控制能力。当考虑到集电极和发射极间的漏电流 I_{ceo} 时，i_c 和 i_b 的关系为

$$i_c=\beta i_b+I_{ceo} \tag{2-14}$$

GTR 的产品说明书中通常给出的是直流电流增益 h_{FE}，它是在直流工作的情况下，集电极电流与基极电流之比。一般可认为 $\beta\approx h_{FE}$。单管 GTR 的 β 值比处理信息用的小功率晶体管小得多，通常为 10 左右，采用达林顿接法可以有效地增大电流增益。

3. GTR 的基本特性

（1）静态特性。GTR 的静态特性包括输入特性和输出特性，如图 2-18（a）、（b）所示。GTR 的输入特性表示加在基极和发射极之间电压 U_{be} 与所产生的基极电流 I_b 的关系。GTR 的输出特性即集电极伏安特性 $U_{ce}=f(I_c)$，输出特性分 3 个区：截止区，$U_{ce}\leqslant0$，$U_{bc}<0$，发射结、集电结均反偏。此时 GTR 承受高电压，仅有极少的漏电流；放大区，$U_{ce}>0$，$U_{bc}<0$，发射结正偏、集电结反偏。在该区内，集电极电流与基极电流呈线性关系；饱

和区，$U_{ce}>0$，$U_{bc}\geq0$，发射结、集电结正偏。此时，基极电流 I_b 变化，I_c 不再变化，通态电压最小，此时集电极和发射极间的电压为饱和压降，用 U_{ces} 表示，它的大小决定器件开关时功耗的大小。

在电力电子电路中，GTR 工作在开关状态，即工作在截止区或饱和区。

（2）动态特性。GTR 的开通和关断过程波形如图 2-19 所示。

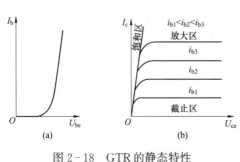

图 2-18　GTR 的静态特性
（a）输入特性；（b）共射极接法时输出特性

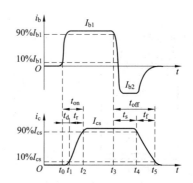

图 2-19　GTR 的开通和关断过程波形

开通过程中需要经过延迟时间 t_d 和上升时间 t_r，二者之和称为开通时间 t_{on}；关断过程关需要经过储存时间 t_s 和下降时间 t_f，二者之和为关断时间 t_{off}。

延迟时间 t_d 主要是由结电容充电产生的。增大基极驱动电流 i_b 的幅值并增大 di_b/dt，可以缩短延迟时间，同时也可以缩短上升时间，从而加快开通过程。储存时间 t_s 用于抽去基区过剩的载流子，是关断时间的主要部分。减小导通时的饱和深度可以减小储存的速度。当然，减小导通时的饱和深度会使集电极和发射极间的饱和导通压降 U_{ces} 增加，从而增大通态损耗。下降时间 t_f 为结电容放电时间。

GTR 的开通时间 t_{on} 一般为 $0.5\sim3\mu s$，关断时间 t_{off} 比 t_{on} 长，其储存时间 t_s 约 $3\sim8\mu s$，t_f 约 $1\mu s$。GTR 的容量越大，开关时间越长。但比晶闸管和 GTO 短得多。

4. GTR 的主要参数

除了前面提到的电流放大倍数 β、直流电流增益 h_{FE}、集电极和发射极间饱和压降 U_{ces}、开通时间 t_{on} 和关断时间 t_{off} 以外，GTR 主要的参数还包括以下参数：

（1）最高工作电压 U_{ceM}。GTR 上所加的电压超过规定值时，就会发生击穿。最高工作电压是指击穿电压。击穿电压不仅与器件本身的特性有关，而且还与外电路的接法有关。图 2-20 所示为 GTR 管不同的接线方式，有发射极开路时集电极和基极间的反向击穿电压 BU_{cbo}，基极开路时集电极和发射极间的击穿电压 BU_{ceo}，发射极与基极间用电阻连接或短路连接时集电极和发射极间的击穿电压 BU_{cer} 和 BU_{ces}，发射结反向偏置时集电极和发射极间的击穿电压 BU_{cex}，它们之间的关系为 $BU_{cbo}>BU_{cex}>BU_{ces}>BU_{cer}>BU_{ceo}$。实际使用 GTR 时，为了确保安全，最高工作电压 U_{ceM} 要低于 BU_{ceo}。一般取 $U_{ceM}=(1/3\sim1/2)BU_{ceo}$。

（2）集电极最大允许电流 I_{cM}。GTR 的大电流效应会使其电气性能变差，通常规定直流电流放大系数 h_{FE} 下降到规定值的 $1/2\sim1/3$，所对应的 I_c 为 I_{cM}。实际使用时须留有裕量，通常 I_c 只能用到 I_{cM} 的一半左右。

（3）集电极最大耗散功率 P_{cM}。最大耗散功率 P_{cM} 指在最高工作温度下的耗散功率。

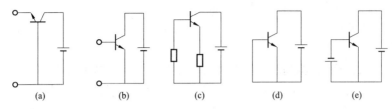

图 2-20 GTR 不同的接线方式

（a）发射极开路；（b）基极开路；（c）集射极短路；（d）集射极接电阻；（e）集射极反向偏置

5. GTR 的二次击穿现象与安全工作区

二次击穿是 GTR 突然损坏的主要原因，已成为影响 GTR 可靠使用的一个重要因素。

当 GTR 的集电极电压 U_{ce} 升高至击穿电压时，集电极电流 I_c 迅速增大，出现的击穿是雪崩击穿，被称为一次击穿。此时电路中如有电阻限制电流增长，一般不会使 GTR 工作特性变坏。但不加限制地让电流 I_c 继续增加，I_c 增大到某个临界点时会突然急剧上升，同时伴随着电压的陡然下降，出现负阻效应，导致破坏性的 GTR 二次击穿。

导致 GTR 二次击穿的因素很多。为了保证 GTR 可靠工作，设置了 GTR 的安全工作区。GTR 在工作时不能超过最高工作电压 U_{ceM}、集电极最大电流 I_{cM}、最大耗散功率 P_{cM} 及二次击穿临界线 P_{SB}。这些限制条件就规定了 GTR 的安全工作区（Safe Operating Area，SOA），GTR 的安全工作区如图 2-21 所示。

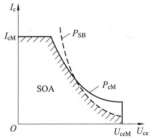

图 2-21 GTR 的安全工作区

目前门极可关断晶闸管 GTO 和电力晶体管 GTR 已逐渐被性能更优越的电力场效应晶体管和绝缘栅双极型晶体管所取代。

2.4.3 电力场效应晶体管

电力场效应晶体管（Power Metal Oxide Semiconductor Field Effect Transistor）简称电力 MOSFET（Power MOSFET），它是一种单极型电压控制器件。它具有自关断能力，且输入阻抗高（$10^8 \sim 10^{13}\,\Omega$）、驱动功率小、开关速度快、工作频率高、热稳定性好，不存在二次击穿问题，安全工作区宽。但其电压和电流容量较小，目前一般电力 MOSFET 产品设计的耐压能力都在 1000V 以下，故其在高频中小功率（不超过 10kW）的电力电子装置中得到广泛应用。

1. 电力 MOSFET 的结构

电力 MOSFET 有多种结构形式，按导电沟道可分为 P 沟道和 N 沟道。在导通时只有一种极性的载流子参与导电，是单极型晶体管。N 沟道的载流子是电子；P 沟道的载流子是空穴。每一种沟道又有耗尽型管和增强型管之分。当栅极电压为零（$U_{GS}=0$）时，漏源极之间就存在导电沟道（$I_D \neq 0$）的称为耗尽型；栅极电压大于（小于）零（$U_{GS}>0$，$U_{GS}<0$）时，才存在导电沟道的称为增强型。电力 MOSFET 主要采用 N 沟道增强型结构。

由于处理电功率的能力较强，结构上与小功率的 MOS 管有较大区别，电力 MOSFET 也是多元集成结构，一个器件由许多个小 MOSFET 元组成。目前电力 MOSFET 大都采用了垂直导电结构，所以又称为 VMOSFET（Vertical MOSFET），这大大提高了电力 MOS-FET 器件的耐电压和耐电流能力。按垂直导电结构的差异，电力 MOEFET 又分为利用 V

形槽实现垂直导电的 VVMOSFET（Vertical V - groove MOSFET）和具有垂直导电双扩散 MOS 结构的 VDMOSFET（Vertical Double - diffused MOSFET）。这里以 VDMOSFET 器件为例进行讨论。

图 2 - 22（a）给出了 N 沟道增强型 VDMOSFET 中的一个单元的截面图。电力 MOSFET 的电气图形符号如图 2 - 22（b）所示。电力 MOSFET 有 3 个引脚：漏极 D、源极 S 和栅极 G。

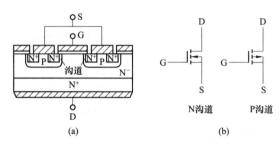

图 2 - 22　电力 MOSFET 的结构和电气图形符号
(a) 内部结构断面示意图；(b) 电气图形符号

2. 电力 MOSFET 的工作原理

对于 N 沟道增强型电力 MOSFET，当漏极接电源正端，源极接电源负端（$U_{DS}>0$），栅极和源极间电压为零（$U_{GS}=0$）时，P 基区与 N 漂移区之间形成的 PN 结 J_1 反偏，漏源极之间无电流流过，电力 MOSFET 处于截止状态。

当在栅极和源极之间加一正电压（$U_{GS}>0$），正电压会将其下面 P 区中的空穴推开，而将 P 区中的少子（电子吸引到栅极下面的 P 区表面）。当 U_{GS} 大于某一电压值 U_T 时，栅极下 P 区表面的电子浓度将超过空穴浓度，使 P 型半导体反型成 N 型半导体，该反型层形成 N 沟道而使 PN 结 J_1 消失，漏极和源极导电。U_T 称为开启电压（或阈值电压），U_{GS} 超过 U_T 越多，导电能力越强，漏极电流 I_D 越大。

与信息电子电路中的 MOSFET 相比，电力 MOSFET 多了一个 N^- 漂移区，这是用来承受高电压的。不过电力 MOSFET 是多子导电器件，栅极和 P 区之间是绝缘的，无法像电力二极管和 GTR 那样在导通时靠从 P 区向 N^- 漂移区注入大量的少子形成的电导调制效应来减小通态电压和损耗。因此电力 MOSFET 虽然可以通过增加 N^- 漂移区的厚度来提高承受电压的能力，但是由此带来的通态电阻增大和损耗也是非常明显的。所以目前一般电力 MOSFET 产品设计的耐压能力都在 1000V 以下。

3. 电力 MOSFET 的特性

（1）静态特性。

1）转移特性。转移特性是在一定的漏极电压 U_{DS} 下，电力 MOSFET 的漏极电流 I_D 和栅源电压 U_{GS} 的关系曲线，如图 2 - 23（a）所示。该特性反映电力 MOSFET 的栅源电压 U_{GS} 对漏极电流 I_D 的控制能力。从图中可知，I_D 较大时，I_D 与 U_{GS} 的关系近似线性，曲线的斜率被定义为电力 MOSFET 的跨导 G_{fs}（单位：S），跨导 G_{fs} 表示电力 MOSFET 的放大能力，即

$$G_{fs}=\frac{dI_D}{dU_{GS}} \tag{2-15}$$

只有当 $U_{GS} > U_T$ 时，器件才导通，U_T 称为开启电压。电力 MOSFET 是电压控制型器件，其输入阻抗极高，输入电流非常小。

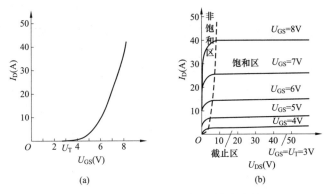

图 2-23 电力 MOSFET 的静态特性
（a）转移特性；（b）输出特性

2）漏极伏安特性。电力 MOSFET 的漏极伏安特性，即输出特性，如图 2-23（b）所示。从图中可以看到输出特性包括 3 个区：非饱和区、饱和区和截止区。这里饱和与非饱和的概念与 GTR 不同。饱和是指漏源电压增加时漏极电流几乎不变，非饱和是指漏源电压增加时漏极电流相应增加。电力 MOSFET 工作在开关状态，即在截止区和非饱和区之间来回转换。

由于电力 MOSFET 本身结构所致，在其漏极和源极之间由 P 区、N^- 漂移区和 N^+ 区寄生了一个与电力 MOSFET 反向并联的二极管。该寄生二极管与电力二极管一样具有 PiN 结构，与电力 MOSFET 构成了一个不可分割的整体，使得在漏、源极间加反向电压时器件导通。因此，在使用时若必须承受反向电压，则电力 MOSFET 电路中应串入快速二极管。

（2）动态特性。电力 MOSFET 是一个近似理想的开关，具有很高的增益和极快的开关速度。这是由于它是单极型器件，依靠多数载流子导电，没有少数载流子的储存效应，与关断时间相联系的储存时间大大减少。它的开通、关断只受到极间电容的影响，和极间电容的充放电有关。用图 2-24（a）所示电路来测试电力 MOSFET 的开关特性。图中 u_p 为矩形脉冲电压信号源，R_s 为信号源内阻，R_G 为栅极电阻，R_L 为漏极负载电阻，R_F 为源极电阻，用于检测漏极电流。

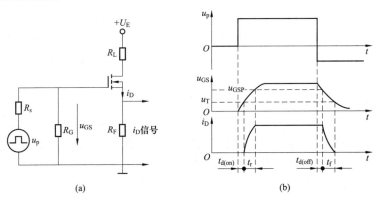

图 2-24 电力 MOSFET 的开关过程
（a）测试电路；（b）开关过程波形

电力 MOSFET 的开关过程波形如图 2-24（b）所示，电力 MOSFET 的开通时间 t_{on} 可以定义为开通延迟时间 $t_{d(on)}$ 与电流上升时间 t_r 之和，即

$$t_{on} = t_{d(on)} + t_r \qquad (2-16)$$

关断延迟时间 $t_{d(off)}$ 与电流下降时间 t_f 之和定义为电力 MOSFET 的关断时间 t_{off}，即

$$t_{off} = t_{d(off)} + t_f \qquad (2-17)$$

通常电力 MOSFET 的开关时间在 $10\sim100\text{ns}$ 之间，其工作频率可达 100kHz 以上，是主要电力电子器件中最高的。而双极型器件的开关时间则是以微秒计算，甚至达到几十微秒。此外，虽然电力 MOSFET 是场控器件，在静态时几乎不需要输入电流，但是在开关过程中需要对输入电容充放电，仍需要一定的驱动功率。开关频率越高，所需要的驱动功率越大。

4. 电力 MOSFET 的主要参数

除前面介绍的跨导 G_{fs}、开启电压 U_T，以及开关过程中的各时间参数之外，电力 MOSFET 还有以下主要参数：

（1）通态电阻 R_{on}。通态电阻 R_{on} 是指在确定的栅源电压 U_{GS} 下，电力 MOSFET 由非饱和区进入饱和区时的漏源极间的直流电阻。通态电阻 R_{on} 具有正温度系数，这对器件并联时的均流有利。

（2）漏极电压 U_{DS}。漏极电压 U_{DS} 是电力 MOSFET 承受的最高工作电压，标称为电力 MOSFET 定额电压。通常选用 U_{DS} 为实际工作电压的 $2\sim3$ 倍。

（3）漏极直流电流 I_D 和漏极脉冲电流幅值 I_{DM}。漏极直流电流 I_D 和漏极脉冲电流幅值 I_{DM} 是标称电力 MOSFET 定额电流的参数。这两个电流参数受器件工作温度的影响。

（4）栅源电压 U_{GS}。栅源之间的绝缘层很薄，栅源电压过高将导致绝缘层击穿，其极限值为 $\pm20\text{V}$。

（5）极间电容。电力 MOSFET 的 3 个电极之间分别寄生着极间电容 C_{GS}、C_{GD} 和 C_{DS}。一般生产厂家提供的是漏源极短路时的输入电容 C_{iss}、共源极输出电容 C_{oss} 和反向转移电容 C_{rss}。它们之间的关系为

$$C_{iss} = C_{GS} + C_{GD} \qquad (2-18)$$

$$C_{rss} = C_{GD} \qquad (2-19)$$

$$C_{oss} = C_{DS} + C_{GD} \qquad (2-20)$$

前面提到的输入电容可以近似用 C_{iss} 代替。这些电容都是非线性的。

漏源间的耐压，漏极最大允许电流和最大耗散功率决定了电力 MOSFET 的安全工作区。电力 MOSFET 不存在二次击穿问题，这是它的一大优点，但在使用中，应留适当裕量。

2.4.4 绝缘栅双极型晶体管

双极型电流驱动器件，如 GTR 和 GTO，其耐压和通流能力很强，但开关速度较慢，所需驱动功率较大，驱动电路复杂。而单极型电压驱动器件，如电力 MOSFET，开关速度快，输入阻抗高，热稳定性好，所需驱动功率小而且驱动电路简单。将这两类器件互相取长补短结合而成的复合器件，通常称为 Bi-MOS 器件。在 20 世纪 80 年代末，研制并生产的绝缘栅双极型晶体管（Insulated-gate Bipolar Transistor，IGBT 或 IGT）就属于这一类复合型器件，它集 GTR 和 MOSFET 的优点于一身，因而具有输入阻抗高、驱动功率小、由饱和

压降造成的导通损耗和开关损耗低的优点，且电流电压容量大，安全工作区宽，耐压从 600～6500V，IGBT 模块最大电流可以达到 3600A。目前 IGBT 在许多应用场合已逐步取代了 GTR 和 GTO，成为中、大功率电力电子设备的主导器件。

1. IGBT 的结构

IGBT 是三端器件，3 个极分别是栅极 G、集电极 C 和发射极 E。图 2-25（a）给出了一种由 N 沟道 VDMOSFET 与双极型晶体管组合而成的 IGBT 的基本结构。与图 2-22（a）对照可以看出，IGBT 比 VDMOSFET 多一层 P$^+$ 注入区，因而形成了一个大面积的 P$^+$N$^+$ 结 J$_1$。因此 IGBT 导通时由 P$^+$ 注入区向 N$^-$ 漂移区发射少子，从而实现对漂移区电导率进行调制，使得 IGBT 具有很强的通流能力，解决了在电力 MOSFET 中无法解决的高耐压与低通态电阻之间的矛盾，使高耐压的 IGBT 也具有低的通态压降。IGBT 的简化等效电路如图 2-25（b）所示。

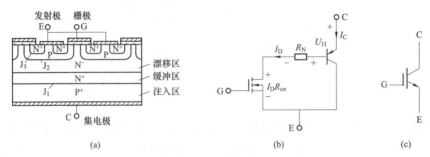

图 2-25　IGBT 的结构、简化等效电路和电气图形符号
(a) 内部结构断面示意图；(b) 简化等效电路；(c) 电气图形符号

IGBT 的简化等效电路是 GTR 与电力 MOSFET 组成的达林顿结构，相当于一个由电力 MOSFET 驱动的厚基区 PNP 晶体管。图中 R_N 为晶体管基区内的调制电阻。因此，IGBT 的驱动原理与电力 MOSFET 基本相同，是一种电压驱动型器件。

2. IGBT 的工作原理

IGBT 开通和关断是由栅极和发射极间的电压 U_{GE} 决定的，当 U_{GE} 为正且大于开启电压 $U_{GE(th)}$ 时，电力 MOSFET 内形成导电沟道，并为晶体管提供基极电流而使 IGBT 导通，由于电导调制效应，使得调制电阻 R_N 减小，通态压降很小。当栅极与发射极间施加反向电压或不加信号时，电力 MOSFET 内的导电沟道消失，晶体管基极电流被切断，使得 IGBT 关断。

以上所述 PNP 晶体管与 N 沟道电力 MOSFET 组合而成的 IGBT 称为 N 沟道 IGBT，记为 N-IGBT，其图形符号如图 2-25（c）所示。相应的还有 P 沟道 IGBT，记为 P-IGBT，其电气图形符号与图 2-25（c）箭头相反。由于 N 沟道 IGBT 应用较多，因此下面以其为例进行介绍。

3. IGBT 的基本特性

（1）静态特性。

1）转移特性。IGBT 的转移特性是描述集电极电流 I_C 与栅射极电压 U_{GE} 的关系，如图 2-26（a）所示。此特性与电力 MOSFET 的转移特性相似。当栅射极电压 U_{GE} 小于开启电压 $U_{GE(th)}$ 时，IGBT 处于关断状态。开启电压 $U_{GE(th)}$ 是 IGBT 能实现电导调制而导通的最低栅射电压，$U_{GE(th)}$ 随温度升高而略有下降，温度每升高 1℃，其值下降 5mV 左右，在 +25℃时，$U_{GE(th)}$ 的值一般为 2～6V。

2）输出特性。图 2-26（b）所示为 IGBT 的输出特性，即伏安特性，它描述的是以栅射极电压为参考变量时，集电极电流 I_C 与集射极电压 U_{CE} 之间的关系。IGBT 的输出特性分为 3 个区域：正向阻断区、有源区和饱和区。此外，当 $U_{CE}<0$ 时，IGBT 为反向阻断工作状态。在电力电子电路中，IGBT 工作在开关状态，是在正向阻断区和饱和区之间来回转换。

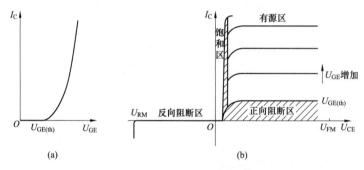

图 2-26 IGBT 的静态特性曲线
（a）转移特性；（b）输出特性

（2）动态特性。IGBT 的开通和关断过程波形如图 2-27 所示。IGBT 的开通时间 t_{on} 由开通延时时间 $t_{d(on)}$ 和电流上升时间 t_r 组成。通常开通时间为 0.5～1.2μs。IGBT 在开通过程中大部分时间作为电力 MOSFET 来运行的，只在集射极电压 U_{CE} 下降过程的后期（t_{fv2}），PNP 晶体管才由放大区转到饱和区，因而增加了一段延缓时间，因此集射极电压 U_{CE} 波形分成两段 t_{fv1} 和 t_{fv2}。

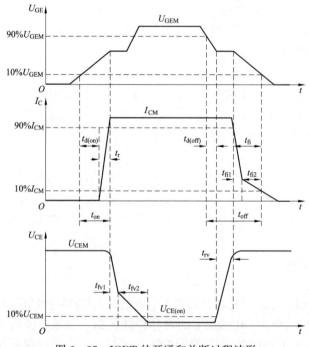

图 2-27 IGBT 的开通和关断过程波形

IGBT 的关断时间 t_{off} 由关断延时时间 $t_{d(off)}$、集射电压 u_{CE} 上升时间 t_{rv} 和电流下降时间 t_f 组成，在 t_f 内，集电极电流分为两段 t_{fi1} 和 t_{fi2}。t_{fi1} 对应 IGBT 内部电力 MOSFET 的关断过程，t_{fi2} 对应 IGBT 内部 PNP 晶体管的关断过程，由于电力 MOSFET 关断后，PNP 晶体管中的存储电荷难以消除，故这段时间内 I_C 下降较慢，造成 I_C 较长的尾部时间。通常关断时间为 $0.55\sim1.55\mu s$。

可以看出，由于 IGBT 中双极型 PNP 晶体管的存在，虽然带来了电导调制效应的好处，但也引入了少子储存现象，因而 IGBT 的开关速度要低于电力 MOSFET。此外，IGBT 的击穿电压、通态压降和关断时间也是需要折中的参数。高压器件的 N 基区必须有足够宽度和较高电阻率，这会增大通态压降和延长关断时间。

应该指出，同电力 MOSFET 一样，IGBT 的开关速度受其栅极驱动电路内阻的影响，其开关过程波形会受到主电路结构、控制方式、缓冲电路以及主电路寄生参数等条件的影响，应该在设计实际电路时加以注意。

4. IGBT 的主要参数

除了前面提到的各参数之外，IGBT 的主要参数还包括：

（1）最大集电极—发射极极间电压 U_{CES}。栅极、发射极短路时，器件集电极—发射极能承受的最高电压，具有正温度系数。

（2）最大集电极电流。包括额定直流电流 I_C 和 1ms 脉冲最大电流 I_{CP}，其是在规定脉冲持续时间和占空比条件下，多个矩形脉冲的最大值。由于大多工作在开关状态，因而 I_{CP} 更具有实际意义。选择时，应根据实际情况考虑裕量。

（3）总耗散功率 P_{CM}。在规定的管壳温度 $T_C=25℃$ 下允许的最大耗散功率，随着芯片技术和封装技术的进步，IGBT 最高结温可达 175℃。

IGBT 是最常用的全控型电力电子器件。特点总结为：器件的特性，例如饱和压降、关断损耗、不同电压等级器件相差很大，且相同电压等级，有为不同应用开发的不同性能的器件；目前 600V 的 IGBT 可以工作在 100kHz，性能与电力 MOSFET 相当，6500V 的 IGBT 只能工作在几百赫兹；IGBT 可以有较强的短路承受能力，在相同电压和电流额定的情况下，IGBT 的安全工作区比 GTR 大，而且具有耐脉冲电流冲击的能力；高电压时 IGBT 的通态压降比 VDMOSFET 低，特别是在电流较大的区域；IGBT 与电力 MOSFET 相比耐雪崩能量的能力弱，在应用中任何情况下不能超过最大集电极—发射极电压；IGBT 的输入阻抗高，其输入特性与电力 MOSFET 类似。

5. IGBT 的擎住效应和安全工作区

从图 2-25 （a）所示的 IGBT 结构可以发现，在 IGBT 内部寄生着一个 N^-PN^+ 晶体管和作为主开关器件的 P^+N^-P 晶体管组成的寄生晶闸管，IGBT 实际等效电路模型如图 2-28 所示。R_{br} 是 NPN 晶体管的基极与发射极之间的体区短路电阻。当集电极电流 I_C 大到一定程度，寄生的 NPN 晶体管因过高的正向偏置而导通，使等效的 NPN 和 PNP 晶体管同时处于饱和导通状态，造成寄生晶闸管开通，导致 IGBT 栅极失去对集电极电流的控制作用。这就称为擎住效应或自锁效应。引发擎住效应的原因，可能是集电极电流过大（静态擎住效应），也可

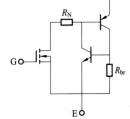

图 2-28　IGBT 实际等效电路模型

能是 du_{CE}/dt 过大（动态擎住效应），温度升高也会加重发生擎住效应的危险。

为了避免 IGBT 发生擎住效应，必须规定集电极电流的最大值。在 IGBT 关断时，栅极施加一定反压以减小 du_{CE}/dt，或在集电极 C 和发射极 E 两端并联小电容，减小关断时的 du_{CE}/dt，以避免动态擎住效应的发生。

根据最大集电极电流、最大集射极间电压和最大集电极功耗可以确定 IGBT 在导通工作状态的参数极限范围，即正向偏置安全工作区（Forward Biased Safe Operating Area，FB-SOA）；根据最大集电极电流、最大集射极间电压和最大允许电压上升率 du_{CE}/dt，可以确定 IGBT 在阻断工作状态下的参数极限范围，即反向偏置安全工作区（Reverse Biased Safe Operating Area，RBSOA）。RBSOA 是 IGBT 的重要参数，代表着器件关断电流能力，表示在规定条件下，IGBT 在关断期间内，能够承受集电极电流和集电极—发射极电压而不发生擎住效应。

2.5 新型电力电子器件和功率模块

2.5.1 静电感应晶体管

静电感应晶体管（Static Induction Transistor，SIT）是一种结型场效应晶体管，诞生于 1970 年。SIT 是一种多子导电的器件（单极型器件），它集大电流、高耐压和高频率于一体，现代制造水平达到电流容量 300A、耐压 1500V、耗散功率 3kW，工作频率 20～50MHz。目前已在雷达通信设备、超声波功率放大、脉冲功率放大和高频感应加热等领域获得应用。

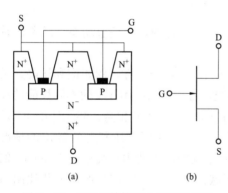

图 2 - 29 SIT 的结构及电气图形符号
(a) 结构；(b) 电气图形符号

SIT 是多元集成结构，内部由成百上千个小单元并联而成，图 2 - 29（a）为 SIT 元的结构，采用垂直导电结构。SIT 的 3 个极为门极 G、漏极 D 和源极 S，其图形符号如图 2 - 29（b）所示。SIT 分为 N 沟道和 P 沟道两种，图 2 - 29（b）中的箭头表示门源结为正偏时门极电流的方向。

SIT 在门极不加任何信号时是导通的，而门极加负偏压时关断，被称为正常导通器件，使用不太方便；此外，SIT 通态电阻较大，使得通态损耗也大。SIT 可以做成正常关断型器件，但通态损耗将更大。因而 SIT 在电力电子设备中还未得到广泛应用。

2.5.2 静电感应晶闸管

静电感应晶闸管（Static Induction Thyristor，SITH）诞生于 1972 年，是在 SIT 的漏极层上附加一层与漏极层导电类型不同的发射极层而得到的。SITH 的结构及电气图形符号如图 2 - 30 所示。SITH 也可以看作由 SIT 与 GTO 复合而成，其工作原理与 SIT 类似，门极和阳极电压均能通过电场控制阳极电流，因此 SITH 又称为场控晶闸管（Field Controlled Thyristor，FCT）。由于比 SIT 多了一个具有少子注入功能的 PN 结，因而 SITH 本质上是两种载流子导电的双极型器件，具有电导调制效应，通态压降低、通流能力强。其很多特性与 GTO 类似，但开关速度比 GTO 高得多，是大容量的快速器件。

根据结构不同，SITH 分为正常导通型和正常关断型。目前正常导通型的 SITH 发展较快。SITH 制造工艺比较复杂，成本高，电流关断增益较小，因而其应用范围还有待拓展。

2.5.3 MOS 控制晶闸管

MOS 控制晶闸管（MOS Controlled Thyristor，MCT）是将一对电力 MOSFET 与晶闸管组合而成的复合型器件。MCT 将电力 MOSFET 的高输入阻抗、低驱动功率、快速的开关过程和晶闸管的高电压大电流、低导通压降的特点有效地结合起来，这也是 Bi - MOS 器件的一种。一个 MCT 器件由数以万计的 MCT 元组成，每个 MCT 元由 1 个晶闸管、1 个控制该晶闸管开通的电力 MOSFET 和一个控制该晶闸管关断的电力 MOSFET 组成，MCT 等效电路及电气图形符号如图 2 - 31 所示。

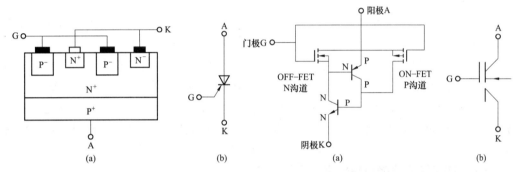

图 2 - 30　SITH 的结构及电气图形符号　图 2 - 31　MCT 等效电路及电气图形符号（P - MCT）
(a) 结构；(b) 电气图形符号　　　　　(a) MCT 的等效电路；(b) 电气图形符号

当门极相对阳极加负脉冲电压时，ON - FET 导通，从而驱动 MCT 导通；当门极相对阴极加正脉冲电压时，OFF - FET 导通，降低 PNP 晶体管的基—射极之间电位差，PNP 管关断，从而使 MCT 关断。MCT 被认为是一种最有发展前途的电力电子器件。因此，20 世纪 80 年代以来一度成为研究的热点。经过十多年的努力，其关键技术问题没有大的突破，电压和电流容量都远未达到预期的数值，至今未能投入实际应用。

2.5.4 集成门极换流晶闸管

集成门极换流晶闸管（Integrated Gate - Commutated Thyristor，IGCT），有时也称为 GCT（Gate - Commutated Thyristor），是 20 世纪 90 年代后期出现的新型电力电子器件。IGCT 是一种基于 GTO 结构、利用集成栅极结构进行栅极驱动、采用缓冲层结构及阳极透明发射极技术的新型大功率半导体开关器件，具有晶体管的稳定关断能力和晶闸管低通态损耗的优点。此类器件在一个芯片上集成了具有良好动态特性的续流二极管，从而以其独特的方式实现了晶闸管的低通态压降、高阻断电压和晶体管稳定开关特性的有机结合。

与 GTO 相比，IGCT 的容量与普通 GTO 相当，但开关速度比普通的 GTO 快 10 倍。由于 IGCT 具有高速开关能力且无需缓冲电路，因而简化普通 GTO 应用时庞大而复杂的缓冲电路，运行的可靠性大大增高。但其所需的驱动功率仍然很大。IGCT 具有电流大、阻断电压高、开关频率高、可靠性高、结构紧凑、低导通损耗等特点，而且制造成本低，成品率高，目前主要应用在电力系统中。

2.5.5 基于新材料的电力电子器件

前面介绍的电力电子器件都是采用硅半导体材料，硅材料一直是电力电子器件所采用的主要半导体材料。但是，硅器件的各方面性能已随其结构设计和制造工艺的相当完善而接近其由材料特性决定的理论极限（虽然随着器件技术的不断创新这个极限一再被突破），很多人认为依靠硅器件继续完善和提高电力电子装置与系统性能的潜力已十分有限。因此，将越来越多的注意力投向新型的半导体材料——宽禁带半导体材料。

我们知道，固体中电子能量具有不连续的量值，电子都分布在一些相互之间不连续的能带（Energy Band）上。价电子所在能带与自由电子所在能带之间的间隙称为禁带或带隙（Energy Gap 或 Band Gap）。所以禁带的宽度实际上反映了被束缚的价电子要成为自由电子所必须额外获得的能量。硅的禁带宽度为 1.12 电子伏特（eV），而宽禁带半导体材料是指禁带宽度在 3.0 电子伏特及以上的半导体材料，典型的是碳化硅（SiC）、氮化镓（GaN）、金刚石等材料。

由于具有比硅宽得多的禁带宽度，宽禁带半导体材料一般都具有比硅高得多的临界雪崩击穿电场强度和载流子饱和漂移速度、较高的热导率和相差不大的载流子迁移率，因此，基于宽禁带半导体材料（如碳化硅）的电力电子器件将具有比硅器件高得多的耐受高电压的能力、低得多的通态电阻、更好的导热性能和热稳定性以及更强的耐受高温和射线辐射的能力，许多方面的性能都是成数量级的提高。但是，宽禁带半导体器件的发展一直受制于材料的提炼和制造以及随后半导体制造工艺的困难。预期在数年内，由采用 SiC 与 GaN 材料的电力电子器件将在因节能而著称的电力电子设备中得到广泛的应用。

2.5.6　功率集成电路与集成电力电子模块

自 20 世纪 80 年代中后期开始，在电力电子器件研制和开发中的一个共同趋势是模块化。模块化是按照典型电力电子电路所需要的拓扑结构，将多个相同的电力电子器件或多个相互配合使用的不同电力电子器件封装在一个模块中，可以缩小装置体积，降低成本，提高可靠性。更重要的是，工作频率较高的电路，还可以大大减小线路电感，从而简化对保护和缓冲电路的要求。这种模块被称为功率模块（Power Module），或者按照主要器件的名称命名，如 IGBT 模块（IGBT Module）、MOSFET 模块（MOSFET Module）。

如果将电力电子器件与逻辑、控制、保护、传感、检测、自诊断等信息电子电路制作在同一芯片上，则称为功率集成电路（Power Integrated Circuit，PIC）。目前其功率都还比较小，但代表了电力电子技术发展的一个重要方向。

在功率集成电路中，根据应用和结构的不同，又有高压集成电路、智能功率集成电路和智能功率模块等，高压集成电路（High Voltage Integrated Circuit，HVIC）是指横向高压器件与逻辑或模拟控制电路的单片集成。智能功率集成电路（Smart Power Integrated Circuit，SPIC）是指纵向功率器件与逻辑或模拟控制电路的单片集成。

智能功率模块（Intelligent Power Module，IPM）则专指 IGBT 及其辅助器件与其保护和驱动电路的单片集成，也称智能 IGBT 模块。若是将电力电子器件与其控制、驱动、保护等所有信息电子电路都封装在一起，往往称之为集成电力电子模块（Integrated Power Electronics Module，IPEM）。对中、大功率的电力电子装置来讲，往往不是一个模块就能胜任的，通常需要像搭积木一样由多个模块组成，这就是所谓的电力电子积块（Power Electronics Building Block，PEBB）。

功率集成电路制造的主要难点在于同一芯片上高低压电路之间的绝缘问题以及温升和散热的有效处理。因此，目前功率集成电路的研究、开发和实际产品应用主要集中在小功率场合，如便携式电子设备、家用电器、办公设备电源灯。智能功率模块则在很大程度上回避了这两个难点，因而近几年获得了迅速发展。目前最新的智能功率模块产品已大量用于电机驱动、汽车电子乃至高速子弹列车牵引这些大功率场合。

功率集成技术和集成电力电子模块都是具体的电力电子集成技术。电力电子集成技术使装置体积减小，可靠性提高，用户使用更为方便，以及制造、安装和维护的成本大幅降低，并实现了电能和信息的集成，成为机电一体化的理想接口，具有广阔的应用前景。

2.6　电力电子器件使用时应注意的问题

前面 5 节介绍了电力电子器件的概念、分类、结构、工作原理、基本特性和主要参数，本节就如何用好电力电子器件，对电力电子器件应用于电路中所需要面对的一些共性问题，如驱动、保护和串并联使用等问题进行介绍。

2.6.1　电力电子器件的驱动

1. 驱动电路概述

在电力电子装置中，电力电子器件的驱动电路是重要环节。驱动电路是主电路与控制电路的接口，性能优良的驱动电路，可使主开关器件工作在理想的状态，缩短开关时间，减小功耗，提高装置的运行效率、可靠性和安全性。

驱动电路的基本任务就是将信息电子电路输出的信号按照系统的控制要求，转换成加在电力电子器件控制端和公共端之间，可以使其开通和关断的信号。不同的电力电子器件有不同的驱动要求，对于半控性器件，只需提供开通控制信号；对于全控性器件，则既要提供开通控制信号，又需要提供关断控制信号，以保证器件的可靠开通和关断。根据器件所要求的驱动信号不同，驱动电路可分为电流驱动型电路和电压驱动型电路。晶闸管、GTO 和 GTR 是电流驱动型器件，电力 MOSFET 和 IGBT 是电压驱动型器件。

相对于主电路的高电压来说，控制电路属于低电压电路。故驱动电路必须提供控制电路与主电路的电气隔离，电气隔离一般采用光隔离或磁隔离。光隔离采用光耦合器，光耦合器由发光二极管和光敏晶体管组成，封装在一个外壳内。磁隔离的元件通常是脉冲变压器。

驱动电路的具体形式可以是分立元件构成的驱动电路，对一般的电力电子器件使用者来讲，最好是采用由专业厂家或生产电力电子器件的厂家提供的专用驱动电路，其形式可能是集成驱动电路芯片，可能是将多个芯片和器件集成在内的带有单排直插引脚的混合集成电路，对大功率器件来讲还可能是将所有驱动电路都封装在一起的驱动模块，且为达到参数最佳配合，首选所用器件生产厂家专门开发的集成驱动电路。

2. 晶闸管的驱动电路

晶闸管阳极加上正向电压后，必须同时在门极与阴极之间加上触发信号，晶闸管才能从阻断到导通，通常称触发控制。晶闸管触发电路又称为驱动电路。晶闸管触发电路的作用是产生符合要求的门极触发脉冲，保证晶闸管在需要的时刻由阻断转为导通。晶闸管触发电路往往还包括对其触发时刻进行控制的相位控制电路。这里专指触发脉冲的放大和输出环节。

晶闸管触发电路应满足以下要求：

（1）触发脉冲的宽度应保证晶闸管可靠导通。比如对感性和反电动势负载的变流器应采用宽脉冲或脉冲列触发；三相全桥式整流电路的触发脉冲应为宽度大于 $60°$ 且小于 $120°$ 的单宽脉冲，或是间隔 60°的双窄脉冲 。

（2）触发脉冲应有足够的电压和电流幅度。对在户外寒冷场合使用的晶闸管，触发脉冲电流的幅度应增大为器件最大触发电流的 3～5 倍，脉冲前沿的陡度也需增加到 1～2A/μs。

（3）触发脉冲应不超过晶闸管门极的电压、电流和功率定额，且保证在器件门极伏安特性的可靠触发区内。

（4）触发脉冲必须与晶闸管的阳极电压同步，脉冲的移相范围必须满足电路要求。

（5）触发脉冲电路应具有良好的抗干扰性、温度稳定性及与主电路有很好的电气隔离。晶闸管的误导通往往是由于干扰信号进入门极电路引起的。因此需要在触发电路中采取屏蔽和隔离等干扰措施。

晶闸管理想的触发电流波形如图 2-32 所示。为了快速而可靠地触发晶闸管，常在触发脉冲的前沿叠加一个强脉冲，强触发电流的幅值可达触发电流的 5 倍。图中 $t_1 \sim t_4$ 为脉冲宽度，其中 $t_1 \sim t_2$ 为脉冲前沿的上升时间（$<1\mu s$），$t_1 \sim t_3$ 为强脉冲宽度，I_M 为强脉冲幅值。

图 2-33 所示为常见的晶闸管触发电路。V_1 和 V_2 构成脉冲放大环节，脉冲变压器 TM、VD_2、VD_3、R_4 构成脉冲输出环节。当需要脉冲输出时，V_1 导通，为 V_2 提供基极电流并使其导通，于是通过脉冲变压器 TM 输出脉冲。VD_1、R_3 构成续流电路，当 V_1 和 V_2 由导通变为截止时，供 TM 释放其存储的能量。R_2 为限流电阻，C_1 为加速电容，VD_2、VD_3、R_4 构成晶闸管门极保护电路，使门极免受反向电流、反向电压的冲击并限流。如果获得强脉冲，需要增加其他电路环节。

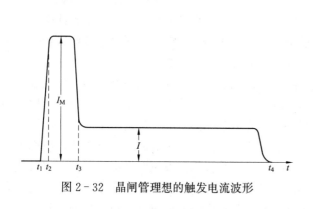

图 2-32 晶闸管理想的触发电流波形　　图 2-33 常见晶闸管触发电路

3. 门极可关断晶闸管（GTO）的驱动电路

GTO 是电流型驱动器件，它的开通控制与普通晶闸管类似，但对触发脉冲前沿的幅值和陡度要求高。GTO 的关断控制要求更高，如脉冲宽度、幅度、陡度等。

（1）驱动信号的要求。

1）开通信号基本要求。要求开通脉冲的前沿陡、幅值高和足够的脉冲宽度。脉冲前沿对结电容充电，前沿陡，充电快，正向电流迅速建立，有利于 GTO 的快速导通。门极强触发一般比额定触发电流大 3 倍左右。若快速开通 GTO 也可以将该值取大些。强触发可以缩短开通时间、减小开通损耗、降低管压降。触发电流的宽度用来保证阳极电流的可靠建立，后沿应尽量缓一些，以免引起 GTO 的阳极电流产生振荡。

2）关断信号的基本要求。门极关断脉冲必须有足够的宽度，既要保证下降时间内能抽出载流子，又要保证剩余的载流子复合需要有一定的时间。关断电流的幅值一般取（1/3～1/5）I_m（关断主电流），由关断增益的大小决定。

3）反偏电路的基本要求。GTO关断以后仍然可以加一门极反向电压，其持续时间可以是几十微秒或是整个阻断状态时间。门极反偏电压越高，可关断阳极电流越大。反偏电压越高，阳极 du/dt 耐量越大。

GTO理想的门极电压电流波形如图2-34所示。

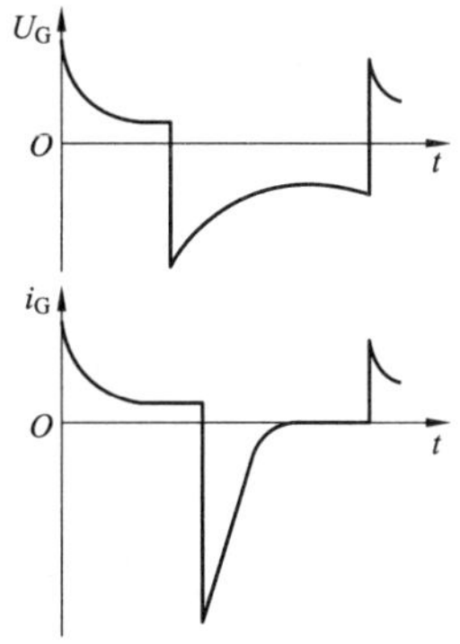

（2）GTO驱动电路实例。GTO应用于大容量的电路中，其驱动电路通常包括开通驱动、关断驱动和断态时门极偏置电路三部分。可分为脉冲变压器耦合式和直接耦合式两种类型。直接耦合式驱动电路可避免电路内部的相互干扰和寄生振荡，可得到较陡的脉冲前沿，因此目前应用较广，但其功耗大，效率低。图2-35（a）所示为典型的直接耦合式GTO驱动电路。脉冲变压器TM在 U_1 控制下工作，TM二次侧产生 U_2、U_3。VD_2、VD_3、C_1、C_3 组成倍压电路，使 $U_{C3} > U_{C2}$。

图 2-34 GTO理想的门极
电压电流波形

开通GTO时，$U_{G2} > 0$，$U_{G3} > 0$，V_2、V_3 导通，由于倍压作用，U_{C3} 电压较高，可达3倍 U_2，输出正强触发脉冲电流 I_{C3}；I_{C3} 结束后，V_2 继续导通输出脉冲的平顶部分 I_{C2}，保持GTO导通，如图2-35（b）所示。

关断GTO时，$U_{G2} = 0$，$U_{G3} = 0$，$U_{G1} > 0$，V_1 导通，电容 C_4 的电压 U_{C4} 提供负脉冲，GTO关断。V_1 关断后，C_4 通过电阻 R_4 继续提供GTO的门极负偏压，防止误触发。

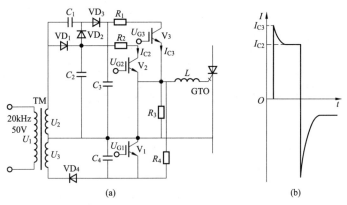

图 2-35 直接耦合式GTO驱动原理图和工作波形
（a）电路原理图；（b）工作波形

4. 电力晶体管（GTR）的驱动电路

GTR属于电流驱动型器件，驱动电路对主开关器件的工作状态有直接影响，如集电极电压上升率 du/dt 和饱和压降、开关功耗等。GTR基极的驱动方式有直接驱动、变压器或光电器件隔离驱动。

（1）GTR驱动电路的要求。

1）GTR开通时基极驱动电流前沿要陡，应使其处于准饱和状态，使之不进入放大区和深饱和区；以缩短开通时间，减小开通损耗。

2) 关断时，施加一定的负基极电流，加快关断速度，减小关断损耗；关断后在基—射极之间施加一定幅值（6V 左右）的负电压，防止误触发。

3) 实现主电路与控制电路间的电气隔离，以保证电路的安全并提高抗干扰能力。

4) 具有快速保护功能。当主电路发生过热、过电压、过电流、短路等故障时，基极电路必须能迅速自动切除驱动信号。

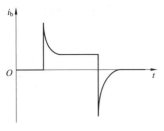

图 2-36 GTR 理想的驱动电流波形

GTR 理想的驱动电流波形如图 2-36 所示。

（2）GTR 驱动电路实例。图 2-37 所示是具有负偏压、防止过饱和的 GTR 驱动电路，该电路包括电气隔离和晶体管放大电路两部分。图中 V 为被驱动的电力晶体管 GTR。当输入信号 u_i 为高电平时，晶体管 V_1、V_2 及光耦合器均导通，晶体管 V_3 截止，V_4 和 V_5 导通，V_6 截止，电源电压 E 经 V_5 和加速电容 C_2、电阻 R_5 向 V 提供基极电流，V 导通。充电结束时 C_2 上的电压左正右负，其大小由电源电压 E 和 R_4、R_5 的比值决定。当 u_i 为低电平时，V_1、V_2 及光耦合器均截止，V_3 导通，V_4 和 V_5 截止，V_6 导通。C_2 的放电路径为：①$C_2 \rightarrow V_6 \rightarrow V_3 \rightarrow VS \rightarrow VD_5 \rightarrow VD_4 \rightarrow C_2$，为 V_6 提供反向基极电压；②$C_2 \rightarrow V_6 \rightarrow V \rightarrow VD_4 \rightarrow C_2$，为 V 提供反向基极电流，加速 V 关断，此过程很短暂，一旦 V 完全截止，其电流即为零；③$C_2 \rightarrow V_6 \rightarrow VS \rightarrow VD_5 \rightarrow VD_4 \rightarrow C_2$，由于 VS 导通，V 的基射结承受反偏电压，保证其可靠截止。该电路由二极管 VD_2 和电位补偿二极管 VD_3 构成贝克钳位电路，也就是一种抗饱和电路，可使 GTR 导通时处于临界饱和状态。

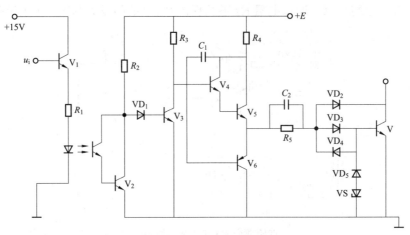

图 2-37 GTR 驱动电路

当负载较轻时，I_C 减小，V 的饱和深度增加，VD_2 导通，将基极电流分流，减小 V 的饱和深度；过载或直流增益减小时 I_C 值增大，GTR 的 U_{CE} 增加，原来由 VD_2 旁路的电流又会自动回到基极，确保 V 不会退出饱和，这样可使 V 在负载变化的情况下，饱和深度基本不变。晶体管 V_6、R_5、C_2、VD_4、VD_3 和稳压管 VS 的作用是在 V 截止时，使基射极间承受反偏电压，其中 VS 稳压值为 2~3V。电容 C_1 可消除晶体管 V_4 和 V_5 产生的高频寄生振荡。

目前广泛应用的 GTR 集成驱动电路中，THOMSON 公司的 UAA4002 和三菱公司的

M57215BL 较为常见。

5. 电力 MOSFET 的驱动电路

电力 MOSFET 是电压控制型器件，与 GTO 和 GTR 等电流控制型器件不同，控制极为栅极，输入阻抗高，栅源极间电容达数千皮法。

（1）电力 MOSFET 对驱动电路的要求。为快速建立驱动电压，电力 MOSFET 对驱动电路的要求如下：

1）驱动电路有较小的输出电阻。

2）开通电力 MOSFET 时，加在栅源极间驱动电压一般取 10～15V，关断时施加一定幅值的负驱动电压，一般取−5～−15V，从而减小关断时间和关断损耗。

3）开通时以低电阻回路对栅射极间电容充电，关断时为栅射极间电容提供放电回路。极间电容越大，需要的驱动电流也越大。

4）触发脉冲的前后沿要求陡峭，以提高电力 MOSFET 的开关速度。

（2）电力 MOSFET 驱动电路实例。电力 MOSFET 的一种驱动电路如图 2-38 所示，包括电气隔离和晶体管放大电路两部分。其中 V 为被驱动的电力 MOSFET。当输入信号 u_i 为 0 时，光耦合器截止，高速运算放大器 A 输出负电平，晶体管 V_3 导通，驱动电路输出负驱动电压，使 V 关断。当输入信号 u_i 为正时，光耦合器导通，高速运算放大器 A 输出正电平，晶体管 V_2 导通，驱动电路输出正驱动电压，使 V 开通。

目前用于驱动电力 MOSFET 的专用集成电路有很多，较常用的有美国国际整流器公司的 IR2110、IR2115 和 IR2130 芯片等，以及三菱公司的专用混合集成电路 M57918L，其输入信号电流幅值为 16mA，输出最大脉冲电流为 +2A 和 −3A，输出驱动电压为 +15V 和 −10V。

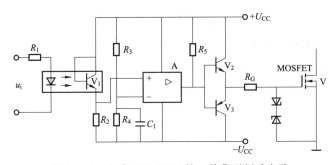

图 2-38 电力 MOSFET 的一种典型驱动电路

6. IGBT 的驱动电路

IGBT 是以 GTR 为主导元件、以电力 MOSFET 为驱动元件的复合结构，所以用于电力 MOSFET 的栅极驱动电路原则上也适用于 IGBT。IGBT 也是电压驱动的器件，静态的栅极输入阻抗很高，但是栅极存在电容，IGBT 驱动的主要任务是对栅极输入电容进行充放电。

（1）IGBT 对驱动电路的要求。

1）栅极驱动电压脉冲要有足够陡的上升沿和下降沿，使 IGBT 快速开通和关断，减少开关时间和开关损耗。

2）IGBT 栅极—发射极峰值电压最高为 ±20～±30V，驱动电压一般取 15V；关断时需要施加一定幅值的负驱动电压，一般取 −2～−15V，从而提高关断的可靠性，防止误导通。

3）IGBT 是电压型驱动器件，驱动功率相对于 GTR 很小，用于对栅极电容充电。驱动功率与栅极电荷量、栅极驱动电压的绝对值（正负驱动电压差的绝对值）、工作频率成正比。

4）IGBT 所需的驱动电流，由设计中驱动回路的栅极电阻决定。

5）IGBT 导通后，驱动电路要维持足够的驱动功率，使 IGBT 不至于退出饱和而损坏。

IGBT 的驱动电路常用富士公司的 EXB 系列、三菱公司的 M579 系列和西门子公司的 2ED020I12 等。同一系列的不同型号其引脚和接线基本相同，只是适用被驱动器件的容量和开关频率以及输入电流幅值等参数有所不同。

（2）IGBT 驱动电路实例。图 2-39 所示为 M57962L 型 IGBT 驱动器的原理和接线图。这些混合集成驱动器内部都具有退饱和检测和保护环节，当发生过电流时能快速响应但慢速关断 IGBT，并向外部电路输出故障信号。M57962L 输出的正驱动电压均为 +15V，负驱动电压为 -10V。对大功率 IGBT 器件来讲，一般选择器件的生产厂家为器件专门提供的专用驱动模块，以达到良好的性能匹配。

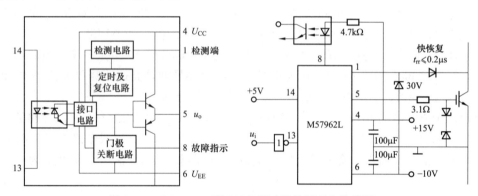

图 2-39　M57962L 型 IGBT 驱动器的原理和接线图

2.6.2　电力电子器件的保护

在电力电子电路中，为使电力电子器件能正常使用而不损坏，除了合理选择电力电子器件的参数、精心设计驱动电路外，还要对器件采取保护措施。保护电路可以防止电力电子器件出现各种故障状态，如过电流、过电压和过大 du/dt、di/dt 等。有了良好的保护措施，电力电子器件及整套装置才能可靠安全地工作，保障操作人员的安全，减少经济损失。

1. 电力电子器件的过压保护

（1）过电压产生的原因。凡超过正常工作时电力电子器件应承受的最大峰值电压称为过电压。电力电子装置中产生过电压的原因有两类：外因过电压和内因过电压。

外因过电压主要来自雷击和系统中的操作过程等外部原因。

1）雷击过电压：由雷击引起的过电压。

2）操作过电压：由分闸、合闸等开关操作引起的过电压。电路合闸接通电源的瞬间电网侧高电压通过变压器一次、二次绕组之间的分布电容直接传至次级电力电子装置。电路分闸断开变压器时，变压器一次侧励磁电流突然被切断所引起的过电压会感应到二次侧，使电力电子装置的开关器件承受操作过电压。

内因过电压来自电力电子装置内部器件的开关过程，包括换相过电压和关断过电压。

1）换相过电压：晶闸管或与全控型器件反并联的二极管在换相结束后不能立刻恢复阻

断，因而有较大的反向电流流过，当恢复了阻断能力时，该反向电流急剧减小，会在线路电感上产生很大的自感反电动势，该反电动势与电源电压相加后作用在器件两端可能使器件因过电压而损坏。

2）关断过电压：器件关断时，正向电流迅速减少，在线路电感上产生很高的感应电压。

（2）过电压保护措施。电力电子装置中可能采用的过电压保护措施及其配置位置如图 2 - 40 所示。

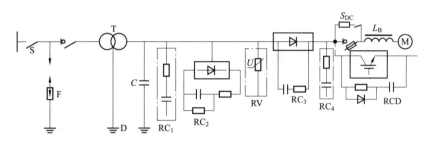

图 2 - 40　过电压抑制措施及其配置位置

F—避雷器；D—变压器静电屏蔽层；C—静电感应过电压抑制电容；

RC$_1$—阀侧浪涌过电压抑制用 RC 电路；RC$_2$—阀侧浪涌过电压抑制用反向阻断式 RC 电路；

RV—压敏电阻过电压抑制器；RC$_3$—阀器件换相过电压抑制用 RC 电路；

RC$_4$—直流侧 RC 抑制电路；RCD—阀器件关断过电压抑制用 RCD 电路

当雷电过电压从电网窜入时，避雷器 F 对地放电防止雷电进入变压器；C 为静电感应过电压抑制电容，当 S 合闸，电网高电压加到变压器，经变压器的耦合电容把电网交流高压直接传到二次侧，由于电容 C 足够大，吸收该过电压，从而保护后面的开关器件免受合闸操作过电压的危害。阻容 RC 过电压抑制电路是对过电压最常用和有效的保护方法，利用电容电压不能突变的特性吸收过电压，电阻消耗吸收的能量，并抑制回路的振荡。RC 的位置不同，保护的侧重点不同，RC$_2$ 和 RC$_3$ 的连接方式是对器件的直接保护。RC 过电压抑制电路连接方式图如图 2 - 41 所示。在大容量的电力电子装置中，采用反向阻断式 RC 过电压抑制电路，如图 2 - 42 所示，该电路能有效地抑制过电压和电容放电产生的浪涌尖峰电压。保护电路的有关参数可参考相关的工程手册。采用雪崩二极管、金属氧化物压敏电阻、硒堆和转折二极管（BOD）等非线性元器件来限制或吸收过电压也是较常用的措施。

2. 电力电子器件的过电流保护

电力电子装置和控制系统运行不正常或发生故障时，可能会产生过电流。而电力电子器件的过载能力低，过电流会造成电力电子器件的永久性损坏，必须采取相应的保护措施。

（1）过电流产生的原因。

1）由于负载变化，使电流超过额定值，称为过载过电流。

2）电路（或负载）短路，引起过电流，称为短路过电流。

3）由于开关器件误导通或者击穿造成电路内部短路，产生过电流。

不论何种原因产生过电流，都有可能导致电力电子器件损坏，必须有适当的保护措施。

（2）过电流的保护措施。电力电子控制系统中常用的过电流保护措施如图 2 - 43 所示。

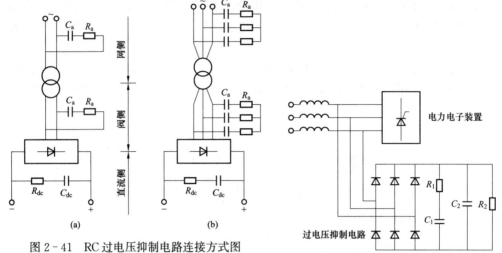

图 2-41　RC 过电压抑制电路连接方式图
（a）单相；（b）三相

图 2-42　反向阻断式过电压抑制用 RC 电路

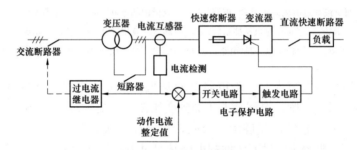

图 2-43　常用的过电流保护措施

在电力电子装置的交流侧设置电流互感器用来检测线路电流，把过电流信号通过开关电路送至触发电路，使触发脉冲瞬时停止或脉冲后移，从而使电力电子器件关断，达到抑制过电流的目的；过电流信号也可通过过电流继电器使交流断路器的触点断开，过电流继电器整定在过载时动作。直流快速开关可在发生过流时先于快速熔断器动作，可用于大功率变流装置且短路可能性较多的高要求场合。

快速熔断器（简称快熔）是最有效、应用最广的一种过电流保护措施。在选择快熔时需考虑：快熔的额定电压应根据熔断后快熔实际承受的电压来确定。快熔的电流容量应按其在主电路中接入的方式和主电路连接形式确定。快熔的 I^2t 值应小于被保护器件允许的 I^2t 值。为保证熔体在正常过载情况下不熔化，应考虑其时间—电流特性。

在相控整流电路中与晶闸管串联的快熔，其额定电流 I_{RD} 应小于被保护晶闸管的额定电流有效值 $1.57I_{T(AV)}$，同时要大于流过晶闸管实际最大有效值 I_{TM}（即 $1.57I_{T(AV)} \geqslant I_{RD} \geqslant I_{TM}$）。

3. 电力电子器件的缓冲电路

缓冲电路（Snubber Circuit）又称为吸收电路。其作用是抑制电力电子器件的内因过电压、du/dt 或者过电流和 di/dt，减小器件的开关损耗。

通常电力电子装置中的电力电子器件都工作在开关状态，器件的开通和关断都不是瞬时完成的。器件刚刚开通时，器件的等效阻抗大，如果器件电流很快上升，就会造成很大的开通损耗；同样器件接近完全关断时，器件的电流还比较大，如果器件承受的电压迅速上升，也会造成很大的关断损耗。开关损耗会导致器件的发热甚至损坏，对于电力晶体管（GTR），可能导致器件的二次击穿。缓冲电路用于改进电力电子器件开通和关断时刻所承受的电压、电流波形，从而改善电力电子器件的开关工作条件。

缓冲电路的基本工作原理是利用电感电流不能突变的特性抑制器件的电流上升率，利用电容电压不能突变的特性抑制器件的电压上升率。以 IGBT 为例的一种简单的缓冲电路图如图 2-44（a）所示。其中 L_i 与 IGBT 串联，以抑制 IGBT 导通时的电流上升率 $\mathrm{d}i/\mathrm{d}t$，R_i 和 VD_i 组成续流回路；电容 C_s 和二极管 VD_s、R_s 组成充放电型 RCD 缓冲电路，抑制 IGBT 关断时端电压的上升率 $\mathrm{d}u/\mathrm{d}t$，其中电阻 R_s 为电容 C_s 提供了放电通路。

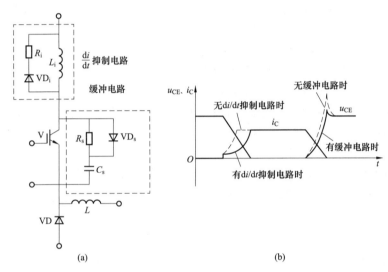

图 2-44　$\mathrm{d}i/\mathrm{d}t$ 抑制电路和充放电型 RCD 缓冲电路原理图及工作波形
（a）电路原理图；（b）工作波形

开关过程中 IGBT 集电极电流和集射极间电压波形图如图 2-44（b）所示，虚线表示无缓冲电路时的波形。可以看出，开通时电流迅速上升，$\mathrm{d}i/\mathrm{d}t$ 很大，关断时，外电路的电流会急剧减少，主电路中的电感会产生很大的感应电动势，导致 V 在关断过程中承受很高的过冲电压峰值，且 $\mathrm{d}u/\mathrm{d}t$ 很大。图中实线波形表示有缓冲电路时的波形，当 V 开通时，C_s 先通过 R_s 向 V 放电，使电流 i_C 有一个小的突变，在 L_i 作用下，电流 i_C 上升速度变缓。在 V 关断时，负载电流通过 VD_s 向 C_s 充电，对 V 起到分流作用，同时由于电容电压不能突变，抑制了 $\mathrm{d}u/\mathrm{d}t$ 和过电压，并吸收电感所释放的尖峰过电压能量。

缓冲电路之所以能减少开关损耗，关键在于将开关损耗由器件本身转移至缓冲电路。根据被转移能量的去向可将缓冲电路分为耗能式和馈能式缓冲电路。耗能式缓冲电路是将吸收的能量消耗在电阻上，而馈能式缓冲电路是将吸收的能量回馈给负载或电源，这类电路效率高，但线路复杂，实际中较少使用。

缓冲电路有多种形式，以适用于不同的器件和不同的电路。图 2-44（a）所示为充放型 RCD 缓冲电路，适用于中等容量的场合。图 2-45（a）中的 RC 缓冲电路主要用于小容量器件，图 2-45（b）中放电阻止型 RCD 缓冲电路用于中或大容量器件。

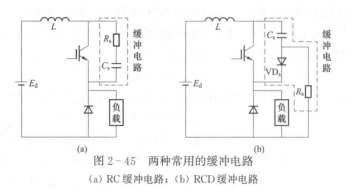

图 2-45　两种常用的缓冲电路

（a）RC 缓冲电路；（b）RCD 缓冲电路

晶闸管在实际应用中一般只承受换相过电压，没有关断过电压问题，关断时也没有较大的 du/dt，因此一般采用 RC 吸收电路即可。

2.6.3　电力电子器件的串、并联使用

单个电力电子器件的电压、电流容量有限，为满足大功率电力电子装置应用的需要，必须采用多个电力电子器件串联或并联工作。由于器件本身特性的差异（如开关特性、门极特性、通态和阻态特性），为了使串并联器件得到合理使用、工作可靠，必须采取措施，使电流或电压限制在一定的不均匀范围内。

1. 晶闸管的串联

当单个晶闸管的额定电压达不到实际应用要求时，可用几个同型号的器件串联使用。理想的情况是希望每个器件承受的电压相等，但实际上，由于各器件静特性，动特性存在着偏差，这样会存在电压分配不均的问题。

在串联电路中，器件阻断时，流过的漏电流总是相同的，但由于静态伏安特性的分散性，各器件承受的电压是不相等的，图 2-46（a）表示在同一漏电流 I_R 下两个晶闸管所承担的正向电压不相同。若外加电压再升高，承担电压高的器件 VT_2 将首先转折而导通，于是由一个器件 VT_1 承担全部电压也导通，两个器件都失去控制作用。同理，外加反偏电压时，因承担电压不均，可能使其中一个器件先反向击穿，另一个即随之击穿。这种由于器件静态特性不同而造成的不均压问题，称为静态不均压问题。

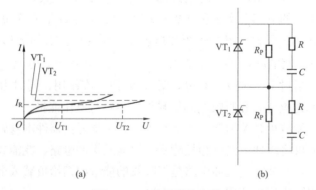

图 2-46　晶闸管的串联

（a）伏安特性差异；（b）串联均压措施

为达到静态均压，首先应选用参数和静态特性尽量一致的器件，另外，可采用电阻均

压，如图 2-46（b）所示，均压电阻 R_P 的阻值应比任何一个器件阻断时的正、反向电阻都小得多，这样可使每个串联器件分担的电压主要取决于均压电阻的分压。R_P 可按下式计算

$$R_P \leqslant \left(\frac{1}{K_U} - 1 \right) \frac{U_{RRM}}{I_{RRM}} \qquad (2-21)$$

式中：U_{RRM}、I_{RRM} 分别为晶闸管反向重复峰值电压和反向重复峰值电流；K_U 为均压系数。

$$K_U \leqslant \frac{\sum U_{AK}}{n U_{AKM}} \qquad (2-22)$$

式中：$\sum U_{AK}$ 为所有串联器件承受的电压总和；U_{AKM} 为串联器件中分担最大电压的数值；n 为串联元件数；K_u 一般用百分比表示，K_u 越接近 100% 均压越好。

类似地，由于器件动态参数和特性的差异造成的不均压问题称为动态不均压问题，静态均压电阻解决不了动态不均压问题。为达到动态均压，除应选择动态参数和特性尽量一致的器件外，还可用 2-46（b）所示的 RC 并联支路作动态均压。另外，采用门极强脉冲触发可以缩短晶闸管导通时间，减少器件开通时间差异，也是解决动态不均压问题的措施之一。

2. 晶闸管的并联

大功率变流装置中，常用多个器件并联来承担较大的电流。当晶闸管并联使用时就会分别因静态和动态特性参数的差异而存在电流分配不均匀的问题。均流不佳，有的器件流过电流不足，有的器件过电流，使变流装置达不到理想的输出结果，甚至造成器件和装置损坏。

为使器件和装置安全可靠工作，电路须采取均流措施。首先选用通态压降、开通时间尽量一致的晶闸管；采用幅值高、前沿陡直的脉冲信号作为门极强触发信号；在各晶闸管支路上串联电抗器，限制电流突变，可使各并联支路上晶闸管的电流趋于均衡。

在变流装置需要同时采取串联和并联晶闸管时，通常采用先串联后并联的方法连接。

3. 电力 MOSFET 的并联和 IGBT 的并联

（1）电力 MOSFET 的并联。电力 MOSFET 的通态电阻 R_{on} 具有正温度系数，具有电流自动均衡能力，容易并联。但也要注意选用 R_{on}、U_T、G_{fs} 和输入电容 C_{iss} 尽量相近的器件并联。电路走线和布局应尽量对称。为了更好地动态均流，可在源极电路中串入小电感，起到均流电抗器的作用。

（2）IGBT 的并联。IGBT 的通态压降在 $1/2\sim1/3$ 额定电流以下的区段具有负温度系数；在以上的区段则具有正温度系数；因而 IGBT 也具有一定的电流自动均衡能力，易于并联使用。

习题

1. 晶闸管从阻断状态变为导通状态的条件是什么？

2. 怎样才能使晶闸管从导通变为关断？

3. 图 2-47 所示为晶闸管导通时电流波形，各电流最大值均为 I_m，试求各波形电流的平均值 I_{d1}、I_{d2}、I_{d3}，电流的有效值 I_1、I_2、I_3 及其波形系数 K_{f1}、K_{f2}、K_{f3}。

4. 上题中不考虑安全裕量，额定电流 $I_{T(AV)}=200A$ 的晶体管，能送出电流的平均值

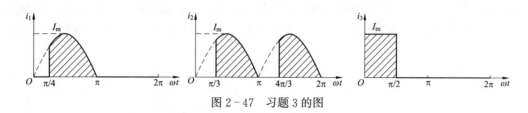

图 2-47 习题 3 的图

I_{d1}、I_{d2}、I_{d3} 各为多少？对应电流的最大值 I_{m1}、I_{m2}、I_{m3} 各为多少？

5. 分析 GTO 与普通晶闸管的区别？

6. GTR 的一次击穿和二次击穿有什么不同？怎样防止二次击穿？

7. 电力 MOSFET 和 GTR 的输出特性有何不同点？

8. IGBT 的擎住效应是怎样形成的？

9. 晶闸管和 GTO 的电流额定值是怎样定义的？两者有什么不同？

10. 电力电子器件驱动电路的主要任务是什么？

11. 电力电子电路的主电路和控制电路为何要采用电气隔离？电气隔离的基本方法有哪些？

12. 对晶闸管的触发电路有哪些基本要求？

13. 电力电子器件工作时产生过电压的原因及防止措施有哪些？

14. 为什么要限制晶闸管断态电压上升率 du/dt 和通态电流上升率 di/dt？

15. 全控型器件缓冲电路的主要作用是什么？试分析 RCD 缓冲电路中各元件的作用。

16. 晶闸管串并联使用时需要注意哪些事项？

整 流 电 路

3.1 概述

3.1.1 整流电路的原理

整流电路是将交流电能转换为直流电能的电路。整流电路通常由交流电源（工频电网或整流变压器）、整流元件、滤波器、负载及触发控制电路所构成。整流电路是出现最早的电力电子电路，广泛用于直流电动机的调速、电解、电镀等领域。

3.1.2 整流电路分类

（1）按组成的器件分。

1）不可控整流电路：由不可控电力二极管组成，其输出直流电压的平均值不可调。

2）半控整流电路：由可控器件和不可控电力二极管组成，其输出直流电压的平均值可调。

3）全控整流电路：由可控元件（SCR、GTR、GTO 等）组成，其输出直流电压的平均值及极性可以通过控制元件的导通状况得到调节。在这种电路中，功率既可以由电源向负载传送，也可以由负载反馈给电源，也就是有源逆变。

（2）按整流电路结构分。

1）零式电路：带零点或中性点的整流电路，又称半波整流电路。特点是所有整流元件的阴极（或阳极）都接到一个公共接点，向直流负载供电，负载的另一根线接交流电源的零点。

2）桥式电路：由两个半波整流电路串联而成，又称全波整流电路。

（3）按交流输入相数分。

1）单相整流电路：由单相电源供电的整流电路。

2）三相整流电路：由三相电源供电的整流电路。

3）多相整流电路：十二相、十八相、二十四相、三十六相的多相整流电路。这种类型的整流电路功率因数高，谐波少。

（4）按变压器二次侧电流的方向分。

1）单拍电路：整流变压器二次侧电流方向是单向的，所有的半波整流电路都是单拍电路。

2）双拍电路：整流变压器二次侧电流方向是双向的，所有的全波整流电路都是双拍电路。

3.1.3 整流电路的负载类型

不同性质的负载对于整流电路输出的电压电流波形均有很大的影响，负载的性质大致分为以下几种：

（1）电阻性负载。如电阻加热炉、电解、白炽灯和电焊机等属于电阻性负载，特点是输出直流电流和电压的波形形状相似。

（2）电感性负载。各种电机的励磁绕组、各种电感线圈、经大电抗器滤波的负载都属于电感性负载，电感性负载既有电感，又有电阻，可用电阻串电感表示。特点是当电抗值比串联的电阻值大得多时，负载电流波形易于连续且较平直。

（3）电容性负载。整流电路输出端接大电容滤波后，其负载呈容性，器件刚导通时流过电容的充电电流很大，电流波形呈尖峰状，易损坏器件，因此一般不易在输出端接大电容器。

（4）反电动势负载。整流装置输出端给蓄电池充电或供直流电机作电源时，属反电动势负载，特点是只有当电源电压大于反电动势时，器件才可能导通，电流波形脉动大。

实际中很少有单一性质的负载，对具体负载应突出其主要和本质的特点，以便简化分析。

3.2 单相可控整流电路

3.2.1 单相半波可控整流电路

1. 电阻性负载

（1）电路结构。电路原理图如图 3-1（a）所示，T 为变压器，其作用是变压和隔离，一次侧和二次侧电压瞬时值、有效值分别用 u_1、U_1 和 u_2、U_2 表示，VT 为晶闸管，其电压瞬时值为 u_{VT}。R 为电阻负载，其端电压瞬时值（即负载电压）用 u_d 表示。

（2）工作原理。分析可控整流电路的工作原理时，把晶闸管（开关器件）看作理想开关，并认为晶闸管的开通与关断瞬时完成。取交流电源的一个周期，并根据交流电源正负半周的特点以及晶闸管触发脉冲的到来时刻，把交流电源的一个周期划分为 3 个区间来分析此电路的工作原理，工作波形如图 3-1（b）~（e）所示。

在 $0 \sim \omega t_1$ 期间，输入交流电压 $u_2 > 0$ 处于正半周，晶闸管 VT 承受正向电压，但门极（控制极）没有触发脉冲 u_g，晶闸管处于正向阻断状态，电路中无电流流过，负载两端电压为零，电源电压全部加在晶闸管 VT 阳极和阴极之间，故有 $u_d = 0$，$i_d = 0$，$u_{VT} = u_2$。

$\omega t_1 \sim \pi$ 期间，在 ωt_1 时刻，出现晶闸管 VT 的触发脉冲 u_g，晶闸管被触发导通，相当于理想的导线，电源电压 u_2 加在电阻负载 R 上，在这个期间晶闸管 VT 处于导通状态，有 $u_d = u_2$，$i_d = u_d / R$，$u_{VT} = 0$。

$\pi \sim 2\pi$ 期间，在 π 时刻，$u_2 = 0$，晶闸管的阳极电流为零，使晶闸管关断。π 时刻之后，进入 u_2 的负半周（$u_2 < 0$），晶闸管承受反向电压，处于反向阻断状态，相当于理想开关断开，阻负载 R 上的电压电流均为零，有 $u_d = 0$，$i_d = 0$，$u_{VT} = u_2$。

下一个周期的工作情况分析类似，改变触发脉冲的到来时刻，u_d、i_d 波形随之改变，阻性负载 u_d 和 i_d 波形相似，仅幅值不一样。该电路的直流输出电压 u_d 为极性不变但瞬时

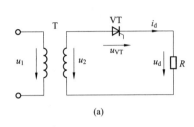
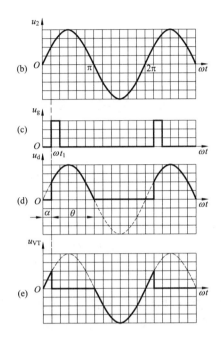

图 3-1 电阻负载单相半波可控整流电路原理图与工作波形

(a) 电路原理图；(b) 输入电压；(c) 触发脉冲；(d) 输出电压；(e) 晶闸管承受电压

值变化的脉动直流，其波形只在 u_2 正半周内出现，故称半波整流。整流输出直流电压 u_d 波形在一个电源周期内只脉动 1 次，故该电路为单脉波整流电路。有关整流电路的常用术语：

1）触发延迟角 α：从晶闸管开始承受正向电压起，到触发脉冲到来时刻止的电角度，用 α 表示，又称触发角或控制角。

2）导通角 θ：晶闸管在一个电源周期中处于导通状态的电角度。导通角与负载性质有关，电阻负载单相半波可控整流电路中晶闸管的导通角 $\theta = \pi - \alpha$。

3）移相：改变晶闸管触发脉冲出现的相位，即改变控制角 α。

4）移相控制（相位控制）：通过改变触发角 α，来调节整流电路输出电压平均值大小的控制方式。

5）移相范围：整流电路输出电压的平均值由最大值降到零时，控制角 α 的变化范围。

6）换相：在某 ωt 时刻，发生的一相晶闸管导通变换为另一相晶闸管导通的过程。

（3）定量分析。设变压器二次侧交流电压 $u_2 = \sqrt{2} U_2 \sin\omega t$。

1）整流电路输出电压的平均值 U_d

$$U_d = \frac{1}{2\pi} \int_{\alpha}^{\pi} \sqrt{2} U_2 \sin\omega t \, \mathrm{d}(\omega t) = 0.45 U_2 \frac{1 + \cos\alpha}{2} \qquad (3-1)$$

当 $\alpha = 0°$ 时，整流输出电压平均值 $U_d = 0.45 U_2$，达到最大，随着 α 的增大，整流输出电压平均值 U_d 逐渐减小，当 $\alpha = 180°$ 时，$U_d = 0$。故带电阻性负载时，单相半波可控整流电路的移相范围是 $0° \sim 180°$。

2）负载电流平均值 I_d

$$I_{\mathrm{d}} = \frac{U_{\mathrm{d}}}{R} = 0.45 \frac{U_2}{R} \frac{1 + \cos\alpha}{2} \tag{3-2}$$

晶闸管与负载串联，流过晶闸管上的电流就是负载电流，因此晶闸管电流平均值 $I_{\mathrm{dVT}} = I_{\mathrm{d}}$。

3）负载电流有效值 I。

负载电流有效值 I 和变压器二次侧电流有效值 I_2 相等，也和晶闸管电流有效值 I_{VT} 相等，有

$$I = I_2 = \sqrt{\frac{1}{2\pi} \int_\alpha^\pi \left(\frac{\sqrt{2}U_2}{R} \sin\omega t \right)^2 \mathrm{d}(\omega t)} = \frac{U_2}{R} \sqrt{\frac{1}{4\pi} \sin 2\alpha + \frac{\pi - \alpha}{2\pi}} \tag{3-3}$$

4）负载 R 上的电压有效值 U

$$U = \sqrt{\frac{1}{2\pi} \int_\alpha^\pi (\sqrt{2}U_2 \sin\omega t)^2 \mathrm{d}(\omega t)} = U_2 \sqrt{\frac{1}{4\pi} \sin 2\alpha + \frac{\pi - \alpha}{2\pi}} \tag{3-4}$$

5）功率因数 $\cos\varphi$。

忽略晶闸管的损耗，负载 R 上的电压有效值 U 为 $I_2 R$，电源供给的有功功率 P 为 $I_2^2 R$，而电源的视在功率为 S，于是整流电路的功率因数为

$$\cos\varphi = \frac{P}{S} = \frac{UI_2}{U_2 I_2} = \sqrt{\frac{1}{4\pi} \sin 2\alpha + \frac{\pi - \alpha}{2\pi}} \tag{3-5}$$

当 $\alpha = 0°$ 时，$\cos\varphi = 0.71$，可见，尽管是电阻性负载，由于存在谐波电流，整流电路的功率也小于 1，且 α 越大功率因数越低。

晶闸管承受的最高正反向电压均为电源电压峰值 $\sqrt{2}U_2$。

2. 阻感性负载

（1）电路结构。电路原理图如图 3-2（a）所示，负载为电感 L 串电阻 R。由于电感对电流的变化有阻碍作用，当流过电感中的电流变化时，在电感两端要产生感应电动势，阻止电流的变化。当电流增加时，感应电动势的极性阻止电流增加，当电流减小时，感应电动势的极性阻止电流减小。

（2）工作原理。设电感 L 上的初始储能为零，即电感电流的初始值为零，阻感负载单相半波可控整流电路的工作波形如图 3-2（b）~（f）所示。

$0 \sim \omega t_1$ 期间，u_2 的正半周，但触发脉冲 $u_{\mathrm{g}} = 0$，晶闸管处于正向阻断状态，电路中电流 $i_{\mathrm{d}} = 0$，负载电压 $u_{\mathrm{d}} = 0$，电源电压全部加在晶闸管 VT 阳极和阴极之间，$u_{\mathrm{VT}} = u_2$。

$\omega t_1 \sim \omega t_2$ 期间，在 ωt_1 时刻，触发导通 VT，忽略 VT 的正向压降，电源电压 u_2 全加在负载上，$u_{\mathrm{d}} = u_2$。但由于电感的自感电势对电流变化的反作用，电流不能突变，故 $i_{\mathrm{d}} = 0$，$u_{\mathrm{R}} = i_{\mathrm{d}}R = 0$，$u_2 = u_{\mathrm{L}} = L \cdot \mathrm{d}i_{\mathrm{d}}/\mathrm{d}t$。随后 i_{d} 从零开始增加，如图 3-2（e）所示。电感电势阻止电流增加，其极性上正下负，此时，电源除供给电阻消耗能量外，还要供给电感吸收磁场能量。

$\omega t_2 \sim \pi$ 期间，在 ωt_2 时刻，电流 i_{d} 增至最大，而 $\mathrm{d}i_{\mathrm{d}}/\mathrm{d}t = 0$，则 $u_{\mathrm{L}} = 0$，$u_{\mathrm{R}} = u_2$。其后 i_{d} 开始下降，电感电势改变方向，极性上负下正，电感释放电磁能，电流便缓慢衰减，$u_{\mathrm{R}} = u_2 + u_{\mathrm{L}}$，从 ωt_2 至 π，忽略晶闸管压降，$u_{\mathrm{d}} = u_2$。

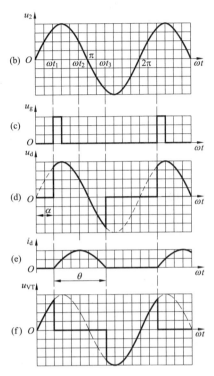

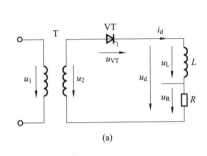

图 3-2　阻感负载单相半波可控整流电路原理图与工作波形

(a) 电路原理图；(b) 输入电压；(c) 触发脉冲；(d) 输出电压；(e) 输出电流；(f) 晶闸管承受电压

$\pi \sim \omega t_3$ 期间，在 π 时刻，u_2 降到 0，开始进入负半周，由于电感的感应电动势的作用，只要 $|u_L| > |u_2|$，晶闸管就承受正向电压继续导通，i_d 未降到零，$u_d = u_2$，负载电压 u_d 出现负值，这时 $u_L = u_2 + u_R$，即电感释放的能量一部分被电阻消耗掉，另一部分通过变压器回馈给电源。

$\omega t_3 \sim 2\pi$ 期间，在 ωt_3 时刻，u_L 与 u_2 的数值相等、极性相反，VT 承受正向电压为零，i_d 降到零，VT 的阳极电流小于维持电流而关断，并承受反向电压。u_{VT} 波形如图 3-2 (f) 所示。

由图 3-2 中的 u_d 波形可以看出，由于电感 L 的作用，使整流电压 u_d 出现一段时间的负电压，与带电阻负载时相比，整流输出电压平均值 U_d 减小了。电感 L 越大，u_d 包含的负电压部分越多，输出电压平均值 U_d 减小越多，当电感 L 满足 $\omega L \gg R$（$\omega L > 10R$ 即可）的条件时，负载上整流输出电压 u_d 波形的正负面积接近相等，整流输出电压的平均值 U_d 近似等于零。可见该电路用于大电感负载时，不管如何调节 α，整流输出电压的平均值 U_d 总是很小。

3. 带续流二极管的阻感性负载

(1) 工作原理。为了解决电感负载引起整流输出电压平均值 U_d 减小的问题，可在负载两端并接一只续流二极管，电路原理图如图 3-3 (a) 所示。图 3-3 (b)～(h) 是该电路在 $\omega L \gg R$ 时的工作波形。因电感 L 足够大，其初始储能不为零，也就是 i_d 初始值不为零。

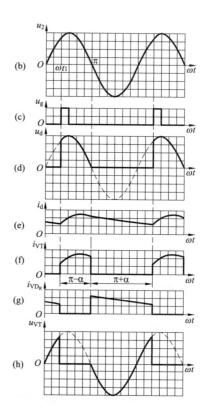

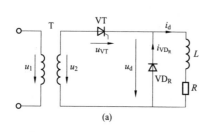

图 3-3 带续流二极管的阻感负载单相半波可控整流电路原理图与工作波形

(a) 电路原理图；(b) 输入电压；(c) 触发脉冲；(d) 输出电压；(e) 输出电流；

(f) 晶闸管电流；(g) 续流二极管电流；(h) 晶闸管承受电压

$0 \sim \alpha$（ωt_1）期间，u_2 为正半周，晶闸管处于阻断状态，因电感 L 储能未释放完毕，电流 $i_d \neq 0$，续流二极管 VD_R 导通续流，忽略管压降，续流二极管 VD_R 相当于短路，负载电压 $u_d = 0$，电源电压全部加在晶闸管 VT 阳极和阴极之间，$u_{VT} = u_2$，$i_d = i_{VD_R}$。

$\alpha \sim \pi$ 期间，在 α（ωt_1）时刻，触发导通 VT，u_2 给续流二极管 VD_R 施加反压使其关断，忽略 VT 的正向压降，电源电压 u_2 全加在负载上，$u_d = u_2$。电感 L 储能，电流 i_d 由初始值开始增加，u_2 除供给电阻 R 消耗能量外，还要供给电感 L 吸收磁场能量，电感电流 i_d 达到最大值后，随着 u_2 的下降，电感释放能量，电流 i_d 下降，$u_{VT} = 0$，$i_{VD_R} = 0$。

$\pi \sim 2\pi$ 期间，在 π 时刻，u_2 为零，之后变为负值，续流二极管 VD_R 因承受正向电压而导通，晶闸管因承受反向电压而关断，i_d 在感应电动势作用下，通过 VD_R 形成回路，沿着 $L-R-VD_R$ 流通（称为续流），电感 L 释放能量，电流 i_d 下降，如图 3-3 (e) 所示，$i_d = i_{VD_R}$，$u_{VT} = u_2$，$u_d = 0$。

$2\pi \sim (2\pi + \alpha)$ 期间，在 2π 时刻，u_2 由负值过零变正，开始进入正半周，此期间，晶闸管没有触发脉冲处于正向阻断状态，L 继续放电，VD_R 续流，和上一期间的情况相同。

可见，有了续流二极管 VD_R 续流，整流电路输出电压的波形不会出现负波形，由于负载电感较大，负载电流 i_d 波形可近似认为一条水平线，其值为 I_d。在一个工作周期中，VT 导通角为 $\pi - \alpha$，VD_R 的导通角为 $\pi + \alpha$。

（2）定量分析。

1）整流电路输出电压的平均值 U_d。

该电路输出电压波形无负值部分，因此输出电压波形与带电阻性负载时相同，有

$$U_d = 0.45 U_2 \frac{1 + \cos\alpha}{2} \qquad (3-6)$$

该电路的移相范围是 $0° \sim 180°$。

2）负载电流平均值 I_d

$$I_d = \frac{U_d}{R} = 0.45 \frac{U_2}{R} \frac{1 + \cos\alpha}{2} \qquad (3-7)$$

这一负载直流电流是由晶闸管和续流二极管两条路径提供。

3）晶闸管电流平均值 I_{dVT} 和有效值 I_{VT}

$$I_{dVT} = \frac{\pi - \alpha}{2\pi} I_d \qquad (3-8)$$

$$I_{VT} = \sqrt{\frac{\pi - \alpha}{2\pi}} I_d \qquad (3-9)$$

4）续流二极管电流平均值 I_{dVD_R} 和有效值 I_{VD_R}

$$I_{dVD_R} = \frac{\pi + \alpha}{2\pi} I_d \qquad (3-10)$$

$$I_{VD_R} = \sqrt{\frac{\pi + \alpha}{2\pi}} I_d \qquad (3-11)$$

晶闸管和续流二极管承受的最高正反向电压均为电源电压峰值 $\sqrt{2} U_2$。

该电路的优点是线路简单、调整方便、成本低，缺点是电流脉动大、整流变压器有直流分量流过，会造成铁芯直流磁化，主要适用于小容量、要求不高的场合。

3.2.2 单相桥式全控整流电路

1. 电阻性负载

（1）电路结构。带电阻负载的单相桥式全控整流电路原理图如图 3-4（a）所示，图中变压器 T 起变压和隔离的作用，晶闸管 VT_1、VT_2、VT_3、VT_4 构成桥式整流电路，VT_1 和 VT_4 组成一对桥臂，VT_2 和 VT_3 组成另一对桥臂，VT_1 和 VT_4 触发脉冲相位相同，VT_2 和 VT_3 触发脉冲相位相同，VT_1、VT_4 与 VT_2、VT_3 的触发脉冲相位差 $180°$。阻性负载，负载电压和电流波形相同，仅幅值不一样。

（2）工作原理。在 u_2 的正半周，a 点电位高于 b 点电位，VT_1、VT_4 满足导通的第一个条件，在 u_2 的负半周，b 点电位高于 a 点电位，VT_2、VT_3 满足导通的第一个条件。根据电源电压 u_2 的正负半周以及触发脉冲的出现时刻，把 u_2 的一个周期划分为 4 个区间来分析其工作原理。

$0 \sim \alpha$ 期间，$u_2 > 0$，但没出现 VT_1、VT_4 的触发脉冲，4 只晶闸管都关断，负载电流 $i_d = 0$，负载电压 $u_d = 0$，VT_1、VT_4 串联承受电压 u_2，如 VT_1、VT_4 的参数相同，它们分别承受 u_2 的一半，而 VT_2、VT_3 承受反压，分别承受 $-u_2$ 的一半。

$\alpha \sim \pi$ 期间，$u_2 > 0$，且在 α 时刻出现 VT_1、VT_4 的触发脉冲，VT_1、VT_4 被触发导通，忽略 VT_1、VT_4 的正向压降，它们相当于理想的导线，电流通路从 a→VT_1→R→VT_4→b→整流变压器二次侧，电源电压 u_2 全加在负载上，$u_d = u_2$，$i_d = u_d/R$，而 VT_2、VT_3 均承受

反压一u_2 而截止。

$\pi\sim\pi+\alpha$ 期间，在 π 时刻，u_2 降为零，i_d 也随之降低，使流过 VT_1、VT_4 的电流低于维持电流而关断，π 时刻之后 $u_2<0$，VT_2、VT_3 承受正向电压，但没有触发脉冲，因此是关断状态，这一区间，4 只晶闸管都关断，$i_d=0$，$u_d=0$，VT_1、VT_4 分别承受电压 u_2 的一半，而 VT_2、VT_3 分别承受一u_2 的一半。

$\pi+\alpha\sim2\pi$ 期间，$u_2<0$，且在 $\pi+\alpha$ 时刻，出现 VT_2、VT_3 的触发脉冲，VT_2、VT_3 导通，忽略 VT_2、VT_3 的正向压降，电流通路从 $b\rightarrow VT_3\rightarrow R\rightarrow VT_2\rightarrow a\rightarrow$ 整流变压器二次侧，u_2 反向加在负载上，负载电压 $u_d=-u_2$，$i_d=u_d/R$，而 VT_1、VT_4 均承受反压 u_2 而截止。

下一个周期的工作情况分析类似，工作波形如图 3－4 （b）～（f）所示。可见，在交流电源的正负半周都有输出电流流过负载，在 u_2 的一个周期内，整流输出电压波形脉动 2 次。

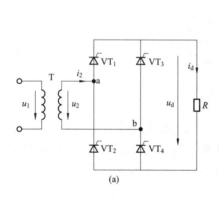

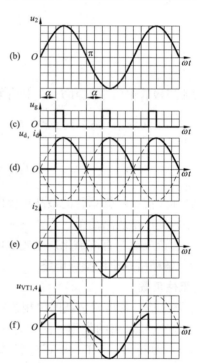

图 3－4　带电阻负载单相桥式全控整流电路原理图与工作波形

（a）电路原理图；（b）输入电压；（c）触发脉冲；（d）输出电压（流）；（e）输入电流；（f）晶闸管承受电压

（3）定量分析。

1）整流电路输出电压的平均值 U_d

$$U_d=\frac{1}{\pi}\int_{\alpha}^{\pi}\sqrt{2}U_2\sin\omega t\,\mathrm{d}(\omega t)=\frac{2\sqrt{2}U_2}{2\pi}(1+\cos\alpha)=0.9U_2\frac{1+\cos\alpha}{2} \qquad (3-12)$$

当 $\alpha=0°$ 时，整流输出电压平均值 $U_d=0.9U_2$，达到最大，随着 α 的增大，U_d 逐渐减小，当 $\alpha=180°$ 时，$U_d=0$。阻性负载单相桥式全控整流电路的移相范围是 $0°\sim180°$。

2）负载电流平均值 I_d

$$I_d=\frac{U_d}{R}=0.9\frac{U_2}{R}\frac{1+\cos\alpha}{2} \qquad (3-13)$$

3）负载电流有效值 I。

该电路负载电流有效值 I 和变压器二次侧电流有效值 I_2 相等，有

$$I = I_2 = \sqrt{\frac{1}{\pi}\int_\alpha^\pi \left(\frac{\sqrt{2}U_2}{R}\sin\omega t\right)^2 \mathrm{d}(\omega t)} = \frac{U_2}{R}\sqrt{\frac{1}{2\pi}\sin2\alpha + \frac{\pi-\alpha}{\pi}} \tag{3-14}$$

4）晶闸管电流平均值 I_{dVT}

在 u_2 的一个周期内，VT_1、VT_4 和 VT_2、VT_3 轮流导电，两组晶闸管的导通角均为 $\pi-\alpha$，流过晶闸管的电流平均值只有输出直流电流平均值的一半，即

$$I_{\mathrm{dVT}} = \frac{1}{2}I_{\mathrm{d}} \tag{3-15}$$

5）晶闸管电流有效值 I_{VT}

$$I_{\mathrm{VT}} = \sqrt{\frac{1}{2\pi}\int_\alpha^\pi \left(\frac{\sqrt{2}U_2}{R}\sin\omega t\right)^2 \mathrm{d}(\omega t)} = \frac{1}{\sqrt{2}}I \tag{3-16}$$

晶闸管承受的最高正向电压和最高反向电压分别为 $\frac{\sqrt{2}}{2}U_2$ 和 $\sqrt{2}U_2$。

6）整流电路的功率因数

$$\cos\varphi = \frac{P}{S} = \frac{UI_2}{U_2I_2} = \sqrt{\frac{1}{2\pi}\sin2\alpha + \frac{\pi-\alpha}{\pi}} \tag{3-17}$$

7）变压器的容量。

在不考虑变压器的损耗时，要求变压器的容量 S 为 U_2I_2。

2. 阻感性负载

(1) 电路结构。电路原理图如图 3-5（a）所示，设电感足够大，满足 $\omega L \gg R$，负载电流 i_{d} 波形连续且近似为一水平线，流过晶闸管和变压器二次侧的电流可近似为矩形波。

(2) 工作原理。假设电路已经工作在稳定状态，在 u_2 的正半周，α 时刻出现 VT_1、VT_4 的触发脉冲，VT_1、VT_4 同时导通，忽略 VT_1、VT_4 的正向压降，$u_{\mathrm{d}}=u_2$。当 u_2 过零变负时，由于电感的作用，VT_1、VT_4 仍然导通，继续流过电流 i_{d}，但负载电压则出现负值，而 VT_2、VT_3 均承受 $-u_2$ 关断。

在 $\pi+\alpha$ 时刻，出现 VT_2、VT_3 的触发脉冲，VT_2、VT_3 导通，忽略 VT_2、VT_3 的正向压降，u_2 通过 VT_2、VT_3 将反压加在 VT_1、VT_4 上，迫使其关断，负载电流从 VT_1、VT_4 迅速转移到 VT_2、VT_3 上，这个过程称为换流或换相。u_2 反向加在负载上，负载电压 $u_{\mathrm{d}}=-u_2$。如此循环下去，两组晶闸管轮流导电，每组晶闸管的导通角均为 π，且与 α 无关。工作波形如图 3-5（b）～（h）所示。

(3) 定量分析。

1）整流电路输出电压的平均值 U_{d}

$$U_{\mathrm{d}} = \frac{1}{\pi}\int_\alpha^{\pi+\alpha} \sqrt{2}U_2\sin\omega t \,\mathrm{d}(\omega t) = 0.9U_2\cos\alpha \tag{3-18}$$

因带有大电感负载，u_{d} 出现负值，在控制角 α 相同的情况下，该电路输出电压的平均值比带电阻负载时要低。当 $\alpha=0°$ 时，$U_{\mathrm{d}}=0.9U_2$，达到最大，α 增大，U_{d} 减小，当 $\alpha=90°$

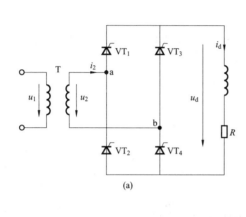

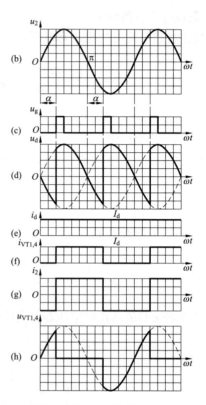

图 3-5 带阻感负载单相桥式全控整流电路原理图与工作波形

（a）电路原理图；（b）输入电压；（c）触发脉冲；（d）输出电压；

（e）输出电流；（f）晶闸管电流；（g）输入电流；（h）晶闸管承受电压

时，$U_d=0$。故带阻感性负载时在电感足够大的情况下，该电路的移相范围是 $0°\sim90°$。

2）负载电流平均值 I_d

$$I_d=\frac{U_d}{R}=0.9\frac{U_2}{R}\cos\alpha \tag{3-19}$$

3）负载电流有效值 I。

从波形图可以看出，输出电流波形是一条水平线，而变压器二次侧电流是对称的正负矩形波，所以它们的有效值相等

$$I=I_2=I_d \tag{3-20}$$

4）晶闸管电流平均值 I_{dVT} 和效值 I_{VT}。

在 u_2 的一个周期内，VT_1、VT_4 和 VT_2、VT_3 轮流导电，两组晶闸管的导通角均为 π，与 α 无关，有

$$I_{dVT}=\frac{1}{2}I_d \tag{3-21}$$

$$I_{VT}=\frac{1}{\sqrt{2}}I_d \tag{3-22}$$

晶闸管承受的最高正向电压和最高反向电压均为 $\sqrt{2}U_2$。

同样，为了提高输出直流平均电压，可在负载端并接续流二极管。

例3-1 如图3-4（a）所示的单相桥式全控整流电路，该电路可输出12～30V连续可调的直流平均电压，在此范围内输出平均电流均可达20A，触发脉冲最小控制角 $\alpha = 20°$。求变压器二次侧电压和电流定额，晶闸管电压和电流定额。若此电路向阻感负载供电，且满足电感感抗 $\omega L \gg R$，输出要求不变，求上述各项参数及装置功率因数。

解：（1）电阻负载。

1）变压器二次侧电压 U_2 和 I_2。按最高输出平均电压 $U_d = 30V$ 及最小控制角 $\alpha = 20°$，由式（3-12）可求出 U_2，即

$$U_2 = \frac{2U_d}{0.9(1 + \cos\alpha)} = 34.37V$$

I_2 应按严酷工作条件考虑，即以输出平均电压 $U_d = 12V$、输出平均电流 $I_d = 20A$ 为计算依据，此时控制角仍由式（3-12）确定，即

$$\cos\alpha = \frac{2U_d}{0.9U_2} - 1 = -0.224$$

$$\alpha = \arccos(-0.224) = 103°$$

根据式（3-13）及式（3-14）可求得 I_2，式中 $\alpha = \frac{103}{180}\pi$，即

$$I_2 = \frac{\sqrt{\pi\sin 2\alpha + 2\pi(\pi - \alpha)}}{2(1 + \cos\alpha)} I_d = 34.6A$$

2）晶闸管电流和电压定额。严酷工况下，流过晶闸管电流有效值为

$$I_{VT} = \frac{1}{\sqrt{2}} I_2 = 24.47A$$

则晶闸管通态平均电流 $I_{T(AV)}$ 为

$$I_{T(AV)} = (1.5 \sim 2)I_{VT}/1.57 = (23.38 \sim 31.17)A$$

晶闸管承受最高反向电压 $U_{RM} = \sqrt{2}U_2 = 48.6V$。

则晶闸管电压定额为

$$U_N = (2 \sim 3)U_{RM} = (97.21 \sim 145.8)V$$

（2）阻感负载，且 $\omega L \gg R$。

1）变压器二次侧电压 U_2 和 I_2。按 $U_d = 30V$，$\alpha = 20°$，由式（3-18）可求出 U_2，即

$$U_2 = \frac{U_d}{0.9\cos\alpha} = 35.5V$$

I_2 可按最大负载平均电流 I_d 求得

$$I_2 = I_d = 20A$$

2）晶闸管电流和电压定额。流过晶闸管电流有效值为

$$I_{VT} = \frac{1}{\sqrt{2}} I_d = 14.1A$$

则晶闸管通态平均电流 $I_{T(AV)}$ 为

$$I_{T(AV)} = (1.5 \sim 2)I_{VT}/1.57 = (13.5 \sim 18)A$$

晶闸管承受最高正反向电压 $U_M = U_{DM} = U_{RM} = \sqrt{2}U_2 = 50.2V$，则晶闸管电压定额为

$$U_N = (2 \sim 3)U_M = (100.4 \sim 150.6)V$$

故可选用 20A、200V 晶闸管。

3）装置的功率因数。在 $\omega L \gg R$ 的条件下，可按下式近似求出装置的功率因数

$$\cos\varphi = \frac{P}{S} = \frac{U_d I_d}{U_2 I_2} = \frac{U_d}{U_2} = 0.9\cos\alpha$$

所以，$U_d = 12V$ 时，$\cos\varphi = 12/35.5 = 0.34$；$U_d = 30V$ 时，$\cos\varphi = 30/35.5 = 0.85$。

3. 反电动势负载

（1）电路结构。当整流电路给直流电动机的电枢供电，或给蓄电池充电时，等效负载可用电阻和直流反电势的串联来表示。电路原理图如图 3-6（a）所示。

（2）工作原理。在电源电压 u_2 的一个周期中，只有满足 $|u_2| > E$ 时，才有晶闸管承受正向电压，为导通提供条件。晶闸管导通之后，$u_d = u_2$，直到 $|u_2| = E$ 时，由于输出电流降为 0，使得晶闸管关断，$u_d = E$。工作波形如图 3-6（b）~（e）所示，图中 $|u_2| = E$ 点至 u_2 的过零点为 δ 区段，此段所有晶闸管均关断，所以 δ 称为停止导电角，根据 $|u_2| = E$，即 $\sqrt{2}U_2\sin\delta = E$，可得

$$\delta = \arcsin\frac{E}{\sqrt{2}U_2} \tag{3-23}$$

在图中晶闸管的触发角 $\alpha > \delta$，晶闸管导电角 $\theta = \pi - \delta - \alpha$。若 $\alpha < \delta$，为保证晶闸管承受正压时加触发脉冲，要求触发脉冲有一定宽度，到 $\omega t = \delta$ 时不但不消失，而且还要保持到晶闸管电流大于擎住电流可靠导通后，此时晶闸管导电角 $\theta = \pi - 2\delta$。如果晶闸管触发脉冲太窄，则晶闸管不能触发。

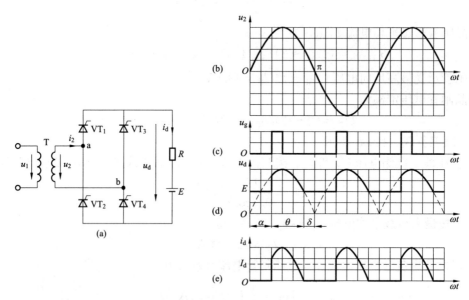

图 3-6　带反电势负载单相桥式全控整流电路原理图与工作波形

（a）电路原理图；（b）输入电压；（c）触发脉冲；（d）输出电压；（e）输出电流

（3）定量分析。

1）整流电路输出电压的平均值 U_d

$$U_d = E + \frac{1}{\pi} \int_{\alpha}^{\pi-\delta} (\sqrt{2} U_2 \sin\omega t - E) \mathrm{d}(\omega t) \qquad (3-24)$$

2）负载电流平均值 I_d

$$I_d = \frac{U_d - E}{R} \qquad (3-25)$$

反电动势负载的主要特点是只有交流测电源电压 u_2 大于反电动势 E 时晶闸管承受正向电压，才能被触发导通，才有电流流过负载。输出电流 i_d 易出现断续，断续电流不仅使直流电机的机械特性变软，而且影响直流电动机的换相，为此常在电路中串入平波电抗器，保证电流连续，此时，虽然是反电势负载，但如果电感足够大，使电流保持连续，其工作情况、基本计算与电感性负载相同，只是负载电流按式（3-25）计算。也可在负载两端并接续流二极管，此时工作情况、基本计算与电阻性负载类似。

单相桥式全控整流电路，带直流电机负载时，为保证电流连续所需的电感量可按下式求得

$$L = 2.87 \times 10^{-3} \frac{U_2}{I_{d\min}} \qquad (3-26)$$

例 3-2 单相桥式全控整流电路如图 3-7（a）所示。$U_2 = 100\mathrm{V}$，负载中 $R = 2\Omega$，L 值极大，反电势 $E = 60\mathrm{V}$，当控制角 $\alpha = 30°$ 时，要求：（1）作出 u_d、i_d 和 i_2 的波形；（2）求整流输出平均电压 U_d、电流 I_d，变压器二次侧电流有效值 I_2；（3）考虑安全裕量，确定晶闸管的额定电压和额定电流。

解：（1）u_d、i_d 和 i_2 的波形如图 3-7（d）～（f）所示。

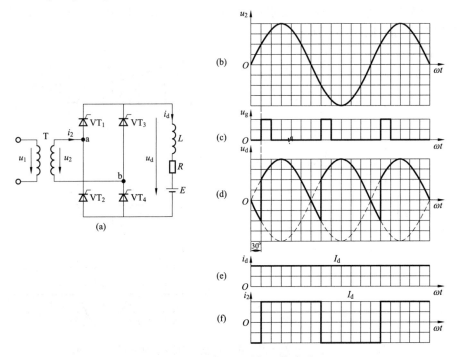

图 3-7　电路原理图与工作波形

（a）电路原理图；（b）输入电压；（c）触发脉冲；（d）输出电压；（e）输出电流；（f）变压器二次电流

（2）整流输出平均电压U_d、电流I_d，变压器二次侧电流有效值I_2分别为

$$U_d = 0.9U_2\cos\alpha = 77.97V$$

$$I_d = (U_d - E)/R = 9A, \quad I_2 = I_d = 9A$$

（3）晶闸管承受的最高反向电压为

$$\sqrt{2}U_2 = 100\sqrt{2}V = 141.4V$$

晶闸管电流有效值为

$$I_{VT} = I_d/\sqrt{2} = 6.36A$$

故晶闸管的额定电压为

$$U_N = (2 \sim 3) \times 141.4V = (283 \sim 424)V$$

晶闸管的额定电流为

$$I_N = (1.5 \sim 2)I_{VT}/1.57 = (6 \sim 8)A$$

3.2.3 单相桥式半控整流电路

把单相桥式全控整流电路中的晶闸管 VT_2、VT_4 换成电力二极管 VD_2、VD_4，构成单相桥式半控整流电路。这种电路线路简单、费用低，广泛用于小容量的电阻性负载。

1. 电阻性负载

带电阻负载的单相桥式半控整流电路原理图如图 3-8（a）所示，该电路与电阻负载全控电路的工作情况相同，只是晶闸管承受电压波形稍有区别。在 $\pi \sim \pi+\alpha$ 区间，b点电位为正，a点电位为负，b→VT_3→R→VD_2→a 回路中存在漏电流，而 VT_3 的正向漏电阻远大于 VD_2 的正向电阻与 R 之和，分压结果使a与c同电位，故在此期间 VT_1 两端电压近似为零。工作波形如图 3-8（b）～（d）所示。

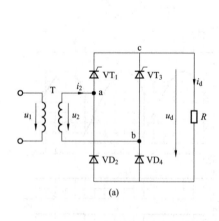

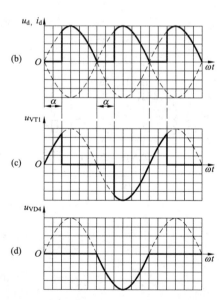

图 3-8 带电阻负载单相桥式半控整流电路原理图与工作波形

（a）电路原理图；（b）输出电压（流）；（c）晶闸管承受电压；（d）二极管承受电压

2. 阻感负载

（1）电路原理及工作波形分析。电路原理图如图 3 - 9（a）所示，设 $\omega L \gg R$，且电路已经工作于稳态。在 u_2 正半周，$\omega t = \alpha$ 时刻触发 VT$_1$，则 VT$_1$、VD$_4$ 导通。电源 u_2 经过这两个管子向负载供电。u_2 过零变负后，由于电感电势的作用，使 VT$_1$ 继续导通，而此时 a 点的电位已低于 b 点电位，负载电流将由 VD$_4$ 换流到 VD$_2$，由 VT$_1$、VD$_2$ 构成一条负载电流续流的回路，这就是自然续流现象。此时，u_d 为零，不像全控桥电路那样出现负的波形。

在 $\omega t = \pi + \alpha$ 时刻，触发 VT$_3$ 导通，VT$_1$ 承受反压关断，u_2 经 VT$_3$ 和 VD$_2$ 向负载供电。u_2 过零变正则通过 VT$_3$、VD$_4$ 续流，如此重复。工作波形如图 3 - 9（b）～（g）所示。

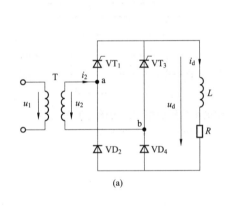

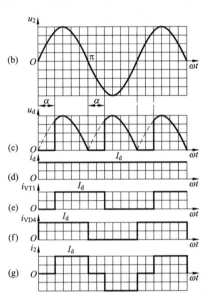

图 3 - 9　带阻感负载单相桥式半控整流电路原理图与工作波形

（a）电路原理图；（b）输入电压；（c）输出电压；（d）输出电流；（e）晶闸管电流；（f）二极管电流；（g）输入电流

（2）失控现象及解决办法。当 α 突然增大至 180°或触发脉冲丢失时，会发生一只晶闸管持续导通而两只二极管轮流导通的情况，例如当 VT$_1$ 与 VD$_4$ 导通时切断 VT$_3$ 触发电路，则 VT$_3$ 不会再导通。但 u_2 变负时，VD$_2$ 与 VD$_4$ 自然换流，在电感作用下由 VT$_1$ 与 VD$_2$ 构成续流回路。当 u_2 又为正时，VD$_4$ 与 VD$_2$ 自然换流，VT$_1$ 仍导通，则由 VT$_1$、VD$_4$ 又构成了电源对负载供电的回路，致使 VT$_1$ 一直导通，VD$_2$、VD$_4$ 交替导通，产生失控现象。这就使得 u_d 成为正弦半波，即 u_d 正半周为正弦波，负半周 u_d 为零，其平均值保持恒定称为失控。

为了避免失控的发生，可在负载两端反并联一个续流二极管 VD$_R$。

3. 带续流二极管半控整流电路

（1）电路原理及工作波形。电路原理图如图 3 - 10（a）所示。接上续流二极管后，当电源电压 u_2 过零时，负载电流经续流二极管 VD$_R$ 续流，使整流输出端只有 1V 左右的压降，晶闸管 VT$_1$ 电流小于维持电流而关断，这样就不会出现上述失控现象。电路中各部分波形如图 3 - 10（b）～（h）所示。

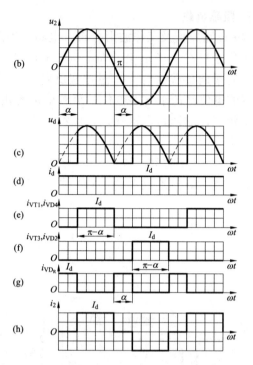

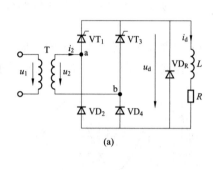

图 3-10 带续流二极管的阻感负载单相桥式半控整流电路原理图与工作波形

(a) 电路原理图；(b) 输入电压；(c) 输出电压；(d) 输出电流；

(e) 1、4 管电流；(f) 2、3 管电流；(g) 续流二极管电流；(h) 输入电流

（2）定量分析。

1）整流电路输出电压的平均值 U_d。

电感负载带有续流二极管时，u_d 的波形与阻性负载时 u_d 波形完全相同，对于单相半控桥来讲，无论是何种负载，整流输出电压的平均值的计算公式为

$$U_d = 0.9 U_2 \frac{1 + \cos\alpha}{2} \tag{3-27}$$

单相半控桥的移相范围与负载性质无关，均为 $0° \sim 180°$。

2）负载电流平均值 I_d

$$I_d = \frac{U_d}{R} = 0.9 \frac{U_2}{R} \frac{1 + \cos\alpha}{2} \tag{3-28}$$

3）晶闸管、二极管电流平均值和有效值

$$I_{dVT} = I_{dVD} = \frac{\pi - \alpha}{2\pi} I_d \tag{3-29}$$

$$I_{VT} = I_{VD} = \sqrt{\frac{\pi - \alpha}{2\pi}} I_d \tag{3-30}$$

4）续流二极管电流平均值和有效值

$$I_{dVDR} = \frac{\alpha}{\pi} I_d \tag{3-31}$$

$$I_{VDR} = \sqrt{\frac{\alpha}{\pi}} I_d \qquad\qquad (3-32)$$

5）变压器二次电流有效值

$$I_2 = \sqrt{\frac{\pi - \alpha}{\pi}} I_d \qquad\qquad (3-33)$$

晶闸管和整流二极管承受的最高电压均为 $\sqrt{2} U_2$。

把单相桥式全控整流电路中的晶闸管 VT_3、VT_4 用电力二极管 VD_3 和 VD_4 分别代替，就是另一种接法的半控整流电路，该电路的优点是两个串联二极管 VD_3 和 VD_4 除整流作用外还可以起到续流作用，从而省去了一个续流二极管。单相桥式半控整流电路线路较简单，技术性能指标较好，应用较广泛，但该电路不能应用于逆变工作状态。在单相可控整流电路中应用得较为广泛的是单相桥式全控整流电路和单相桥式半控整流电路。

3.3 三相可控整流电路

在负载容量较大，对直流电压脉动要求较小的场合，单相整流电路无法满足要求，应采用三相可控整流电路。三相可控整流电路很多，有三相半波（三相零式）、三相桥式、双反星型等，但三相半波可控整流电路是最基本的组成形式，其他电路都可看作由三相半波可控整流电路的串联与并联构成。

3.3.1 三相半波（三相零式）可控整流电路

1. 电阻性负载

（1）电路结构。电路原理图如图 3-11（a）所示，T 为三相交流变压器，其作用是变压和隔离，三相半波可控整流电路为了得到零线，三相变压器二次绕组必须接成星形，通常一次绕组接成三角形，使三次谐波电流不会流入电网。3 个晶闸管一般采用共阴极连接，使得触发电路有公共端，连线简便，晶闸管电压瞬时值为 u_{VT}。R 为负载，其端电压瞬时值（即负载电压）用 u_d 表示。

（2）工作原理。变压器二次侧三相相电压波形如图 3-11（b）所示，相电压在正半周的交点（如 u_c 与 u_a 交点）是各相晶闸管（如 VT_1）能被触发导通的最早时刻。此前，晶闸管（如 VT_1）因承受反压而不能导通，所以把这些交点作为控制角 α 的起点（$\alpha = 0°$），称自然换流点（自然换相点）。如把晶闸管换成二极管即为三相半波不可控整流电路，在该点处相邻两相二极管能自动换流。由于自然换流点距相电压波形原点为 $30°$，所以第一个触发脉冲距对应相电压的原点为 $30° + \alpha$。

当控制角 $\alpha = 0°$ 时，晶闸管的触发脉冲在自然换相点处出现，电路工作情况与二极管整流时一样。三相半波可控整流电路在控制角 $\alpha = 0°$ 时的工作波形如图 3-11（d）~（f）所示。

$0 \sim \omega t_1$ 期间，c 相电压比 a、b 两相都高，在 $\alpha = 0°$ 时刻之前，已触发晶闸管 VT_3 使其导通，则 $u_d = u_c$，其余两只晶闸管承受反向电压而关断。

$\omega t_1 \sim \omega t_2$ 期间，a 相电压比 b、c 两相都高，在 ωt_1 时刻，触发晶闸管 VT_1 使其导通，则 $u_d = u_a$，VT_3 承受反相电压 u_{ca} 关断。$\omega t_2 \sim \omega t_3$ 期间，b 相电压最高，在 ωt_2 时刻触发 VT_2 使其导通，此时 VT_1 因承受反压 u_{ab} 而关断，$u_d = u_b$。$\omega t_3 \sim \omega t_4$ 期间，c 相电压最高，在 ωt_3 时刻触发 VT_3 使其导通，此时 VT_2 因承受反压 u_{bc} 而关断，$u_d = u_c$。此后周而复始。

输出电压波形 u_d 是三相交流相电压在正半周的包络线，在一周期内整流电压有三次脉动，如图 3-11（d）所示。

由图可见，u_{g1}、u_{g2}、u_{g3} 3 个触发脉冲各自相隔 120°，而且按照 1-2-3-1-2-3…这样的顺序分别加到 VT_1、VT_2、VT_3 3 个晶闸管上，如图 3-11（c）所示。在一个周期内，三相电源轮流向负载供电，每相晶闸管各导通 120°，负载电流连续。

图 3-11（e）为 a 绕组和晶闸管 VT_1 的电流波形，另两相电流波形与其相同，仅相位依次互差 120°，故变压器二次绕组流过的是直流脉动电流。图 3-11（f）为 VT_1 承受的电压波形，VT_1 导通时，$u_{VT1}=0$；VT_2 导通时，VT_1 承受的电压 $u_{VT1}=u_a-u_b=u_{ab}$ 为反压；VT_3 导通时，VT_1 承受的电压 $u_{VT1}=u_a-u_c=u_{ac}$ 亦为反压。

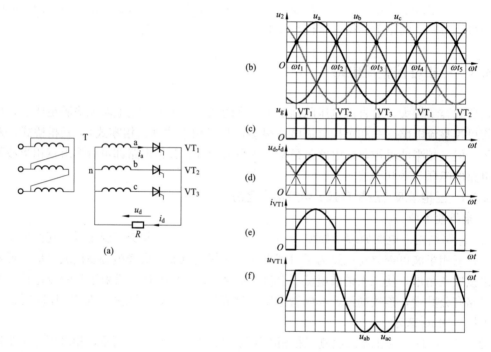

图 3-11　电阻负载三相半波可控整流电路原理图与工作波形
（a）电路原理图；（b）输入电压；（c）触发脉冲；（d）输出电压；（e）晶闸管电流；（f）晶闸管承受电压

当控制角 α 增大时，晶闸管的触发脉冲向后移，u_d 减小，整流电路的工作情况相应地发生变化。图 3-12 所示是控制角 $\alpha=30°$ 时的波形。

当 $\alpha=30°$ 时，负载电流处于连续和断续的临界状态，各相导电 120°，若 $\alpha>30°$，当 $\alpha=60°$ 时波形如图 3-13 所示，此时 u_d 断续，即 VT_1 导通后，VT_3 承受反向电压 u_{ca} 而关断，u_a 过零变负时，VT_1 自行关断；而 VT_2 触发脉冲尚未到来，VT_2 仍关断，各相均不导通，$u_d=0$，直到 VT_2 触发脉冲到来，VT_2 导通，$u_d=u_b$，以后过程与 b 相一样，此时各相导电 90°。若 α 继续增大，U_d 将减小，当 $\alpha=150°$ 时，$U_d=0$，故电阻负载时电路的移相范围是 0°～150°。

（3）定量分析。电路输出 u_d 存在连续与断续两种情况，故直流输出电压平均值需分别进行计算。

1）$\alpha\leqslant30°$ 时，负载电流连续

$$U_d = \frac{1}{2\pi/3} \int_{\frac{\pi}{6}+\alpha}^{\frac{5\pi}{6}+\alpha} \sqrt{2} U_2 \sin\omega t \, d(\omega t) = \frac{3\sqrt{6}}{2\pi} U_2 \cos\alpha = 1.17 U_2 \cos\alpha \tag{3-34}$$

$$I_2 = I_{VT} = \sqrt{\frac{1}{2\pi} \int_{\frac{\pi}{6}+\alpha}^{\frac{5\pi}{6}+\alpha} \left(\frac{\sqrt{2} U_2 \sin\omega t}{R} \right)^2 d(\omega t)} = \frac{U_2}{R} \sqrt{\frac{1}{2\pi} \left(\frac{2\pi}{3} + \frac{\sqrt{3}}{2} \cos 2\alpha \right)} \tag{3-35}$$

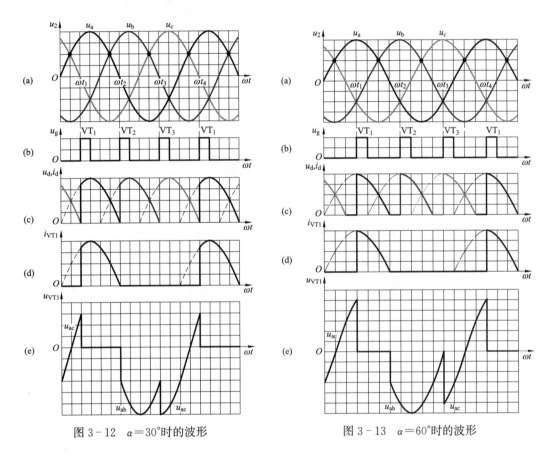

图 3-12 $\alpha = 30°$ 时的波形   图 3-13 $\alpha = 60°$ 时的波形

2) $\alpha > 30°$ 时，负载电流断续

$$U_d = \frac{1}{2\pi/3} \int_{\frac{\pi}{6}+\alpha}^{\pi} \sqrt{2} U_2 \sin\omega t \, d(\omega t) = \frac{3\sqrt{2} U_2}{2\pi} \left[1 + \cos\left(\frac{\pi}{6} + \alpha \right) \right]$$

$$= 0.675 U_2 \left[1 + \cos\left(\frac{\pi}{6} + \alpha \right) \right] \tag{3-36}$$

$$I_{VT} = \sqrt{\frac{1}{2\pi} \int_{\frac{\pi}{6}+\alpha}^{\pi} \left(\frac{\sqrt{2} U_2 \sin\omega t}{R} \right)^2 d(\omega t)} = \frac{U_2}{R} \sqrt{\frac{1}{2\pi} \left(\frac{5\pi}{6} - \alpha + \frac{\sqrt{3}}{4} \cos 2\alpha + \frac{1}{4} \sin 2\alpha \right)} \tag{3-37}$$

在任何情况下，负载电流平均值为

$$I_d = U_d/R \tag{3-38}$$

由于晶闸管是轮流工作的，故流过它的电流平均值为

$$I_{dVT} = I_d/3 \tag{3-39}$$

由图 3-11 (f) 可见，晶闸管承受的最高反向电压为变压器二次侧线电压峰值，有

$$U_{RM} = \sqrt{2} \times \sqrt{3}U_2 = 2.45U_2 \qquad (3-40)$$

由于晶闸管阳极与零线间最高电压为变压器二次侧相电压峰值，此即为晶闸管承受的最高正向电压，即

$$U_{DM} = \sqrt{2}U_2 \qquad (3-41)$$

2. 阻感负载

（1）电路结构及工作波形。电路原理图如图 3-14 所示，设 $\omega L \gg R$，则 i_d 的波形基本平直，流过晶闸管的电流接近矩形波，当 $\alpha \leqslant 30°$ 时，电路工作情况与阻性负载相同，输出电压波形与电阻负载时相同，由于负载电流连续，电流波形与阻性负载不同。当 $\alpha = 30°$ 时的工作波形如图 3-15（a）～（e）所示。

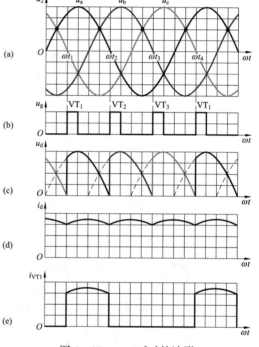

图 3-15 $\alpha = 30°$ 时的波形

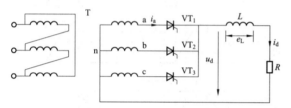

图 3-14 阻感负载三相半波可控整流电路原理图

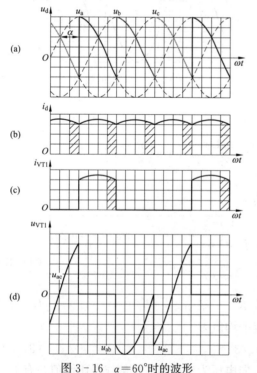

图 3-16 $\alpha = 60°$ 时的波形

当 $\alpha > 30°$，$\alpha = 60°$ 时，电路工作波形如图 3-16 所示。设 a 相 VT$_1$ 导通，$u_d = u_a$。当 u_a 过零变负后，由于存在电感，VT$_1$ 的电流 i_{VT_1} 仍继续流通，仍保持 $u_d = u_a$。直至 VT$_2$ 的触发脉冲到来，VT$_2$ 导通，将 VT$_1$ 关断，负载电流转为 b 相提供，从 VT$_1$ 换流到 VT$_2$，$u_d = u_b$，其后的过程与 a 相相同。由此可见，u_d 有一段时间出现负值，α 越大，u_d 的负波形越多，当 $\alpha = 90°$ 时，u_d 波形的正负部分面积相等，$U_d = 0$。可见，阻感负载时电路的移相范围为 $0° \sim 90°$。

（2）定量分析。

1）直流输出电压平均值。在 $\omega L \gg R$ 的条件下，负载电流连续，直流输出电压平均值 U_d 仍可按式（3-34）计算，即 $U_d = 1.17U_2\cos\alpha$。

2）直流输出电流平均值

$$I_d = \frac{U_d}{R} = \frac{1.17U_2\cos\alpha}{R} \qquad (3-42)$$

3) 晶闸管电流和变压器电流。每相晶闸管均导通 120°，故流过晶闸管的电流平均值为

$$I_{dVT} = \frac{1}{3} I_d \tag{3-43}$$

流过变压器二次侧电流有效值 I_2 与晶闸管电流有效值 I_{VT} 相同，即

$$I_2 = I_{VT} = \frac{1}{\sqrt{3}} I_d = 0.577 I_d \tag{3-44}$$

4) 晶闸管承受的最高正反向电压。晶闸管承受的最高正反向电压均为变压器二次侧线电压峰值，即

$$U_{DM} = U_{FM} = 2.45 U_2 \tag{3-45}$$

5) 变压器的容量。由于整流变压器二次侧流过电流为 120°宽的矩形波，可分解为直流分量 $i_{2-} = I_{2-} = I_d$ 与交流分量 $i_{2\sim}$。直流分量只能产生直流磁动势，无法耦合到整流变压器一次绕组，只有交流分量 $i_{2\sim}$ 能反映到一次侧。为说明问题，假定整流变压器一次、二次绕组匝数相同，忽略励磁电流，则 $i_1 = i_{2\sim}$，一次侧电流有效值 I_1 为

$$I_1 = \sqrt{\frac{1}{2\pi} \left[\left(\frac{2}{3} I_d \right)^2 \times \frac{2\pi}{3} + \left(-\frac{1}{3} I_d \right)^2 \times \frac{4\pi}{3} \right]} = 0.473 I_d \tag{3-46}$$

整流变压器一次、二次侧容量分别为

$$S_1 = 3 U_1 I_1 = 3 \times \frac{U_d}{1.17} \times 0.473 I_d = 1.21 P_d \tag{3-47}$$

$$S_2 = 3 U_2 I_2 = 3 \times \frac{U_d}{1.17} \times 0.577 I_d = 1.48 P_d \tag{3-48}$$

由上述计算可见，整流变压器一次侧电流与容量小于二次侧，是由于二次侧电流存在直流分量的缘故。此时整流变压器的容量用平均值 S 来衡量

$$S = \frac{1}{2} (S_1 + S_2) = \frac{1}{2} (1.21 P_d + 1.48 P_d) = 1.35 P_d \tag{3-49}$$

6) 三相半波可控整流电路带阻感加反电势负载时，为保证电流连续的电感量（包括直流电动机电枢电感）为

$$L = 1.46 \times 10^{-3} \frac{U_2}{I_{dmin}} \tag{3-50}$$

而负载电流平均值为

$$I_d = \frac{U_d - E}{R} \tag{3-51}$$

其余电压和电流的计算与阻感负载相同，波形也相同。

3. 共阳极接法三相半波可控整流电路

共阳极接法三相半波可控整流电路的电路图及 $\alpha = 30°$ 时的波形如图 3-17 所示。3 个晶闸管阳极和负载连接，由于晶闸管导通方向反了，只能在交流相电压负半周导通，自然换流点即 α 角起点为交流相电压在负半周相邻两相波形的交点，同一相共阴极与共阳极连接晶闸管的 α 起点相差 180°。

晶闸管换相导通的次序是：供给触发脉冲后阴极电位更低的晶闸管导通，同时使原先导通的晶闸管受反压而关断。大电感负载时，共阳极接法输出电压相对于公共点"n"是负电压，其计算公式与共阴极接法相同，但符号相反，即 $U_d = -1.17 U_2 \cos\alpha$。在某些整流装置

中，考虑能共用一块大散热器与安装方便，采用共阳极接法，缺点是要求3个晶闸管的触发电路的输出端彼此绝缘。

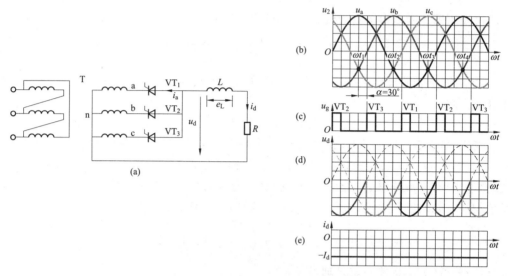

图3-17 共阳极接法三相半波可控整流电路的电路图及 $\alpha=30°$ 时的波形
(a) 电路原理图；(b) 输入电压；(c) 触发脉冲；(d) 输出电压；(e) 输出电流

三相半波可控整流电路只需3个晶闸管，与单相可控整流电路相比，整流输出电压脉动小、输出功率大、三相负载平衡。其不足之处是整流变压器二次侧有直流分量流过，每相只有1/3周期有单方向电流流过，整流变压器利用率低，且直流分量造成整流变压器直流磁化。为克服直流磁化引起的较大漏磁通，需增大整流变压器截面，增加用铁用铜量。为此三相半波可控整流电路应用受到限制，在较大容量或性能要求高时，广泛采用三相桥式可控整流电路。

3.3.2 三相桥式全控整流电路

1. 电阻性负载

(1) 电路结构。电路原理图如图3-18所示，该电路是由一组共阴极组与一组共阳极组的三相半波可控整流电路串联而成，可用三相半波电路的基本原理来分析。电路中的晶闸管按 $VT_1 \sim VT_6$ 的顺序导通，共阴极组3个与三相电源a、b、c相接的晶闸管分别编号为 VT_1、VT_3、VT_5，将共阳极组3个与三相电源a、b、c相接的晶闸管编号为 VT_4、VT_6、VT_2。

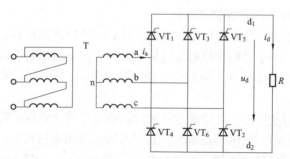

图3-18 电阻负载三相桥式全控整流电路原理图

（2）工作原理。由于共阴极组三相半波可控整流电路的自然换相点是三相交流电在正半周的交点，而共阳极组三相半波可控整流电路的自然换相点是三相交流电在负半周的交点，共阴极组和共阳极组相邻自然换相点的相位差为 $60°$，即三相桥式全控整流电路每隔 $60°$ 换一次相，因此从换相点开始，把一个周期（$360°$）划分为 6 个区间来分析该电路的工作原理。

1）$\alpha = 0°$ 时的情况。当 $\alpha = 0°$ 时，电路的换相点就是自然换相点，此点为相电压波形交点，亦为线电压波形交点。对于共阴极组的 3 个晶闸管，阳极所接交流电压值最大的一个导通，对于共阳极组的 3 个晶闸管，阴极所接交流电压值最低的一个导通。这样，任意时刻共阳极组和共阴极组中各有一个不在同一相的晶闸管处于导通状态，为便于分析，从第一个换相点开始将相电压波形在一个周期内分为 6 个区间，如图 3-19（a）所示。

区间 I，在 $\omega t = 30°$ 处，即 $\alpha = 0°$ 时，同时触发 VT_6、VT_1，由于该区间 a 相电位最高，b 相电位最低，故这两个管子导通。电流通路为：a 相→VT_1→R→VT_6→b 相。输出电压 $u_d = u_a - u_b = u_{ab}$，VT_1 的端电压 $u_{VT_1} = 0$。

区间 II：a 相电位仍最高，VT_1 仍保持导通，但电位最低者已由 b 相换为 c 相，在 $\omega t = 90°$ 时触发导通 VT_2，则 VT_6 因承受反压而关断，这时电流通路为：a 相→VT_1→R→VT_2→c 相，$u_d = u_a - u_c = u_{ac}$，$u_{VT_1} = 0$。

区间 III：c 相电位仍最低，VT_2 继续导通，但电位最高者已由 a 相换为 b 相，在 $\omega t = 150°$ 时触发导通 VT_3，则 VT_1 因承受反压而关断，电流由 a 相换到 b 相，这时电流通路为：b 相→VT_3→R→VT_2→c 相，$u_d = u_b - u_c = u_{bc}$，$u_{VT_1} = u_{ab}$。

依此类推，在区间 IV，VT_3、VT_4 导通，$u_d = u_{ba}$，$u_{VT_1} = u_{ab}$；区间 V，VT_4、VT_5 导通，$u_d = u_{ca}$，$u_{VT_1} = u_{ac}$；区间 VI，VT_5、VT_6 导通，$u_d = u_{cb}$，$u_{VT_1} = u_{ac}$；u_d、i_{VT_1}、u_{VT_1} 波形如图 3-19（b）～（d）所示。

从相电压波形看，共阴极组晶闸管导通时，u_{d1} 为相电压的正包络线，共阳极组导通时，u_{d2} 为相电压的负包络线，总的整流输出电压 $u_d = u_{d1} - u_{d2}$，即为线电压在正半周的包络线。直接从线电压波形看，u_d 为线电压中最大的一个，因此 u_d 波形为线电压的正向包络线。

从上述对控制角 $\alpha = 0°$ 时的工作情况分析，可得如下结论：

a. 三相桥式全控整流电路必须有两只晶闸管同时导通才能构成电流回路，其中一只在共阴极组，另一只在共阳极组，而且这两只导通的管子不在同一相内。

b. 为了保证整流装置能启动工作或在电流断续后晶闸管能再次导通，必须对两组中应导通的一对晶闸管同时施加触发脉冲。可采用两种办法：一种是单宽脉冲触发，使每个脉冲宽度大于 $60°$（约为 $80°$～$100°$），这样，在换流时，相隔 $60°$ 的后一个脉冲出现时，前一个脉冲还未消失，使电路在任何换流点均有相邻两个管子被触发，保证电流回路的形成。另一种方法是在触发某一只晶闸管的同时给前一只晶闸管补发一个脉冲（称辅助脉冲），例如，对 VT_1 发脉冲 1 的同时给 VT_6 补发一个脉冲 6，亦能起到同样效果，此法称双窄脉冲触发。后者虽然电路复杂，但可减小触发电路功率与脉冲变压器的体积，较多用。

c. 6 只晶闸管的触发脉冲按 VT_1—VT_2—VT_3—VT_4—VT_5—VT_6 的顺序，相位依次差 $60°$。共阴极组 VT_1、VT_3、VT_5 的触发脉冲依次差 $120°$，共阳极组 VT_4、VT_6、VT_2 的触发脉冲也依次差 $120°$，同一相的上下两个桥臂，即 VT_1 与 VT_4，VT_3 与 VT_6，VT_5 与 VT_2 的触发脉冲相差 $180°$。晶闸管在一个周期内导通 $120°$，关断 $240°$，管子换流只在本组内进行，每隔 $120°$ 换流一次。相邻顺序管子每隔 $60°$ 换流一次。

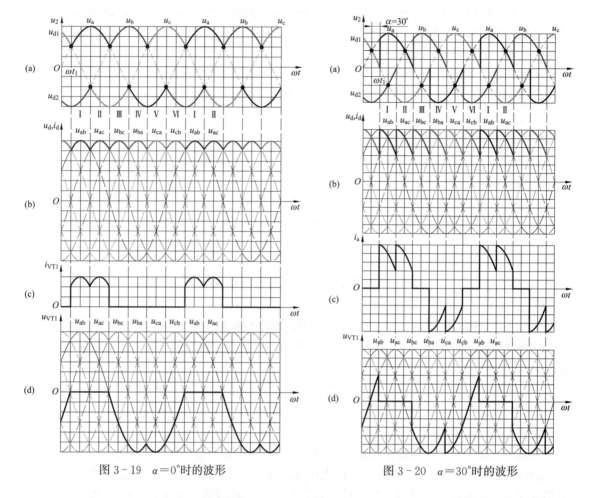

图 3-19　α＝0°时的波形　　　　　　图 3-20　α＝30°时的波形

  d. 晶闸管承受的最高正反向电压与三相半波时一样。变压器二次侧每周期 240°范围内有电流流过且电流波形正负面积相等，二次侧电流不存在直流分量，克服了三相半波电路的缺点，变压器利用率提高。

  e. 负载电压是两相电压之差，即线电压，一个周期内有 6 次脉动，每次脉动的波形都一样，故该电路为 6 脉波整流电路。

  2）控制角 α＝30°、60°、90°的情况。当控制角 α 增大时，晶闸管的触发脉冲向后移，整流电路的工作情况相应地发生变化。图 3-20 所示是控制角 α＝30°时的工作波形，从第一个换相点 ωt_1 时刻开始，同样将一个周期分为 6 个区间。与 α＝0°时相比，一周期中 u_d 波形仍由 6 段线电压构成，每个晶闸管的导通顺序不变。不同之处是晶闸管起始导通时刻推迟了 30°，即管子从自然换流点向后移 30°开始换流，组成 u_d 的每一段线电压亦推迟了 30°，故 u_d 的平均值降低。晶闸管电压、电流波形及变压器二次侧电流随之变化，整流变压器二次电流 i_a 波形显示其特点为：在 VT_1 管处于通态的 120°期间，i_a 为正，i_a 波形的形状与同时段的 u_d 波形相同，在 VT_4 管处于通态的 120°期间，i_a 波形的形状也与同时段的 u_d 波形相同，但为负值。

  图 3-21 所示为 α＝60°时的波形，u_d 波形处于连续与断续的临界状态。可见当 α＜60°

时，u_d 波形连续，i_d 波形与 u_d 波形一样，也连续。当 $\alpha > 60°$（如 $\alpha = 90°$）时，电路工作波形如图 3-22 所示，i_d、u_d 波形断续。当 $\alpha = 120°$ 时，加于晶闸管的线电压为零，管子不能导通，此时 $u_d = 0$。

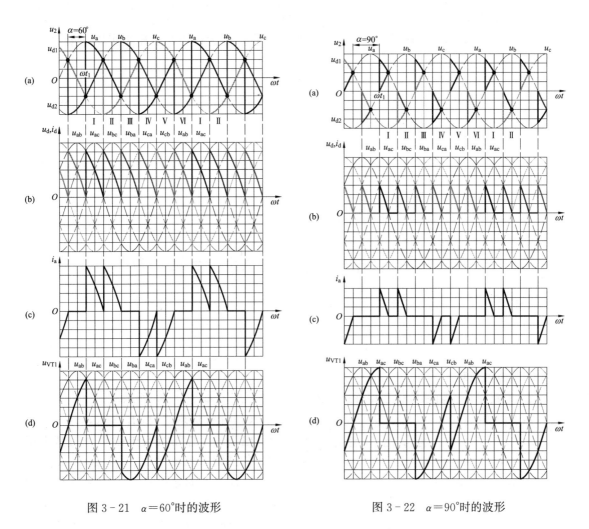

图 3-21　$\alpha = 60°$ 时的波形　　　　　图 3-22　$\alpha = 90°$ 时的波形

　　由以上分析可见，当 $\alpha \leqslant 60°$ 时，u_d 波形均连续，对于电阻性负载，i_d 波形与 u_d 波形形状一样，也连续。当 $\alpha > 60°$ 时，u_d 波形每 $60°$ 中有一段为零，u_d 波形没有出现负值。$\alpha = 90°$ 时 u_d 波形每 $60°$ 中有 $30°$ 为零，这是因为电阻性负载时，i_d 波形与 u_d 波形相同，一旦 u_d 降到零，i_d 也降到零，流过晶闸管的电流也降到零，晶闸管关断，输出整流电压 u_d 为零，因此 u_d 波形没有出现负值。若 α 继续增大到 $120°$，输出整流电压 u_d 的波形将全为零，其平均值也为零。故带电阻性负载时三相桥式全控整流电路的移相范围是 $0° \sim 120°$。

　　（3）定量分析。

　　1）直流输出电压平均值 U_d。u_d 存在连续与断续两种情况，故直流输出电压平均值 U_d需分别进行计算。

　　a. $\alpha \leqslant 60°$ 时，取线电压（以线电压 u_{ab} 为基准）的零点（距离自然换相点 $\pi/3$）为时间坐标的零点，u_d 波形一个电源周期脉动 6 次，每次脉动的形状相同，脉动周期为 $\pi/3$，取一次脉动进行计算，即

$$U_d = \frac{1}{\pi/3} \int_{\frac{\pi}{3}+\alpha}^{\frac{2\pi}{3}+\alpha} \sqrt{6} U_2 \sin\omega t \, d(\omega t) = 2.34 U_2 \cos\alpha \qquad (3-52)$$

b. $\alpha > 60°$ 时，取线电压的零点为时间坐标的零点，因为每当线电压正半周结束时，电流中止，即

$$U_d = \frac{1}{\pi/3} \int_{\frac{\pi}{3}+\alpha}^{\pi} \sqrt{6} U_2 \sin\omega t \, d(\omega t) = 2.34 U_2 \left[1 + \cos\left(\frac{\pi}{3} + \alpha\right) \right] \qquad (3-53)$$

2）直流输出电流平均值 I_d

$$I_d = \frac{U_d}{R} \qquad (3-54)$$

3）晶闸管电流有效值 I_{VT}。

a. $\alpha \leqslant 60°$ 时，流过晶闸管电流有效值为

$$I_{VT} = \sqrt{\frac{2}{2\pi} \int_{\frac{\pi}{3}+\alpha}^{\frac{2\pi}{3}+\alpha} \left(\frac{\sqrt{6} U_2}{R} \sin\omega t \right)^2 d(\omega t)} = \frac{U_2}{R} \sqrt{1 + \frac{3\sqrt{3}}{2\pi} \cos 2\alpha} \qquad (3-55)$$

b. $\alpha > 60°$ 时

$$I_{VT} = \frac{U_2}{R} \sqrt{2 - \frac{3\alpha}{\pi} + \frac{3}{2\pi} \sin\left(\frac{2\pi}{3} + 2\alpha\right)} \qquad (3-56)$$

2. 阻感性负载

（1）电路结构。阻感负载三相桥式全控整流电路原理图如图 3-23 所示。

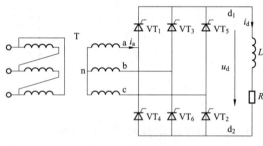

图 3-23　阻感负载三相桥式全控整流电路原理图

（2）工作原理。设 $\omega L \gg R$，当 $\alpha \leqslant 60°$ 时，电路的工作情况与电阻负载时基本相同，各晶闸管通断情况、u_d 波形、u_{VT} 波形都一样。不同之处在于，大电感负载的电感作用使负载电流 i_d 的波形基本是平直的，而电阻负载时电流波形与电压波形相似。流过晶闸管的电流接近矩形波，图 3-24 所示为阻感负载三相桥式全控整流电路 $\alpha = 0°$ 时的波形，与图 3-19 对比便可得出上述结论。

三相桥式全控整流电路带阻感负载 $\alpha = 30°$ 和 $\alpha = 60°$ 时的波形图如图 3-25 和图 3-26 所示，$\alpha = 60°$ 时 u_d 的波形出现为零的点，当 $\alpha > 60°$ 时带电感性负载时的工作情况与带电阻性负载时不同，带电阻性负载时 u_d 波形不会出现负的部分，而带电感性负载时，由于电感 L 的作用，u_d 波形会出现负的部分，如图 3-27 所示为三相桥式全控整流电路带电感性负载 $\alpha = 90°$ 时的波形，在 $\alpha = 90°$ 时，若电感 L 值足够大，u_d 波形中正负面积将基本相等，u_d 的平均值为零。故带电感性负载时，三相桥式全控整流电路的移相范围为 $0° \sim 90°$。

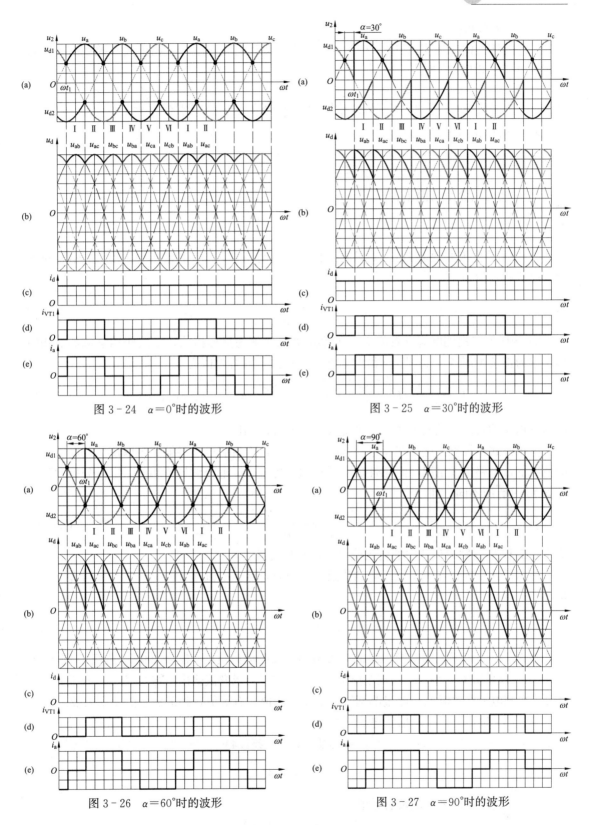

图 3-24　α＝0°时的波形

图 3-25　α＝30°时的波形

图 3-26　α＝60°时的波形

图 3-27　α＝90°时的波形

（3）定量分析。

1）直流输出电压平均值 U_d。因为 $\omega L \gg R$，负载电流连续，三相桥式全控整流电路直流输出电压平均值 U_d 为

$$U_d = \frac{1}{\pi/3} \int_{\frac{\pi}{3}+\alpha}^{\frac{2\pi}{3}+\alpha} \sqrt{6} U_2 \sin\omega t \, \mathrm{d}(\omega t) = 2.34 U_2 \cos\alpha \qquad (3-57)$$

2）直流输出电流平均值 I_d

$$I_d = \frac{U_d}{R} \qquad (3-58)$$

3）晶闸管电流平均值 I_{dVT}

$$I_{dVT} = \frac{I_d}{3} \qquad (3-59)$$

4）晶闸管电流有效值 I_{VT}。每只晶闸管一个周期导通 $120°$，其波形为矩形波，故流过晶闸管电流有效值为

$$I_{VT} = \frac{1}{\sqrt{3}} I_d \qquad (3-60)$$

5）变压器二次侧电流有效值 I_2。如变压器二次侧为星形接法，二次侧相电流如 a 相波形，它为正负半周各宽 $120°$、前沿差 $180°$ 的矩形波，其有效值为

$$I_2 = \sqrt{\frac{1}{2\pi} \left[I_d^2 \times \frac{2\pi}{3} + (-I_d)^2 \times \frac{2\pi}{3} \right]} = \sqrt{\frac{2}{3}} I_d = 0.816 I_d \qquad (3-61)$$

晶闸管承受的最高正反向电压均为电源线电压的峰值 $\sqrt{6} U_2$。

三相桥式全控整流电路接反电动势阻感负载时，在负载电感足够大足以使负载电流连续的情况下，电路工作情况与阻感性负载时相似，各电压、电流波形均相同，定量分析时仅在计算 I_d 时有所不同，即

$$I_d = \frac{U_d - E}{R} \qquad (3-62)$$

式中：R 和 E 分别为负载中的电阻值和反电动势的值。

三相桥式全控整流电路接反电动势阻感负载时，保证电流连续的电感量（包括直流电动机电枢电感）为

$$L = 0.693 \times 10^{-3} \frac{U_2}{I_{dmin}} \qquad (3-63)$$

例 3-3 三相桥式全控整流电路，带阻感、反电动势负载，$U_2 = 200\mathrm{V}$，负载中 $R=1\Omega$，$\omega L \gg R$，反电势 $E = 200\mathrm{V}$。当控制角 $\alpha = 60°$ 时，要求：求整流输出平均电压 U_d、电流 I_d，变压器二次侧电流有效值 I_2，流过晶闸管的电流平均值和有效值，整流装置的功率因数。

解：（1）输出电压平均值及电流平均值

$$U_d = 2.34 U_2 \cos\alpha = 257.4\mathrm{V}$$

$$I_d = \frac{U_d - E}{R} = 57.4\mathrm{A}$$

（2）晶闸管电流平均值及有效值

$$I_{dVT} = I_d/3 = 19.1\mathrm{A}$$

$$I_{VT} = I_d / \sqrt{3} = 33.1A$$

（3）变压器二次侧电流有效值

$$I_2 = \sqrt{\frac{2}{3}} I_d = 46.9A$$

（4）整流装置输出功率、视在功率及功率因数：在 $\omega L \gg R$ 的情况下，可按下式近似求出装置的输出功率

$$P = I_d^2 R + E I_d^2 = U_d I_d = 14774.8W$$

而视在功率 $S = 3U_2 I_2 = 30954$（VA），则功率因数

$$\cos\varphi = P/S = 0.48$$

3.3.3 三相桥式半控整流电路

三相桥式半控整流电路比三相桥式全控整流电路更简单、更经济，主要用于中等容量的整流装置或不要求可逆的电力拖动中，电路原理图如图 3-28 所示，它由共阴极接法的三相半波可控整流电路与共阳极接法的三相半波不可控整流电路串联而成，因此这种电路兼有可控与不可控两者的特性。共阳极组 3 个整流二极管总是在自然换流点换流，使电流换到比阴极电位更低的一相中去；而共阴极组三个晶闸管则要在触发后才能换到阳极电位高的一相中去。整流输出电压 u_d 的波形是两组整流电压波形之和，改变共阴极组晶闸管的触发延迟角 α，可获得 $0 \sim 2.34U_2$ 的直流可调电压。

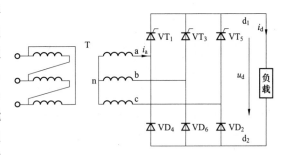

图 3-28 三相桥式半控整流电路原理图

1. 电阻性负载

当 $\alpha = 0°$ 时，电路波形与全控电路一样，输出电压最大。

当 $\alpha = 30°$ 时，触发 VT_1 使其导通，在其后的 30° 导通角范围内，VT_1、VD_6 导通，$u_d = u_{ab}$。30° 后，在自然换流点处 VD_6 换流给 VD_2，而 VT_1 继续导通，此时 $u_d = u_{bc}$，直至 90° 后晶闸管 VT_1 换流给 VT_3，其后过程分析类似，于是可得输出电压波形 u_d，如图 3-29（a）～（b）所示。图 3-29（c）～（d）给出 $\alpha = 60°$ 时 u_d 的波形。图 3-30（a）～（b）、（c）～（d）分别给出 $\alpha = 90°$ 及 $\alpha = 150°$ 时 u_d 的波形。对波形分析可见，三只晶闸管触发脉冲相位差 120°。$\alpha = 60°$ 时是 u_d 波形连续和断续的临界状态；而当 $\alpha > 60°$ 时，u_d 在一个周期内脉动只有 3 次，与全控桥脉动 6 次不同。当 $\alpha = 180°$ 时，$u_d = 0$，因此移相范围为 0°～180°。

输出电压的计算可依照全控电路分连续和断续两种情况进行，但其计算结果相同，即 $0° \leqslant \alpha \leqslant 180°$ 均为

$$U_d = 1.17U_2(1 + \cos\alpha) \qquad (3-64)$$

2. 阻感性负载

设 $\omega L \gg R$，该电路与单相桥式半控整流电路一样有自然续流现象。输出电压 u_d 波形不会出现负电压。亦与单相半控桥电路一样，出现一只导通的晶闸管关不断、三只二极管轮流导通的失控现象，要在负载两端并接一续流二极管。此时的平均电压 U_d 的计算与电阻负载时同。当 $\alpha < 60°$ 时，晶闸管和二极管在一个周期内均导通 120°，续流管不工作。而当

$\alpha > 60°$时，晶闸管和二极管的导通时间均为$180° - \alpha$；续流管在一个周期内续流 3 次，每次续流时间为$\alpha - 60°$。

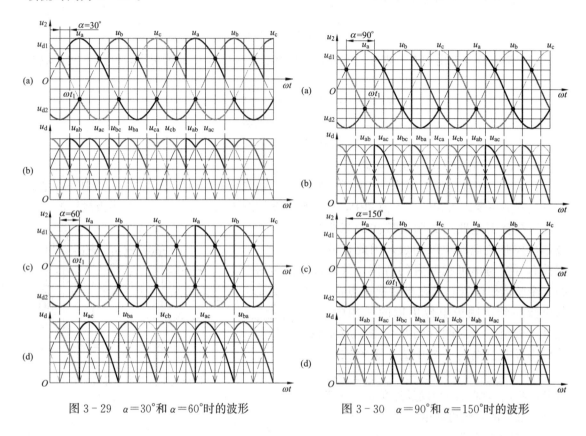

图 3 - 29　$\alpha = 30°$和$\alpha = 60°$时的波形　　　　图 3 - 30　$\alpha = 90°$和$\alpha = 150°$时的波形

3.4　不可控整流电路

在交—直—交变频器、不间断电源、开关电源等电力电子电路中，大多采用不可控整流电路经电容滤波后提供直流电源供给后级的逆变器，因此有必要对电容滤波的不可控整流电路进行研究。

最常用的不可控整流电路有单相桥和三相桥两种接法。由于电路中的电力电子器件采用电力二极管，故也称这类电路为二极管整流电路。

3.4.1　电容滤波的单相桥式不可控整流电路

该电路常用于开关电源的整流环节、目前大量普及的微机以及电视机等家电产品中。

1. 电路结构和工作原理

电路原理图如图 3 - 31 所示。假设电路已工作于稳态，同时由于实际中作为负载的后级电路稳态时直流平均电流是一定的，所以分析中以电阻作为负载。

分析时将时间坐标取在u_2正半周和u_d的交点处，因$u_2 < u_d$时，VD_1、VD_2、VD_3、VD_4均不导通，C放电，向负载R提供电流，u_d下降。$\omega t = 0$后，$u_2 > u_d$，VD_1、VD_4导通，VD_2、VD_3截止，u_2向C充电，同时也向R供电。当$u_d > u_2$时，导致VD_1和VD_4反

向偏置而截止，C 通过负载电阻 R 放电，u_d 下降。当 u_2 为负半周且幅值变化到恰好大于 u_d 时，VD_2 和 VD_3 加正向电压变为导通状态，u_2 再次向电容 C 充电，重复上述过程。工作波形如图 3-32 所示。

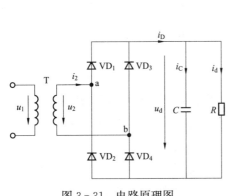

图 3-31 电路原理图

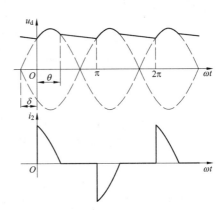

图 3-32 工作波形

设 u_2 正半周过零点与 VD_1、VD_4 开始导通时刻相差的角度为 δ，则 VD_1、VD_4 导通后

$$u_2 = u_d = u_C = \sqrt{2}U_2\sin(\omega t + \delta) = u_C(0) + \frac{1}{C}\int_0^t i_C dt \tag{3-65}$$

$\omega t = 0$ 时，

$$u_2(0) = u_d(0) = u_C(0) = \sqrt{2}U_2\sin\delta \tag{3-66}$$

电容电流为

$$i_C = C\frac{du_C}{dt} = C\frac{du_2}{dt} = \sqrt{2}U_2\omega C\cos(\omega t + \delta) \tag{3-67}$$

负载电流为

$$i_R = \frac{u_d}{R} = \frac{u_2}{R} = \frac{\sqrt{2}U_2}{R}\sin(\omega t + \delta) \tag{3-68}$$

整流桥输出电流

$$i_D = i_C + i_d = \omega C\sqrt{2}U_2\cos(\omega t + \delta) + \frac{\sqrt{2}U_2}{R}\sin(\omega t + \delta) \tag{3-69}$$

过 $\omega t = 0$ 后，u_2 继续增大，$i_C > 0$，向电容 C 充电，u_C 随 u_2 而上升，到达 u_2 峰值后，u_C 又随 u_2 下降，i_D 减小，直至 $\omega t = \theta$ 时，$i_D = 0$，VD_1、VD_4 关断，即 θ 为 VD_1、VD_4 的导通角。令上式的 $i_D = 0$，可求得二极管导通角 θ 与初始相位角 δ 的关系为

$$\tan(\theta + \delta) = -\omega RC \tag{3-70}$$

由上式可知 $(\theta + \delta)$ 是位于第二象限的角，故

$$\pi - \theta = \delta + \arctan(\omega RC) \tag{3-71}$$

另外，ωt 在 $(0 \sim \theta)$ 区间内，负载电压与电源电压相同，在 $\omega t = \theta$ 时，有

$$u_2 = u_d(\theta) = \sqrt{2}U_2\sin(\theta + \delta) \tag{3-72}$$

ωt 在 $(\theta \sim \pi)$ 区间内，电容 C 向负载 R 放电，u_d 从 $t = \theta/\omega$ 的数值按指数规律下降到式 (3-66) 所示的值时，另一对二极管导通，情况与前述一样。由于二极管导通后开始向

电容 C 充电时的 u_d 与二极管关断后 C 放电结束的 u_d 相等，则有

$$u_C = u_d = \sqrt{2}U_2 \sin(\theta + \delta)e^{-\frac{t-\theta/\omega}{RC}} = \sqrt{2}U_2 \sin(\theta + \delta)e^{-\frac{\omega t-\theta}{\omega RC}} \qquad (3-73)$$

$\omega t = \pi$ 时，电容 C 放电结束，电压 u_C 的数值与 $\omega t = 0$ 时的电压数值相等，即

$$u_C = u_d = \sqrt{2}U_2 \sin(\theta + \delta)e^{-\frac{\pi-\theta}{\omega RC}} = \sqrt{2}U_2 \sin\delta \qquad (3-74)$$

将式（3-71）和 $\sin(\theta + \delta) = \omega RC/\sqrt{1+(\omega RC)^2}$ 的关系式代入上式，可得

$$\frac{\omega RC}{\sqrt{1+(\omega RC)^2}}e^{-\frac{\arctan(\omega RC)}{\omega RC}}e^{-\frac{\delta}{\omega RC}} = \sin\delta \qquad (3-75)$$

在已知 ωRC 的条件下，可通过式（3-75）求起始导电角 δ，在由式（3-71）计算导通角 θ。显然 δ 和 θ 仅由 ωRC 乘积决定，图 3-33 给出了 δ、θ 角随 ωRC 变化的曲线。

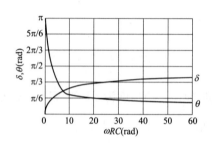

图 3-33 δ、θ 角随 ωRC 变化的曲线

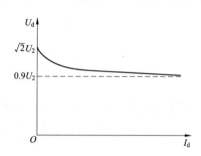

图 3-34 输出电压与输出电流的关系

2. 定量分析

（1）输出电压平均值。整流电路的输出直流电压平均值可按下式计算

$$U_d = \frac{1}{\pi}\int_0^\theta \sqrt{2}U_2 \sin(\omega t + \delta)d(\omega t) + \int_\theta^\pi \sqrt{2}U_2 \sin(\theta + \delta)e^{\frac{\omega t-\theta}{\omega RC}}d(\omega t)$$

$$= \frac{2\sqrt{2}U_2}{\pi}\sin\frac{\theta}{2}\left[\sin\left(\delta + \frac{\theta}{2}\right) + \omega RC\cos\left(\delta + \frac{\theta}{2}\right)\right] \qquad (3-76)$$

电容滤波的单相不可控整流电路输出电压与输出电流的关系图如图 3-34 所示。空载时，电阻 $R = \infty$，放电时间常数为无穷大，输出电压最大，为 $\sqrt{2}U_2$。负载很大时，R 很小，电容放电很快，几乎失去储能作用，极限情况下 $RC = 0$，即相当于电容支路开路，输出电压平均值为电阻负载的情况，即 $0.9U_2$。

在负载确定之后，可根据 $RC \geqslant \frac{3 \sim 5}{2}T$（$T$ 为电源周期）选择电容，此时输出电压为

$$U_d \approx 1.2U_2 \qquad (3-77)$$

（2）电流平均值。负载电流平均值 I_d 为

$$I_d = \frac{U_d}{R} \qquad (3-78)$$

稳态时，电容 C 在一个周期内吸收的能量和释放的能量相等，其电压平均值不变，相应的，流经电容的电流在一周期内的平均值为零，又由 $i_D = i_C + i_d$ 得出

$$I_D = I_d \qquad (3-79)$$

流过二极管的电流平均值为

$$I_{dVD} = I_d/2 \qquad\qquad (3-80)$$

（3）二极管承受的最高反向电压。二极管承受的最高反向电压为变压器二次侧电压的最大值 $\sqrt{2}U_2$。

3.4.2 电容滤波的三相桥式不可控整流电路

1. 电路结构和工作原理

电容滤波的三相桥式不可控整流电路原理图如图 3-35 所示。当某一对二极管导通时，输出直流电压等于交流侧线电压中最大的一个，该线电压既向电容供电，也向负载供电。当没有二极管导通时，由电容向负载放电，u_d 按指数规律下降。

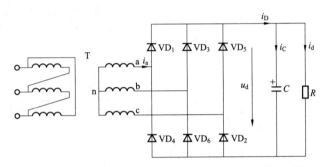

图 3-35 电容滤波的三相桥式不可控整流电路原理图

电容的放电时间常数不同，整流桥输出电流 i_D 会出现连续和断续两种情况。当 i_D 连续时如图 3-36 所示，导通角 $\theta = \pi/3$，输出电压 u_d 为线电压的包络线，可根据"电压下降速度相等的原则"来推导电流连续的临界条件。"电压下降速度相等的原则"即在线电压的交点 A 处，电源电压的下降速度与二极管 VD_1、VD_2 关断后电容开始单独向负载放电时电压的下降速度相等，根据图 3-36 的坐标系，线电压为 $u_{ab} = \sqrt{6}U_2\sin(\omega t + \pi/3)$，在 $\omega t = \pi/3$ 时，线电压与电容电压下降的速度刚好相等，即

$$\left| \frac{\mathrm{d}\left[\sqrt{6}U_2\sin(\omega t + \theta)\right]}{\mathrm{d}(\omega t)} \right|_{\omega t = \frac{\pi}{3}} = \left| \frac{\mathrm{d}\left[\sqrt{6}U_2\sin\frac{2\pi}{3}\mathrm{e}^{-\frac{1}{\omega RC}\left(\omega t - \frac{\pi}{3}\right)}\right]}{\mathrm{d}(\omega t)} \right|_{\omega t = \frac{\pi}{3}}$$

可求出临界条件为

$$\omega RC = \sqrt{3} \qquad\qquad (3-81)$$

当 $\omega RC > \sqrt{3}$ 时，i_D 断续；当 $\omega RC \leqslant \sqrt{3}$ 时，i_D 连续。因此，当重载时，R 较小，电流可能连续；当轻载时，R 较大，电流可能断续，其分界点为 $\omega RC = \sqrt{3}$。电流断续时的波形如图 3-37 所示。

2. 定量分析

（1）输出电压平均值。空载时，输出电压平均值最大为 $U_d = \sqrt{6}U_2 = 2.45U_2$。

随着负载加重，输出电压平均值减小，当电流 i_D 连续后，输出电压为线电压的包络线，其平均值为 $U_d = 2.34U_2$，因此 U_d 在 $(2.34 \sim 2.45)U_2$ 之间变化，变化范围比单相电路要小得多。当负载加重到一定程度之后，U_d 就稳定在 $2.34U_2$ 不变了。

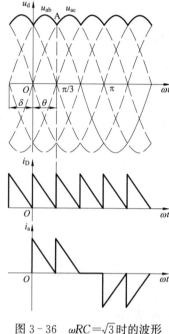

图 3 - 36　$\omega RC = \sqrt{3}$ 时的波形

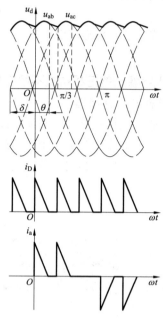

图 3 - 37　$\omega RC > \sqrt{3}$ 时的波形

（2）输出电流平均值。负载电流平均值 I_d 为

$$I_d = \frac{U_d}{R} \qquad (3 - 82)$$

流经电容的电流在一周期内的平均值为零，因此

$$I_D = I_d \qquad (3 - 83)$$

流过二极管的电流平均值为

$$I_{dVD} = I_d / 3 \qquad (3 - 84)$$

（3）二极管承受的最高反向电压。二极管承受的最高反向电压为线电压的峰值$\sqrt{6} U_2$。

3.5　交流侧电感对可控整流电路换相的影响

在前面分析整流电路时，忽略了交流电源电路的电感，认为晶闸管的换流是瞬时完成的，即欲关断的晶闸管其电流从 I_d 突然下降为零，而刚导通的晶闸管其电流从零突升至 I_d。但实际的交流电源总存在一定的电感，如电源变压器的漏感、限制短路电流而附加的交流进线电感等。所有这些电感都折算到变压器二次侧，用一个集中电感 L_B 表示。由于交流电源电路的电感阻止电流变化，因此整流电路的换流不能瞬时完成，而是存在一个换流过程。

3.5.1　考虑交流侧电感的可控整流电路波形分析

以三相半波可控整流电路为例，分析交流侧电感，主要是变压器漏感对电路换流的影响。

1. 电路结构

考虑变压器漏感的三相半波可控整流电路原理图如图 3 - 38 所示。T 为理想变压器，L_B

为等效漏感。设负载电感很大，负载电流波形为一水平直线，其值为 I_d。

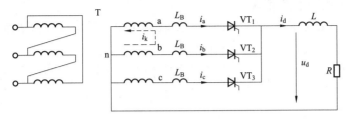

图 3 - 38　考虑变压器漏感的三相半波可控整流电路原理图

2. 工作原理

考虑变压器漏感的三相半波可控整流电路波形图如图 3 - 39 所示，该电路在交流电源的一个周期内有 3 次晶闸管换相过程，因每次换相情况一样，这里只分析从 VT$_1$ 换相至 VT$_2$ 的过程。

若换流前晶闸管 VT$_1$ 导通，输出电压 $u_d =$ u_a。在 ωt_1 时刻触发 VT$_2$ 使其导通，由于每相绕组存在漏感 L_B，阻止电流变化，故 VT$_2$ 中电流不可能瞬时上升至 I_d，VT$_1$ 中电流也不能瞬时从 I_d 降为零，因此 VT$_1$ 和 VT$_2$ 同时导通，相当于 a、b 两相短路，换相开始。两相间瞬时电压差为 $u_b - u_a$，称为短路电压，它在两相回路产生环流 i_k。短路电压加在回路漏感上，使得环流逐渐增大。换流前每只管子的初始电流叠加上环流，就是换流过程中流过每只管子的实际电流。换流前 $i_a = I_d$，$i_b = 0$，所以换流过程中 $i_a = I_d - i_k$，$i_b = i_k$。当环流增大到等于 I_d 时，$i_a = 0$，VT$_1$ 关断，负载电流全部流过 VT$_2$，换相过程结束。换相过程所对应的时间以相角计算，称为换相重叠角 γ。

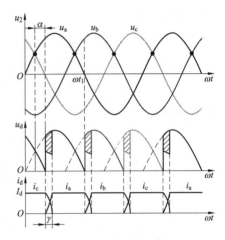

图 3 - 39　考虑变压器漏感的
三相半波可控整流电路波形图

3.5.2　定量分析

1. 换流期间的整流输出电压 u_d

换流期间换流回路的电压平衡方程式为

$$u_b - u_a = 2L_B \frac{\mathrm{d}i_k}{\mathrm{d}t} \tag{3-85}$$

而输出电压的瞬时值为

$$\left. \begin{array}{l} u_d = u_a + L_B \dfrac{\mathrm{d}i_k}{\mathrm{d}t} \\[2mm] u_d = u_b - L_B \dfrac{\mathrm{d}i_k}{\mathrm{d}t} \end{array} \right\} \Rightarrow u_d = \frac{u_a + u_b}{2} \tag{3-86}$$

上式表明，换流过程中的输出电压既不是 u_a，也不是 u_b，而是这两个相电压的平均值，若忽略漏感，VT$_2$ 导通后的输出电压 $u_d = u_b$，这说明考虑漏感后，换流过程使输出电压瞬

时值降低了 $L_B di_k / dt$，见图中阴影部分。

2. 输出平均电压的下降值 ΔU_d

一个周期中有 3 次换流，则引起的输出平均电压的下降值（称为换流压降）可按下式计算

$$\Delta U_d = \frac{1}{\frac{2\pi}{3}} \int_{\frac{5\pi}{6}+\alpha}^{\frac{5\pi}{6}+\alpha+\gamma} (u_b - u_d) d(\omega t) = \frac{3}{2\pi} \int_{\frac{5\pi}{6}+\alpha}^{\frac{5\pi}{6}+\alpha+\gamma} \left[u_b - \left(u_b - L_B \frac{di_k}{dt} \right) \right] d(\omega t)$$

$$= \frac{3}{2\pi} \int_{\frac{5\pi}{6}+\alpha}^{\frac{5\pi}{6}+\alpha+\gamma} L_B \frac{di_k}{dt} d(\omega t) = \frac{3}{2\pi} \int_0^{I_d} \omega L_B di_k = \frac{3}{2\pi} \omega L_B I_d = \frac{3}{2\pi} X_B I_d \qquad (3-87)$$

式中：$X_B = \omega L_B$ 是漏电抗，它可由变压器铭牌数据求出，有

$$X_B = \frac{U_2}{I_2} \times \frac{U_K \%}{100} \qquad (3-88)$$

式中：U_2、I_2 为变压器二次侧额定相电压及相电流；$U_K \%$ 为变压器短路电压比，可取为 5。

3. 换相重叠角 γ

由式（3-85）可得

$$\frac{di_k}{dt} = \frac{u_b - u_a}{2L_B} = \frac{\sqrt{6} U_2 \sin\left(\omega t - \frac{5\pi}{6}\right)}{2L_B} \Rightarrow \frac{di_k}{d\omega t} = \frac{\sqrt{6} U_2 \sin\left(\omega t - \frac{5\pi}{6}\right)}{2X_B} \qquad (3-89)$$

从而得出

$$i_k = \int_{\frac{5\pi}{6}+\alpha}^{\omega t} \frac{\sqrt{6} U_2}{2X_B} \sin\left(\omega t - \frac{5\pi}{6}\right) d(\omega t) = \frac{\sqrt{6} U_2}{2X_B} \left[\cos\alpha - \cos\left(\omega t - \frac{5\pi}{6}\right) \right] \qquad (3-90)$$

当 $\omega t = \alpha + \gamma + 5\pi/6$ 时，换流结束，$i_k = I_d$，代入上式得

$$I_d = \frac{\sqrt{6} U_2}{2X_B} [\cos\alpha - \cos(\alpha + \gamma)] \qquad (3-91)$$

$$\cos\alpha - \cos(\alpha + \gamma) = \frac{2X_B I_d}{\sqrt{6} U_2} \qquad (3-92)$$

由上式可分析换相重叠角 γ 随其他参数变化的规律：I_d 越大，γ 越大；X_B 越大，γ 越大；当 $\alpha \leqslant 90°$ 时，α 越小 γ 越大。

表 3-1 列出各种整流电路换相压降和换相重叠角的计算公式和通用公式。

表 3-1　　　　　　　　各种整流电路换相压降和换相重叠角的计算和通用公式

电路形式	单相全波	单相全控桥	三相半波	三相全控桥	m 脉波整流电路
ΔU_d	$\dfrac{X_B}{\pi} I_d$	$\dfrac{2X_B}{\pi} I_d$	$\dfrac{3X_B}{2\pi} I_d$	$\dfrac{3X_B}{\pi} I_d$	$\dfrac{mX_B}{2\pi} I_d$[1]
$\cos\alpha - \cos(\alpha + \gamma)$	$\dfrac{I_d X_B}{\sqrt{2} U_2}$	$\dfrac{2I_d X_B}{\sqrt{2} U_2}$	$\dfrac{2I_d X_B}{\sqrt{6} U_2}$	$\dfrac{2I_d X_B}{\sqrt{6} U_2}$	$\dfrac{I_d X_B}{\sqrt{2} U_2 \sin\dfrac{\pi}{m}}$[2]

[1] 单相全控桥电路的换相过程中，换流 i_k 是从 $-I_d$ 变为 I_d，本表所列通用公式不适用。

[2] 三相桥等效为相电压等于 $\sqrt{3} U_2$ 的 6 脉波整流电路，故其 $m=6$，相电压按 $\sqrt{3} U_2$ 代入。

综上所述，变压器漏感对整流电路的影响有：出现换相重叠角 γ，整流输出电压平均值 U_d 降低；整流电路的工作状态增多；晶闸管的 di/dt 减小，有利于晶闸管的安全开通，有时人为串入进线电抗器以抑制晶闸管的 di/dt。换相时晶闸管电压出现缺口，产生正的 du/dt，可能使晶闸管误导通，为此必须加吸收电路。换相使电网电压出现缺口，成为干扰源。

例 3-4 三相桥式全控整流电路带阻感负载，$\omega L \gg R$，$R=5\Omega$，每相漏感 $L_B=2\text{mH}$，输入相电压有效值为 $U_2=220\text{V}$。求当 $\alpha=30°$ 时的换流压降、输出电压平均值、电流平均值、流过晶闸管的电流平均值及有效值，并求换相重叠角。

解：（1）直流回路电压平衡方程式

$$U_d - \Delta U_d = RI_d$$

其中

$$U_d = 2.34U_2\cos\alpha = 445.56\text{V}$$

$$\Delta U_d = \frac{m}{2\pi}\omega L_B I_d = \frac{6}{2\pi} \times 2\pi \times 50 \times 2 \times 10^{-3} I_d = 0.6I_d$$

于是可得

$$445.56 - 0.6I_d = 5I_d$$

（2）负载平均电流，由上式可得 $I_d = 79.56\text{A}$

（3）换流压降 $\Delta U_d = 0.6I_d = 47.74\text{V}$

（4）负载平均电压 $U_d - \Delta U_d = 397.82\text{V}$

（5）晶闸管电流平均值与有效值

$$I_{dVT} = I_d/3 = 26.52\text{A}$$

$$I_{VT} = I_d/\sqrt{3} = 45.94\text{A}$$

（6）换相重叠角由

$$\cos\alpha - \cos(\alpha+\gamma) = \frac{2X_B I_d}{\sqrt{6}U_2}$$

得

$$\cos 30° - \cos(30°+\gamma) = \frac{2 \times 79.56 \times 2\pi \times 50 \times 2 \times 10^{-3}}{\sqrt{6} \times 220} = 0.1855，解得 \gamma = 17.1°。$$

3.6 整流电路的谐波和功率因数

近年来，随着电力电子技术的飞速发展，各种电力电子装置在电力系统、工业、交通、家庭等众多领域中的应用日益广泛，由此带来的谐波和无功问题也日益严重，并引起了越来越广泛的关注。许多电力电子装置要消耗无功功率，会对公用电网带来不利影响，例如：

（1）无功功率会导致电流增大和视在功率增加，导致设备容量增加。

（2）无功功率的增加，会使总电流增加，从而使设备和线路的损耗增加。

（3）无功功率使线路电压降增大，冲击性无功负载还会使电压剧烈波动。

电力电子装置还会产生谐波，对公用电网产生危害，包括：

（1）谐波使电网中的元件产生附加的谐波损耗，降低发电、输电及用电设备的功效，大量的三次谐波流过中性线会使线路过热甚至发生火灾。

（2）谐波影响各种电气设备的正常工作，使电机发生机械振动、噪声和过热，使变压器局部严重过热，使电容器、电缆等设备过热，使绝缘老化、寿命缩短以致损坏。

（3）谐波会引起电网中局部的并联谐振和串联谐振，从而使谐波放大，会使上述（1）、（2）两项的危害大大增加，甚至引起严重事故。

（4）谐波会导致继电保护和自动装置的误动作，并使电气测量仪表计量不准确。

（5）谐波会对邻近的通信系统产生干扰，轻者产生噪声，降低通信质量，重者导致信息丢失，使通信系统无法正常工作。

由于公用电网中的谐波电压和谐波电流对用电设备和电网本身都会造成很大的危害，世界许多国家都发布了限制电网谐波的国家标准，或由权威机构制定限制谐波的规定。我国于1993 年发布了国家标准 GB/T 14549—1993《电能质量公用电网谐波》，并从 1994 年 3 月 1 日起开始实施。

3.6.1 整流电路输出电压、电流的谐波分析

1. 谐波的概念

整流电路输出电压为脉动的直流电压，其波形为周期性的非正弦波。而任何周期性的非正弦波都可根据傅里叶级数分解为直流分量和一系列的谐波分量。对于线性负载，运用叠加定理，可将负载电压看作直流电压与各次谐波电压的合成。其中主要成分为直流，而各种频率的谐波对于负载的工作是不利的。同样，负载电流也可看成是由直流电流与各次谐波电流的合成。

非正弦的电压 u_d 可分解成傅里叶级数如下

$$u_d = U_d + \sum_{n=1}^{\infty} a_n \sin(n\omega t) + \sum_{n=1}^{\infty} b_n \cos(n\omega t) \tag{3-93}$$

设起始导通角为 θ_1，终止导通角为 θ_2，则上式中

$$U_d = \frac{1}{2\pi} \int_0^{2\pi} u_d \mathrm{d}(\omega t) = \frac{1}{2\pi} \int_{\theta_1}^{\theta_2} u_d \mathrm{d}(\omega t)$$

$$a_n = \frac{1}{\pi} \int_0^{2\pi} u_d \sin(n\omega t) \mathrm{d}(\omega t) = \frac{1}{\pi} \int_{\theta_1}^{\theta_2} u_d \sin(n\omega t) \mathrm{d}(\omega t)$$

$$b_n = \frac{1}{\pi} \int_0^{2\pi} u_d \cos(n\omega t) \mathrm{d}(\omega t) = \frac{1}{\pi} \int_{\theta_1}^{\theta_2} u_d \cos(n\omega t) \mathrm{d}(\omega t)$$

$$n = 1, 2, 3\cdots$$

式（3-93）还可以写成

$$u_d = U_d + \sum_{n=1}^{\infty} c_n \sin(n\omega t + \varphi_n) \tag{3-94}$$

式中：$c_n = \sqrt{a_n^2 + b_n^2}$，$\varphi_n = \arctan\left(\dfrac{b_n}{a_n}\right)$，$a_n = c_n \cos\varphi_n$，$b_n = c_n \sin\varphi_n$

在上述电压的傅里叶级数表达式中，频率与工频相同的分量称为基波，而频率为基波频率整数倍的分量称为谐波，谐波次数为谐波频率和基波频率的整数比（大于 1）。上述公式对于非正弦电流 i 的情况也完全适用。

n 次谐波电流含有率以 HRI_n 表示

$$HRI_n = \frac{I_n}{I_1} \times 100\% \tag{3-95}$$

式中：I_n 为第 n 次谐波电流有效值；I_1 为基波电流有效值。

电流谐波总畸变率 THD_i 定义为

$$\mathrm{THD}_i = \frac{I_\mathrm{h}}{I_1} \times 100\% \qquad (3-96)$$

式中：I_h 为总谐波电流有效值。

2. 整流电路输出电压的谐波分析

当控制角 $\alpha = 0°$ 时，m 脉波整流电路的整流电压波形如图 3-40 所示（以 $m=3$ 为例）。将纵坐标选在整流电压的峰值处，则在 $-\pi/m \sim \pi/m$ 区间，整流电压的表达式为

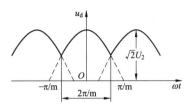

图 3-40 $\alpha=0°$ 时 m 脉波整流电路的整流电压波形

$$u_{d0} = \sqrt{2} U_2 \cos\omega t \qquad (3-97)$$

对该整流输出电压进行傅里叶级数分解，得

$$u_{d0} = U_{d0} + \sum_{n=mk}^{\infty} b_n \cos n\omega t = U_{d0}\left(1 - \sum_{n=mk}^{\infty} \frac{2\cos k\pi}{n^2-1} \cos n\omega t\right) \qquad (3-98)$$

式中：$k=1$，2，$3\cdots$，且

$$U_{d0} = \sqrt{2} U_2 \frac{m}{\pi} \sin\frac{\pi}{m} \qquad (3-99)$$

$$b_n = -\frac{2\cos k\pi}{n^2-1} U_{d0} \qquad (3-100)$$

为了描述整流电压 u_{d0} 中所含谐波的总体情况，定义电压纹波因数 γ_u 为 u_{d0} 中谐波分量有效值 U_R 与整流电压平均值 U_{d0} 之比

$$\gamma_u = \frac{U_R}{U_{d0}} \qquad (3-101)$$

其中

$$U_R = \sqrt{\sum_{n=mk}^{\infty} U_n^2} = \sqrt{U^2 - U_{d0}^2} \qquad (3-102)$$

且整流电压有效值为

$$U = \sqrt{\frac{m}{2\pi} \int_{-\frac{\pi}{m}}^{\frac{\pi}{m}} (\sqrt{2}U_2\cos\omega t)^2 \, \mathrm{d}(\omega t)} = U_2\sqrt{1 + \frac{m}{2\pi}\sin\frac{2\pi}{m}} \qquad (3-103)$$

则电压纹波因数为

$$\gamma_u = \frac{U_R}{U_{d0}} = \frac{\left(\frac{1}{2} + \frac{m}{4\pi}\sin\frac{2\pi}{m} - \frac{m^2}{\pi^2}\sin^2\frac{\pi}{m}\right)^{\frac{1}{2}}}{\frac{m}{\pi}\sin\frac{\pi}{m}} \qquad (3-104)$$

表 3-2 给出了不同脉波数 m 时的电压纹波因数值。

表 3-2 不同脉波数 m 时的电压纹波因数值表

m	2	3	6	12	∞
$\gamma_u(\%)$	48.2	18.27	4.18	0.994	0

3. 整流电路输出电流的谐波分析

负载电流的傅里叶级数可由整流电压的傅里叶级数求得

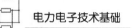

$$i_d = I_d + \sum_{n=mk}^{\infty} d_n \cos(n\omega t - \varphi_n) \qquad (3-105)$$

当负载为 R、L 且与反电动势 E 串联时，式（3-105）中

$$I_d = \frac{U_{d0} - E}{R} \qquad (3-106)$$

n 次谐波电流的幅值 d_n 为

$$d_n = \frac{b_n}{z_n} = \frac{b_n}{\sqrt{R^2 + (n\omega L)^2}} \qquad (3-107)$$

n 次谐波电流的滞后角为

$$\varphi_n = \arctan \frac{n\omega L}{R} \qquad (3-108)$$

由上述分析可得出 $\alpha = 0°$ 时整流输出电压、电流中的谐波有如下规律：

m 脉波整流电路输出电压、电流的谐波次数均为 mk 次，$k = 1，2，3\cdots$。且随着 m 的增加，使得最低次谐波的频率增加，同时其幅值也迅速减小，电压纹波因数迅速下降。当 m 一定时，随谐波次数增大，谐波幅值迅速减小，表明最低次（m 次）谐波是最主要的，其他次数的谐波相对较少；

以上是 $\alpha = 0°$ 时的情况分析。若 α 不为 $0°$ 时，则 m 脉波整流输出电压谐波的一般表达式十分复杂，在此不作介绍。

3.6.2 整流电路交流测的谐波分析

整流电路中流过整流变压器二次侧的电流是周期性变化的非正弦波电流，它包含有谐波分量，这些谐波电流在电源回路中引起阻抗压降，使得电源电压也含有高次谐波。因此，整流装置对电源来说是一个谐波源。

1. 单相桥式全控整流电路带阻感负载时变压器二次侧电流的谐波分析

忽略换相过程和电流脉动时，带阻感负载的单相桥式全控整流电路，当电感 L 满足 $\omega L \gg R$ 的条件时，变压器二次电流 i_2 波形［如图 3-5（g）所示］近似为理想方波，将电流 i_2 的波形分解为傅里叶级数，可得

$$i_2 = \frac{4}{\pi} I_d \left(\sin\omega t + \frac{1}{3} \sin3\omega t + \frac{1}{5} \sin5\omega t + \cdots \right)$$

$$= \frac{4}{\pi} I_d \sum_{n=1,3,5} \frac{1}{n} \sin n\omega t = \sum_{n=1,3,5} \sqrt{2} I_n \sin n\omega t \qquad (3-109)$$

其中基波和各次谐波有效值为

$$I_n = \frac{2\sqrt{2} I_d}{n\pi} \quad (n = 1，3，5\cdots) \qquad (3-110)$$

可见，电流中仅含奇次谐波，各次谐波有效值与谐波次数成反比，且与基波有效值的比值为谐波次数的倒数。

2. 三相桥式全控整流电路带阻感负载时变压器二次侧电流的谐波分析

三相桥式全控整流电路带阻感负载，忽略换相过程和电流脉动，当电感 L 满足 $\omega L \gg R$ 的条件时，以 $\alpha = 30°$ 为例，交流侧电压和电流波形（u_a 和 i_a 波形）如图 3-25 所示。此时，电流为正负半周各 $120°$ 的方波，三相电流波形相同，且依次相差 $120°$。同样可将变压器电流波形分解为傅里叶级数。以 a 相绕组电流为例，将电流正、负两半波的中点作为时间零

点，则有

$$i_a = \frac{2\sqrt{3}}{\pi} I_d \left[\sin\omega t - \frac{1}{5}\sin5\omega t - \frac{1}{7}\sin7\omega t + \frac{1}{11}\sin11\omega t + \frac{1}{13}\sin13\omega t - \cdots \right]$$

$$= \frac{2\sqrt{3}}{\pi} I_d \sin\omega t + \frac{2\sqrt{3}}{\pi} I_d \sum_{\substack{n=6k\pm1 \\ k=1,\,2,\,3\cdots}} (-1)^k \frac{1}{n}\sin n\omega t$$

$$= \sqrt{2} I_1 \sin\omega t + \sum_{\substack{n=6k\pm1 \\ k=1,\,2,\,3\cdots}} (-1)^k \sqrt{2} I_n \sin n\omega t \qquad (3-111)$$

由式（3-111）可见电流基波 I_1 和各次谐波有效值 I_n 分别为

$$I_1 = \frac{\sqrt{6}}{\pi} I_d \qquad (3-112)$$

$$I_n = \frac{\sqrt{6}}{n\pi} I_d \quad (n=6k\pm1,\ k=1,\,2,\,3\cdots) \qquad (3-113)$$

由此可得出以下结论：电流中仅含 $6k\pm1$（k 为正整数）次谐波，各次谐波有效值与谐波次数成反比，且与基波有效值的比值为谐波次数的倒数。

3.6.3 整流电路的功率因数

1. 功率因数的概念

正弦电路中，电路的有功功率就是其平均功率

$$P = \frac{1}{2\pi}\int_0^{2\pi} ui\,\mathrm{d}(\omega t) = UI\cos\varphi \qquad (3-114)$$

式中：U、I 分别为电压和电流的有效值；φ 为电流滞后于电压的相位差。

视在功率为电压、电流有效值的乘积，即

$$S = UI \qquad (3-115)$$

无功功率定义为

$$Q = UI\sin\varphi \qquad (3-116)$$

功率因数 λ 定义为有功功率 P 和视在功率 S 的比值，即

$$\lambda = \frac{P}{S} \qquad (3-117)$$

此时无功功率 Q 与有功功率 P、视在功率 S 之间有如下关系

$$S^2 = P^2 + Q^2 \qquad (3-118)$$

在正弦电路中，功率因数是由电压和电流的相位差 φ 决定的，其值为

$$\lambda = \cos\varphi \qquad (3-119)$$

在非正弦电路中，有功功率、视在功率、功率因数的定义均和正弦电路相同，功率因数仍为有功功率 P 和视在功率 S 的比值。在公用电网中，通常电压的波形畸变很小，而电流波形的畸变可能很大。因此，不考虑电压畸变，研究电压波形为正弦波、电流波形为非正弦波的情况有很大的实际意义。

设正弦波电压有效值为 U，畸变电流有效值为 I，基波电流有效值及电压的相位差分别为 I_1 和 φ_1。这时有功功率为

$$P = UI_1\cos\varphi_1 \qquad (3-120)$$

功率因数为

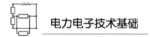

$$\lambda = \frac{P}{S} = \frac{UI_1 \cos\varphi_1}{UI} = \frac{I_1}{I}\cos\varphi_1 = \nu\cos\varphi_1 \qquad (3-121)$$

式中：ν 为基波电流有效值和总电流有效值之比，称为基波因数；$\cos\varphi_1$ 称为位移因数或基波功率因数。

可见，功率因数由基波电流位移和电流波形畸变这两个因素共同决定。

含有谐波的非正弦电路的无功功率情况比较复杂，定义很多，但至今尚无被广泛接受的科学而权威的定义。一种简单的定义为

$$Q = \sqrt{S^2 - P^2} \qquad (3-122)$$

这样定义的无功功率 Q 反映了能量的流动和变换，目前被较广泛地接受，但该定义对无功功率的描述很粗糙。

参照式（3-116）定义无功功率，为了和式（3-122）区别，采用符号为 Q_f，忽略电压中的谐波，则有

$$Q_f = UI_1 \sin\varphi_1 \qquad (3-123)$$

在非正弦情况下，$S^2 \neq P^2 + Q^2$，因此引入畸变功率 D，使得

$$S^2 = P^2 + Q_f^2 + D^2 \qquad (3-124)$$

比较式（3-122）和式（3-124）可得

$$Q^2 = Q_f^2 + D^2 \qquad (3-125)$$

忽略电压谐波时

$$D = \sqrt{S^2 - P^2 - Q_f^2} = U\sqrt{\sum_{n=2}^{\infty} I_n^2} \qquad (3-126)$$

式中：Q_f 为由基波电流所产生的无功功率；D 为谐波电流产生的无功功率。

2. 单相桥式全控整流电路带阻感负载时交流测的功率因数分析

由式（3-110）可得基波电流有效值为

$$I_1 = \frac{2\sqrt{2}I_d}{\pi} \qquad (3-127)$$

而 i_2 的有效值 $I = I_d$，则可得基波因数为

$$\nu = \frac{I_1}{I} = \frac{2\sqrt{2}}{\pi} \approx 0.9 \qquad (3-128)$$

根据基波电流与电压的相位差就等于触发延时角 α，则位移因数为

$$\lambda_1 = \cos\varphi_1 = \cos\alpha \qquad (3-129)$$

所以，功率因数为

$$\lambda = \nu\lambda_1 = \frac{I_1}{I}\cos\varphi_1 = \frac{2\sqrt{2}}{\pi}\cos\alpha \approx 0.9\cos\alpha \qquad (3-130)$$

3. 三相桥式全控整流电路带阻感负载时交流测的功率因数分析

变压器二次侧交流电流的有效值为

$$I = \sqrt{\frac{2}{3}}I_d \qquad (3-131)$$

由式（3-112）和式（3-131）得基波因数为

$$\nu = \frac{I_1}{I} = \frac{3}{\pi} \approx 0.955 \tag{3-132}$$

因为基波电流与电压的相位差仍为 α，故位移因数仍为

$$\lambda_1 = \cos\varphi_1 = \cos\alpha \tag{3-133}$$

则功率因数为

$$\lambda = \nu\lambda_1 = \frac{I_1}{I}\cos\varphi_1 = \frac{3}{\pi}\cos\alpha \approx 0.955\cos\alpha \tag{3-134}$$

3.6.4 减小谐波的方法

（1）增加整流装置的相数。

（2）装设无源电力谐波滤波器。无源电力谐波滤波器又称 LC 滤波器，它由电力电容器、电抗器和电阻器按一定方式连接而成，如图 3-41 所示，可分为调谐滤波器和高通滤波器。调谐滤波器包括单调谐滤波器和双调谐滤波器，可以滤除某一次（单调谐）或两次（双调谐）谐波，该谐波的频率称为调谐滤波器的谐振频率；高通滤波器也称为减幅滤波器，主要包括一阶高通滤波器、二阶高通滤波器、三阶高通滤波器和 C 型滤波器，用来大幅衰减低于某一频率的谐波，该频率称为高通滤波器的截止频率。其中，一阶高通滤波器基波功率损耗太大，一般不采用；二阶高通滤波器基波损耗较小、阻抗频率特性较好、结构简单，工程上用得最多；三阶减幅型滤波器基波损耗更小，但特性不如二阶，用得不多；C 型滤波器是一种新型的高通式，特性介于二阶与三阶之间，基波损耗很小，只是它对工频偏差及元件参数变化较为敏感。

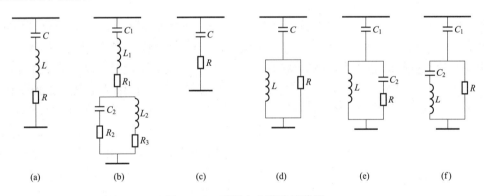

图 3-41 无源电力谐波滤波器

（a）单调谐滤波器；（b）双调谐滤波器；（c）一阶高通滤波器；
（d）二阶高通滤波器；（e）三阶高通滤波器；（f）C 型滤波器

（3）装设有源电力滤波器。有源电力滤波器以实时检测的谐波电流为补偿对象，具有良好的补偿效果和通用性，该装置将在第 9 章作介绍。

3.7 其他类型的整流电路

为适应不同的工业生产需求，按负载要求的不同，还存在许多种不同的整流电路，如大功率可控整流电路、高功率因数整流电路等。本节将介绍几种常用的整流电路。

3.7.1 大功率可控整流电路

1. 带平衡电抗器的双反星形可控整流电路

在电解电镀行业，常需低压大电流的可调直流电源，其电压仅为几伏到几十伏，而电流则高达几千安甚至几万安。可采用如图 3-42（a）所示的带平衡电抗器双反星形可控整流电路，此电路采用两组三相半波可控整流电路并联工作，由同一变压器供电。变压器二次侧每相有两个匝数相同、极性相反的绕组，两者电压相位差 180°，绕在同一铁芯上，可消除铁芯的直流磁化。变压器向整流电路提供了两组三相电压 u_a、u_b、u_c 和 $u_{a'}$、$u_{b'}$、$u_{c'}$，画出的电压相量图是两个相反的星形，故称双反星形电路，如图 3-42（b）所示。

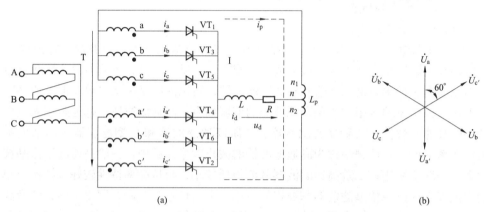

图 3-42 带平衡电抗器的双反星形可控整流电路
(a) 电路原理图；(b) 电压相量图

平衡电抗器 L_p 是一个带中心抽头的铁芯线圈，抽头两侧线圈匝数相等，电感量相同。它接于两个星形中点之间，保证两组三相半波整流电路能同时导电，每组负担一半负载。与三相桥式电路相比，同样的晶闸管，该电路的输出电流可大一倍。下面分析电路的工作原理。

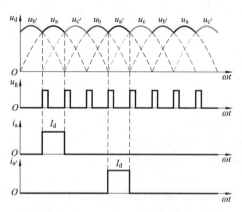

图 3-43 不带 L_p 的双反星形
可控整流电路 $\alpha = 0°$ 时的电压、电流波形

（1）六相半波可控整流电路。去掉平衡电抗器 L_p，将 n、n_1、n_2 短接，即为六相半波可控整流电路。六相电压顺序为 u_a、$u_{c'}$、u_b、$u_{a'}$、u_c、$u_{b'}$，彼此间相隔 60°，六相并联。因为六相电压在每个瞬间虽然各不相同，但总有一相最高，所以在任一瞬间只有一个晶闸管导电，其余 5 个晶闸管均承受反压而关断。不带 L_p 的双反星形可控整流电路 $\alpha = 0°$ 时电路电压、电流波形如图 3-43 所示。

输出电压 u_d 波形为六相相电压的包络线，其平均电压为

$$U_d = \frac{1}{2\pi/6} \int_{\frac{\pi}{3}+\alpha}^{\frac{\pi}{3}+\alpha+\frac{\pi}{3}} \sqrt{2} U_2 \sin\omega t \, \mathrm{d}(\omega t) = 1.35 U_2 \cos\alpha$$

$$(3-135)$$

$U_{d0} = 1.35 U_2$，比三相半波 $1.17 U_2$ 稍大，每只管子的最大导通角为 60°，流经晶闸管的

电流平均值和有效值分别为 $I_d/6$ 和 $I_d/\sqrt{6}$。与三相半波相比，在同样负载电流 I_d 下，此电路的晶闸管电流定额要小。由于六相半波可控整流电路每只管子利用率太低，仅有 1/6 周期在工作，变压器利用率也低，故极少采用，而是用带平衡电抗器的双反星形可控整流电路。

（2）平衡电抗器的作用。接入平衡电抗器 L_p，$\alpha=0°$ 时的工作波形如图 3-44（a）所示，在 ωt_1 时刻，同时触发 VT_1 和 VT_2，在 $\omega t_1 \sim \omega t_2$ 区间，$u_a>u_{c'}$ 时，如果没有平衡电抗器 L_p，只有 VT_1 才能导通，VT_2 则因 VT_1 导通而承受反压仍被关断。加了平衡电抗器 L_p 后，VT_1 导通后，流经 VT_1 的电流 i_a 从零逐渐增加，因此在 L_p 上半绕组 nn_1 两端感应电势 u_{nn1}，其方向上负下正，等效电路如图 3-44（b）所示。u_{nn1} 与 u_a 反向，使加于 VT_1 的正向电压下降。L_p 上两绕组绕向相同，故 L_p 下半部绕组 nn_2 两端同样感应上负下正的电势 u_{nn2}，u_{nn2} 与 $u_{c'}$ 同向，使加于 VT_2 的正向电压提高。这样就使加于两管的正向电压趋于相等，于是 VT_1 和 VT_2 同时被触发导通。

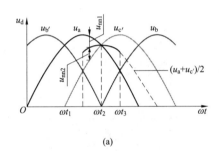 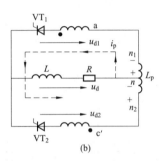

图 3-44　平衡电抗器作用下两个晶闸管同时导电的波形及电路
（a）平衡电抗器作用下工作波形；（b）等效电路

VT_1 和 VT_2 同时导通后平衡电抗器 L_p 两端电压 u_p 和整流输出电压 $u_d=u_a-u_{nn1}=u_{c'}+u_{nn2}$，$u_{nn1}=u_{nn2}=(u_a-u_{c'})/2$，$u_p=u_{d1}-u_{d2}$。

$$u_d=u_a-\frac{1}{2}(u_a-u_{c'})=u_{c'}+\frac{1}{2}(u_a-u_{c'})=\frac{1}{2}(u_a+u_{c'}) \qquad (3-136)$$

或

$$u_d=\frac{1}{2}(u_{d1}+u_{d2}) \qquad (3-137)$$

式（3-137）说明，输出电压 u_d 为相邻两个相输出电压的平均值，如图 3-44（a）粗实线所示，其完整的曲线如图 3-45（a）所示。平衡电抗器电压 u_p 的波形是三倍频的近似三角波，如图 3-45（f）所示，它产生的电流 i_p 通过两组整流器自成回路，不流到负载，称为环流或平衡电流。

VT_1 和 VT_2 同时导通后，除了各自承担负载电流之半外，同时还流过环流 i_p。这样流过 VT_1 和 VT_2 的电流分别为 $(I_d/2)+i_p$ 和 $(I_d/2)-i_p$。为了保证两管能同时并联工作，要求两管电流尽可能平均分配，因此 L_p 要足够大，限制 $i_p=(1\%\sim2\%)I_d$。

在 ωt_2 时刻，见图 3-44（a），$u_a=u_{c'}$，则 $u_p=0$，两管继续导通。在 $\omega t_2 \sim \omega t_3$ 区间，$u_{c'}>u_a$，此时环流 i_p 方向相反，在 L_p 上下两绕组感应电势方向亦与图 3-44（b）相反，使得 VT_1 管的电压升高，而 VT_2 的电压下降，仍保持两管同时导通。在 ωt_3 时刻，同时触发 VT_2 和 VT_3，VT_2 和 VT_3 同时导通，两管导通原理与上述相同。VT_3 导通时使 VT_1 承

受反压而关断。可见，电路每隔 60°有一只晶闸管换流。每一组整流器的每只晶闸管轮流导电 120°。6 只晶闸管的工作顺序与三相全控桥相同，分别为 $\mathrm{VT_6}$、$\mathrm{VT_1} \rightarrow \mathrm{VT_1}$、$\mathrm{VT_2} \rightarrow \mathrm{VT_2}$、$\mathrm{VT_3} \rightarrow \mathrm{VT_3}$、$\mathrm{VT_4} \rightarrow \mathrm{VT_4}$、$\mathrm{VT_5} \rightarrow \mathrm{VT_5}$、$\mathrm{VT_6} \rightarrow \mathrm{VT_6}$、$\mathrm{VT_1} \cdots \cdots$ 所以触发方式同样有双窄脉冲及宽脉冲两种。

图 3 - 46 所示为 $\alpha=30°$、$\alpha=60°$、$\alpha=90°$ 时阻感负载电路输出电压波形。从图可见，此输出电压波形比三相半波的脉动程度减少了，脉动频率加大一倍，$f=300\mathrm{Hz}$。当 $\alpha=90°$ 时，u_d 正负面积相等，$U_\mathrm{d}=0$，故移相范围是 0°～90°。如果是电阻负载，u_d 波形不会出现负的部分，仅保留正的部分，当 $\alpha=120°$ 时，$U_\mathrm{d}=0$，移相范围为 0°～120°。

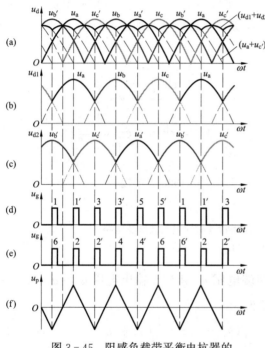

图 3 - 45　阻感负载带平衡电抗器的
双反星形可控整流电路 $\alpha=0°$ 时的波形

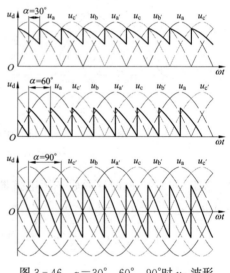

图 3 - 46　$\alpha=30°$、60°、90° 时 u_d 波形

（3）定量分析。

1）输出电压平均值。对阻感性负载，由式（3 - 136），有

$$u_\mathrm{d} = \frac{1}{2}(u_\mathrm{a} + u_{\mathrm{c}'}) = \frac{1}{2}\left[\sqrt{2}U_2\sin\omega t + \sqrt{2}U_2\sin\left(\omega t + \frac{\pi}{3}\right)\right]$$

$$= \frac{\sqrt{6}U_2}{2}\sin\left(\omega t + \frac{\pi}{6}\right)$$

故输出电压的平均值为

$$U_\mathrm{d} = \frac{1}{2\pi/6}\int_{\frac{\pi}{6}+\alpha}^{\frac{\pi}{2}+\alpha} u_\mathrm{d}\mathrm{d}(\omega t) = \frac{3}{\pi}\int_{\frac{\pi}{6}+\alpha}^{\frac{\pi}{2}+\alpha} \frac{\sqrt{6}U_2}{2}\sin\left(\omega t + \frac{\pi}{6}\right)\mathrm{d}(\omega t)$$

$$= 1.17U_2\cos\alpha \tag{3 - 138}$$

2）输出电流平均值

$$I_{\mathrm{d}} = \frac{U_{\mathrm{d}}}{R} \tag{3-139}$$

3）晶闸管电流的平均值和有效值。当 $\omega L \gg R$ 时，有

$$I_{\mathrm{dVT}} = \frac{1}{3}\left(\frac{1}{2}I_{\mathrm{d}}\right) \tag{3-140}$$

$$I_{\mathrm{VT}} = I_2 = \sqrt{\frac{1}{2\pi}\int_{\frac{\pi}{6}+\alpha}^{\frac{5\pi}{6}+\alpha}\left(\frac{1}{2}I_{\mathrm{d}}\right)^2 \mathrm{d}(\omega t)} = \frac{1}{2\sqrt{3}}I_{\mathrm{d}} = 0.289I_{\mathrm{d}} \tag{3-141}$$

4）晶闸管承受的最高正反向电压。晶闸管承受的最高正反向电压均为线电压峰值 $\sqrt{6}U_2$。

（4）带平衡电抗器的双反星形可控整流电路的特点。

1）双反星形可控整流电路是两组三相半波可控整流电路的并联，输出的整流电压波形与六相半波整流时一样，所以脉动情况比三相半波整流小得多。双反星形可控整流电路输出的电压瞬时最大值为六相半波整流最大值的 0.866。

2）由于同时有两相导通，整流变压器磁路平衡，不像三相半波整流存在直流磁化问题。

3）与六相半波整流相比，整流变压器二次绕组利用率提高了一倍，所以在输出同样的直流电流时，变压器的容量比六相半波整流时要小。

4）每一整流元件承担负载电流 I_{d} 的 1/6，导电时间比三相半波整流时增加一倍，提高了整流元件承受负载的能力。

（5）双反星形可控整流电路与三相桥式全控整流电路的比较。

1）三相桥式全控整流电路为两组三相半波可控整流电路的串联，而双反星形可控整流电路为两组三相半波可控整流电路的并联，且后者需要平衡电抗器。

2）当 U_2 相等时，双反星形可控整流电路的 U_{d} 是三相桥式全控整流电路的 1/2，而 I_{d} 是三相桥式全控整流电路的 2 倍。

3）两种电路中，晶闸管的导通及触发脉冲的分配关系一样。

2. 多重化整流电路

随着整流装置功率的进一步加大，它所产生的谐波、无功功率等对电网的干扰也随之加大，为减轻干扰，可采用多重化整流电路。采用若干相位彼此错开的多个基本单元整流电路串联或并联运行，可构成多脉波的整流电路，称为移相多重连接，即多重化。多重化输出整流电压脉动越小，其中低次谐波频率越高，幅值越低，滤波越容易，对电网的谐波干扰也越小。

（1）并联多重联结的 12 脉波可控整流电路。大型动力设备如大型轧机，要求由电压稍高且大电流的可控整流电源供电，两组三相全桥并联工作的 12 脉波可控整流电路可满足其要求，两组三相全桥并联工作的 12 脉波可控整流电路如图 3-47 所示。

该电路整流变压器二次侧有两个三相绕组，一组为星形接法，为三相全桥 I 的三相电源；另一组为三角形接法，为三相全桥 II 的三相电源。两组三相电源线电压相等，对应的各线电压间相位差 30°。由于三相桥式整流电路输出电压波形每周期脉动 6 次，所以两组三相桥并联的可控整流电路输出电压每周期脉动 12 次，是 12 脉波整流电路。两组三相全控桥并联工作时，当控制角相同时，两组桥输出的电压平均值相等，极性相同。但因为两组桥交流电源相位不同，所以 u_{d1} 与 u_{d2} 的瞬时值不同，为使两组桥能同时导电，实现并联运行且

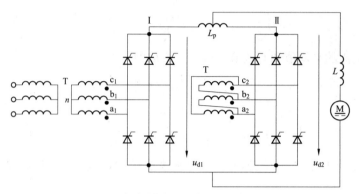

图 3-47　两组三相全桥并联工作的 12 脉波可控整流电路

负载均衡，必须在两组桥间加入平衡电抗器，其结构与双反星形电路的相同。

当 I 组桥的瞬时线电压高于 II 组桥而且有整流电流输出时，在平衡电抗器上就有感应电动势，其中半个绕组感应电势减小 I 组桥的电压，另半绕组感应电势则增加 II 组桥的电压，维持两组桥各自的正常三相桥整流状态，反之亦然。如两组桥的瞬时线电压相等，平衡电抗器的感应电动势为零，两组桥亦并联运行。

该电路输出整流电压瞬时值 u_d 为两组桥输出电压瞬时值的平均值，即

$$u_d = \frac{1}{2}(u_{d1} + u_{d2}) = \frac{1}{2}\left[\sqrt{2}\sqrt{3}U_2\sin\omega t + \sqrt{2}\sqrt{3}U_2\sin\left(\omega t + \frac{\pi}{6}\right)\right]$$

$$= \sqrt{6}U_2\cos\frac{\pi}{12}\sin\left(\omega t + \frac{\pi}{12}\right)$$

故输出电压的平均值为

$$U_d = \frac{1}{2\pi/12}\int_{\frac{\pi}{3}+\alpha}^{\frac{\pi}{2}+\alpha} \sqrt{6}U_2\cos\frac{\pi}{12}\sin\left(\omega t + \frac{\pi}{12}\right)\mathrm{d}(\omega t) = 2.34U_2\cos\alpha \qquad (3-142)$$

在分析不同控制角时的输出电压波形时，先作出两组桥的输出电压波形 u_{d1} 和 u_{d2}，然后作出 $(u_{d1}+u_{d2})/2$ 即 u_d 的波形，当 $\alpha=0°$ 时，两组三相全桥并联工作的 12 脉波可控整流电路的波形如图 3-48 所示，它在一个周期有 12 次脉动，脉动频率比三相桥增大一倍，
$f=$

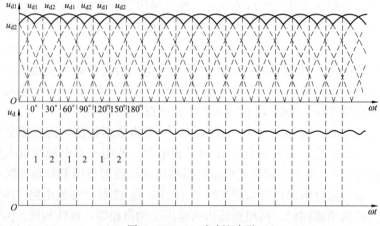

图 3-48　$\alpha=0°$ 时的波形

$12 \times 50\text{Hz} = 600\text{Hz}$，更接近直流电压。输出电压平均值与三相全控桥相同，但输出电流大一倍。晶闸管的参数计算与三相全控桥相同，承受的最高正反向电压为线电压的峰值。

（2）串联多重联结的 12 脉波可控整流电路。对于高电压的大型电动设备拖动系统，可采用可控整流电路的串联工作方式。同样的晶闸管，用于此电路可成倍提高输出电压，是解决均压问题的良好措施。

两组三相全控桥串联工作的 12 脉波整流电路如图 3 - 49 所示，此电路的整流变压器与两组三相全控桥并联工作的一样。变压器一次绕组和两组二次绕组的匝数比为 $1:1:\sqrt{3}$，由于两组桥对应的各线电压间相位差 30°，故该电路输出电压瞬时值为

$$u_{d} = u_{d1} + u_{d2} = \sqrt{2}\sqrt{3}U_{2}\sin\omega t + \sqrt{2}\sqrt{3}U_{2}\sin\left(\omega t + \frac{\pi}{6}\right)$$

$$= 2\sqrt{6}U_{2}\cos\frac{\pi}{12}\sin\left(\omega t + \frac{\pi}{12}\right)$$

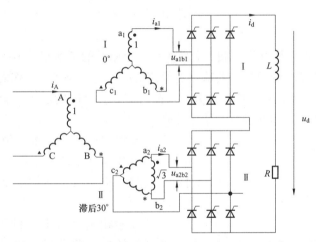

图 3 - 49　两组三相全桥串联工作的 12 脉波可控整流电路

故输出电压的平均值为

$$U_{d} = \frac{1}{2\pi/12}\int_{\frac{\pi}{3}+\alpha}^{\frac{\pi}{2}+\alpha} 2\sqrt{6}U_{2}\cos\frac{\pi}{12}\sin\left(\omega t + \frac{\pi}{12}\right)\mathrm{d}(\omega t) = 4.68U_{2}\cos\alpha \qquad (3-143)$$

电路中交流测输入电流的谐波成分为 $12k \pm 1$ 次（$k = 1, 2, 3\cdots$），输入位移因数 $\cos\varphi_{1} = \cos\alpha$、功率因数 $\lambda = 0.9886\cos\alpha$。

为了提高整流电路的输出电压，还可采用整流电路多重串联方式。例如利用变压器二次绕组的曲折接法，使线电压互相错开 20°，将三组全控桥构成串联三重联结，输出电压 u_{d} 在一个周期内脉动 18 次，u_{d} 值为单组三相全控桥输出电压的 3 倍，其交流侧输入电流中所含谐波更少，其次数为 $18k \pm 1$ 次（$k = 1, 2, 3\cdots$），u_{d} 的脉动也更小。输入位移因数 $\cos\varphi_{1} = \cos\alpha$、功率因数 $\lambda = 0.9949\cos\alpha$。若将变压器二次绕组按曲折接法，使线电压互相错开 15°，将 4 组全控桥构成串联四重联结，输出电压 u_{d} 在一个周期内脉动 24 次，其交流侧输入电流中所含谐波更少，其次数为 $24k \pm 1$ 次（$k = 1, 2, 3\cdots$），u_{d} 的脉动更小。输入位移因数 $\cos\varphi_{1} = \cos\alpha$、功率因数 $\lambda = 0.9971\cos\alpha$。

可以看出，采用多重联结的方法并不能提高位移因数，但可以使输入电流谐波大幅减

小，从而也可以在一定程度上提高功率因数。

3.7.2 高功率因数的整流电路

从上面的分析可以看出，采用多重化整流电路在一定程度上可提高电路的功率因数，除此之外，提高相位控制整流电路功率因数的措施还有：

（1）小触发延迟角（逆变角）运行。对于长时间运行在深调压、深调速的晶闸管装置，可采取整流变压器二次侧抽头或星—三角变换等方法降低变压器二次电压，使装置尽量运行在小触发延迟角状态。

（2）设置补偿电容。由于电容上电流超前电压，故当电容与用电设备并联时，可以使总电流与电压的角位移减小，能改善功率因数。但由于变流电路有高次谐波存在，必须注意所选的电容值与电路中的电感配合适当，否则会在变流器的某个谐波附近产生谐振而造成供电电压进一步畸变。

（3）采用不可控整流加直流斩波器调压来替代相控整流。随着全控器件与斩波技术的发展，上述方式得到广泛使用，这样可使变流电路的位移因数为 1，由于采用高频斩波，故使直流滤波变得简单。

（4）多重联结电路采用顺序控制。思路是对多重联结的各整流桥中一个桥的 α 角进行控制，其余各桥的工作状态则根据需要输出的整流电压而定，或者不工作而使该桥输出直流电压为零，或者 $\alpha = 0°$ 使该桥输出电压最大。根据所需总直流输出电压从低到高的变化，按顺序依次对各桥进行控制，因而被称为顺序控制。

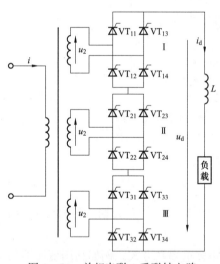

图 3-50 单相串联 3 重联结电路

以用于电气机车的 3 重晶闸管整流桥顺序控制为例。单相串联 3 重联结电路如图 3-50 所示。由于电气化铁道向电气机车供电是单相的，图中各桥均为单相桥。

当需要输出的直流电压低于 1/3 最高电压时，只对第 I 组桥的 α 角进行控制，同时 VT_{23}、VT_{24}、VT_{33}、VT_{34} 保持导通，这样第 II、III 组桥的直流输出电压就为零。当需要输出的直流电压达到 1/3 最高电压时，第 I 组桥的 α 角为 0°。需要输出电压为 1/3～2/3 最高电压时，第 I 组桥的 α 角固定为 0°，VT_{33} 和 VT_{34} 维持导通，仅对第 II 组桥的 α 角进行控制。需要输出电压为 2/3 最高电压以上时，第 I、II 组桥的 α 角固定为 0°，仅对第 III 组桥的 α 角进行控制。

如需使直流输出电压波形不含负的部分，以第 I 组桥为例，当电压相位为 α 时，触发 VT_{11}、VT_{14} 使其导通并流过直流电流 I_d。在电压相位为 π 时，触发 VT_{13}，则 VT_{11} 关断，I_d 通过 VT_{13}、VT_{14} 续流，桥的输出电压为零而不出现负的部分。电压相位为 $\pi + \alpha$ 时，触发 VT_{12}，则 VT_{14} 关断，由 VT_{12}、VT_{13} 导通而输出直流电压。电压相位为 2π 时，触发 VT_{11}，则 VT_{13} 关断，由 VT_{11} 和 VT_{12} 续流，桥的输出电压为零。

采用这种顺序控制的方法并不能降低输入电流中的谐波，但是各组桥中只有一组在进行相位控制，其余各组或不工作，或位移因素为 1，因此，总的功率因数得以提高。我国电气机车的整流器大多为这种方式。

3.8 整流电路的有源逆变

在实际应用中，除了将交流电转变为大小可调的直流电压外，常常还需将直流电转变为交流电。这种对应于整流的逆过程称为逆变，能够把直流电逆变成交流电的电路称为逆变电路。在许多场合，一套晶闸管电路既可用作整流又能用于逆变。这两种工作状态可依照不同的工作条件相互转化，此类电路称为变流电路或变流器。

逆变电路可分为有源逆变和无源逆变两类，如电路的交流侧接在交流电网，直流电逆变成与电网同频率同相位的交流电反送至电网，此类逆变称有源逆变。有源逆变的主要应用有：①晶闸管整流供电的电力机车下坡行驶和电梯、卷扬机重物下放时，直流电动机工作在发电状态实现制动，变流电路将直流电能逆变成为交流电送回电网；②电动机快速正反转时，为使电动机迅速制动再反向加速，制动时使电路工作在有源逆变状态；③交流绕线式转子电动机的串级调速；④高压直流输电。无源逆变是将直流电逆变为某一频率或频率可调的交流电供给负载，主要用于变频电路、不间断电源（UPS）、开关电源和逆变焊机等场合。本节主要讨论有源逆变。

3.8.1 有源逆变的工作原理

以直流发电机—电动机系统电能的流转为例分析交流电和直流电之间电能的流转，以单相桥式全控整流电路代替直流发电机的起重用直流电动机系统为例，说明有源逆变的工作原理。

1. 直流发电机—电动机系统电能的流转

直流发电机—电动机之间电能的流转如图 3-51 所示，图中 M 为电动机，G 为发电机，控制发电机电动势的大小和极性，可实现电动机四象限的运转状态。在图 3-51（a）中，$E_G > E_M$，电流 I_d 从 G 流向 M，M 吸收电功率作电动机运行；图 3-51（b）中，$E_M > E_G$，电流反向，从 M 流向 G，故 M 输出电功率，G 则吸收电功率，M 轴上输入的机械能转变为电能反送给 G，是回馈制动状态，M 做发电机运行；在图 3-51（c）中两电动势顺向串联，向电阻 R_Σ 供电，G 和 M 均输出功率，由于 R_Σ 一般都很小，实际上形成短路，在工作中必须严防这类事故发生。

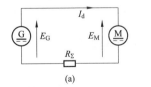
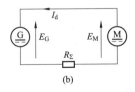
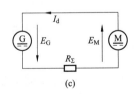

图 3-51　直流发电机—电动机之间电能的流转
（a）两电动势同极性 $E_G > E_M$；（b）两电动势同极性
$E_M > E_G$；（c）两电动势反极性，形成短路

2. 变流器工作于整流状态，提升重物

用单相桥式全控整流电路代替图 3-51 中的直流发电机 G，给直流电动机供电，单相桥式全控整流电路的整流状态如图 3-52（a）所示，设平波电抗器的电感量足够大，输出电

流连续且接近一条水平线，并忽略变压器漏抗压降及晶闸管正向压降。提升重物时直流电动机 M 作电动运行，要求输出直流平均电压 U_d 的极性和直流电动机的电动势 E_M 极性相同，直流侧输出平均电压 $U_d = 0.9U_2\cos\alpha$ 不能为负值，α 的范围在 $0° \sim 90°$ 之间，单相桥式全控整流电路工作在整流状态，并且 $U_d > E_M$，才能输出 I_d，交流电网输出电功率，直流电动机则输入电功率。

3. 变流器工作于逆变状态，下放重物

为了使重物能匀速下降，直流电动机必须发出与负载转矩大小相等，方向相反的转矩，直流电动机 M 必须运行于发电回馈制动状态，由于晶闸管的单向导电性，电路内 I_d 方向不变，欲改变电能的输送方向，只能改变 E_M 的极性。为了和 E_M 保持同极性，U_d 的极性也必须反过来，如图 3-52 (b) 所示，即 U_d 应为负值，且要满足 $|E_M| > |U_d|$，才能把电能从直流侧送到交流侧，实现逆变。电路内电能的流向与整流时相反，直流电动机 M 输出电功率，电网吸收电功率。E_M 的大小取决于直流电动机转速的高低，而 U_d 可通过改变 α 来进行调节，由于逆变状态时 U_d 为负值，要求 u_d 波形负面积大于正面积，这只有控制角 $\alpha > 90°$ 时才能实现，故逆变时 α 在 $90° \sim 180°$ 之间变化。

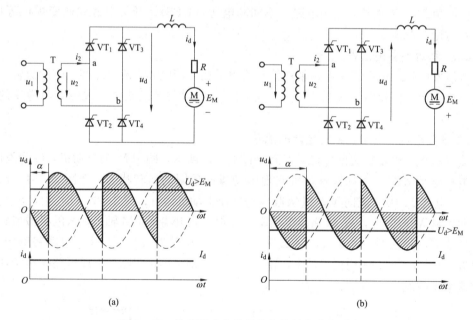

图 3-52 单相桥式全控整流电路的整流和逆变
(a) 单相桥式全控整流电路整流状态；(b) 单相桥式全控整流电路逆变状态

综上所述，变流电路产生有源逆变的条件是：

(1) 要有直流电动势，极性和晶闸管导通方向一致，其值应大于变流器直流侧的平均电压。

(2) 要求晶闸管的触发延迟角 $\alpha > 90°$，使 U_d 为负值。这两个条件缺一不可。由于半控桥和有续流二极管的晶闸管电路，因其整流输出电压 u_d 不能出现负值，也不允许直流侧出现负极性的电动势，故不能实现有源逆变。欲实现有源逆变，只能采用全控电路。

当变流电路运行于逆变状态时，触发延迟角 $\alpha > 90°$，整流输出电压的平均值 U_d 为负值，为计算方便，通常把 $\alpha > 90°$ 时的控制角用 $\pi - \alpha = \beta$ 表示，β 称为逆变角，则 $\cos\alpha =$

$\cos(\pi-\beta)=-\cos\beta$，于是，整流输出电压就可写成 $U_d=U_{d0}\cos\alpha=-U_{d0}\cos\beta$，当 $\alpha>90°$ 时，$\beta=\pi-\alpha<90°$，则用 $U_d=-U_{d0}\cos\beta$ 计算就方便了。因此 $\alpha>90°$（$\beta<90°$）时处于逆变状态，用 β 来计算时总是在逆变状态下。控制角 α 是以自然换相点作为计量起始点的，由此向右方向计量，而逆变角 β 和控制角 α 的计量方向相反，其大小自 $\beta=0$ 的起始点向左方计量，即 $\alpha=\pi$ 处作为计算 β 的起始点，方向向左。

3.8.2 常用的有源逆变电路

1. 三相桥式有源逆变电路的结构原理

三相桥式有源逆变电路是三相桥式全控整流电路在 $\pi/2<\alpha<\pi$ 范围内（对应 $0<\beta<\pi/2$）作有源逆变的运行方式，故三相桥式全控整流电路的分析方法在逆变电路分析中完全适用。

图 3-53 所示为三相桥式有源逆变电路的原理图，为了进行逆变，直流电机应作发电机运行，反电势极性上负下正，与晶闸管的单向导电方向一致。这样，要求直流平均电压 U_d 极性也应上负下正，故晶闸管控制角 $\alpha>\pi/2$ 或 $\beta<\pi/2$，以便获得负极性的 U_d。为了保证电流平直，应使平波电抗器 L_d 电感量足够大，以下分析就是在电流连续平直的假定下进行的。图 3-54 所示为三相桥式有源逆变电路在不同逆变角 β 下的直流电压 u_d 波形。

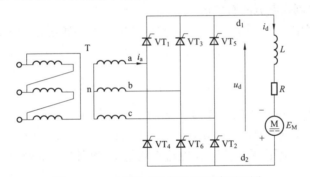

图 3-53 三相桥式有源逆变电路原理图

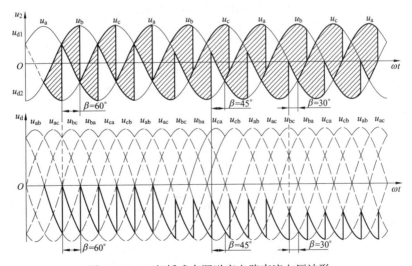

图 3-54 三相桥式有源逆变电路直流电压波形

2. 定量分析

(1) 直流平均电压 U_d

$$U_d = 2.34U_2\cos\alpha = 2.34U_2\cos(\pi-\beta) = -2.34U_2\cos\beta \qquad (3-144)$$

(2) 输出直流电流平均值 I_d

$$I_d = \frac{U_d - E_M}{R} \qquad (3-145)$$

在逆变状态时，U_d 和 E_M 的极性都与整流状态时相反，均为负值。

(3) 流过晶闸管的电流有效值

每只晶闸管导通 120°，故

$$I_{VT} = \frac{I_d}{\sqrt{3}} \qquad (3-146)$$

(4) 从交流电源送到直流侧负载的有功功率

$$P_d = R_\Sigma I_d^2 + E_M I_d \qquad (3-147)$$

逆变工作时，由于 E_M 为负值，故 P_d 一般为负值，表示功率由直流电源输送到交流电源。

(5) 变压器二次侧线电流的有效值

在三相桥式电路中，每个周期内流经电源的线电流的导通角为 240°，是每个晶闸管导通角 120° 的两倍，故

$$I_2 = \sqrt{2}I_{VT} = \sqrt{\frac{2}{3}}I_d = 0.816I_d \qquad (3-148)$$

例 3-5 三相桥式变流电路如图 3-53 所示，工作于有源逆变工作状态，$U_2 = 110\text{V}$，$E_M = 200\text{V}$，$\omega L \gg R$，$R = 1\Omega$，每相漏感 $L_B = 1\text{mH}$。当 $\alpha = 120°$ 时，求不考虑换流过程和考虑换流过程时，输出电压平均值 U_d、电流平均值 I_d 和回馈到电网的平均功率 P，并求换流重叠角 γ。

解：(1) 不考虑换流过程

$$U_d = 2.34U_2\cos\alpha = -128.7\text{V}$$

$$I_d = \frac{U_d - E_M}{R} = 71.3\text{A}$$

$$P = U_d I_d = -9176\text{W}$$

式中：E_M 与整流时方向相反，取负号；P 为负号表示向电网回送的功率。

(2) 考虑换流过程：$\Delta U_d = \frac{m}{2\pi}\omega L_B I_d = \frac{6}{2\pi} \times 2\pi \times 50 \times 1 \times 10^{-3} I_d = 0.3I_d$

$$I_d = \frac{U_d - \Delta U_d - E_M}{R} = \frac{2.34U_2\cos\alpha - 0.3I_d - E_M}{R} \Rightarrow$$

$$I_d = \frac{2.34U_2\cos\alpha - E_M}{0.3 + R} = 54.84\text{A}$$

直流侧平均电压为

$$U_d - \Delta U_d = 2.34U_2\cos\alpha - 0.3I_d = -145.15\text{V}$$

换相等效电阻 $\frac{mX_B}{2\pi}$ 只产生电压降，不产生功率损耗，故回馈到电网的平均功率为

$$P_d = R_\Sigma I_d^2 + E_M I_d = -7960W$$

换流重叠角 γ

$$\cos\alpha - \cos(\alpha + \gamma) = \frac{2X_B I_d}{\sqrt{6}U_2} \Rightarrow$$

$$\gamma = \arccos\left(\cos\alpha - \frac{2X_B I_d}{\sqrt{6}U_2}\right) - \alpha$$

$$= \arccos\left(\cos120° - \frac{2 \times 54.84 \times 2\pi \times 50 \times 1 \times 10^{-3}}{\sqrt{6} \times 110}\right) - 120° = 8.9°$$

3.8.3 逆变失败的原因和最小逆变角的确定

逆变运行时，一旦发生换相失败，外接的直流电源就会通过晶闸管电路形成短路，或者使变流器的输出平均电压和直流电动势变成顺向串联，由于逆变电路的内阻很小，形成很大的短路电流，这种情况称为逆变失败，或称为逆变颠覆。

1. 逆变失败的原因

(1) 触发电路工作不可靠，不能适时、准确地给各晶闸管分配脉冲，如脉冲丢失、脉冲延时等，致使晶闸管不能正常换相。

(2) 晶闸管发生故障，该断时不断，或该通时不通。

(3) 交流电源缺相或突然消失。

(4) 换相的裕量角不足，引起换相失败。考虑变压器漏抗引起重叠角 γ 对逆变电路换相的影响。

为了防止逆变失败，不仅逆变角 β 不能等于零，而且不能太小，必须限制在某一允许的最小角度内。

2. 确定最小逆变角 β_{min} 的依据

逆变时允许采用的最小逆变角 β 应为

$$\beta_{min} = \delta + \gamma + \theta' \tag{3-149}$$

式中：δ 为晶闸管的关断时间 t_{off} 折合的电角度，约 $4°\sim5°$，γ 为换相重叠角，其值为 $15°\sim 20°$，也可查阅相关手册，也可根据表 3-1 计算，即

$$\cos\alpha - \cos(\alpha + \gamma) = \frac{X_B I_d}{\sqrt{2}U_2\sin\frac{\pi}{m}} \tag{3-150}$$

根据逆变工作时 $\alpha = \pi - \beta$，并设 $\beta = \gamma$，上式可改写成

$$\cos\gamma = 1 - \frac{X_B I_d}{\sqrt{2}U_2\sin\frac{\pi}{m}} \tag{3-151}$$

电路参数确定后，由上式计算出 γ。

θ' 为安全裕量角，当变流电路工作在逆变状态时，由于种种原因，会影响逆变角，如不留够安全裕量角可能导致逆变失败。主要针对脉冲不对称程度（一般可达 $5°$），约取为 $10°$。这样最小逆变角 β_{min} 一般取 $30°\sim35°$。

设计逆变电路时，必须保证 $\beta \geqslant \beta_{min}$，因此常在触发电路中附加一保护环节，保证触发脉冲不进入小于 β_{min} 的区域内。

3.9 整流电路的 Matlab 仿真

3.9.1 单相桥式全控整流电路仿真

1. 仿真模型

单相桥式全控整流电路原理图如图 3-4（a）所示，在 MATLAB2012a 的菜单栏上点击 File，选择 New，在下拉菜单中选择 Model，出现一个名为 untitled 的空白仿真平台，在此平台上搭建电路仿真模型。点击仿真平台窗口菜单上的 ▩ 图标，调出模型库浏览器 Simulink Library Browser，在模型库中查找组成电路的各个元件模块（各元件模块的查找路径如表 3-3），并将其拖拉到仿真平台上。

表 3-3　　　　　　　　　　　　元件模块查找路径

模块名称	查找路径
交流电源（AC Voltage Source）	Simscape/SimPowerSystems/Electrical sources/
单相变压器（Linear Transformer）	Simscape/SimPowerSystems/Elements/
晶闸管（Thyristor）	SimPower systems/Elements/
RLC 串联电路（Series RLC Branch）	SimPower systems/Elements/
电压表（Voltage Measurement）	Simscape/SimPowerSystems/Measurements/
电流表（Current Measurement）	Simscape/SimPowerSystems/Measurements/
脉冲发生器（Pulse Generator）	Simulink/Sources/
示波器（Scope）	Simulink/Sinks/
总线合成/分解（Bus Creator/Selector）	Simulink/Commonly Used Blocks/

将元件拖到指定的位置，点击元件模块名称，如将 Thyristor 修改为 VT。将各模块按电路原理图连接起来建立仿真模型。单相桥式全控整流电路电阻负载时仿真模型如图 3-55 所示。

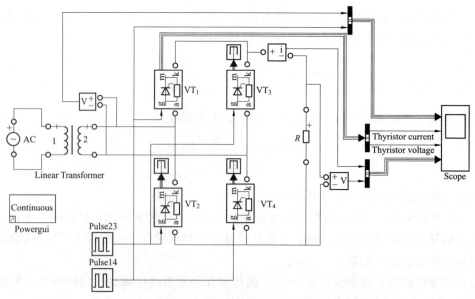

图 3-55　单相桥式全控整流电路电阻负载时仿真模型

2. 元件模块参数设置

（1）交流电源（AC Voltage Source）。交流电压源电压有效值220V，频率为50Hz，初始相位为0°。双击 AC Voltage Source 模块弹出对话框，在 Peak amplitude 栏中键入 220 * sqrt（2）；Phase（deg）栏键入0；Frequency（Hz）键入50；其余参数采用默认值，若选择了对话框最后的测量项 Measurement，电压数据可以通过多路测量仪 multimeter 观察。

（2）单相变压器（Linear Transformer）。双击模块弹出对话框，变压器参数频率为50Hz，一次侧电压有效值为220V，二次电压有效值为100V，其余采用默认值。

（3）RLC 串联电路（Series RLC Branch）。双击模块弹出对话框，阻性负载时，在对话框第一栏 Branch type 中选择 R，参数设置为2Ω；阻感负载时在对话框第一栏 Branch type 中选择 RL，设置 $R=1Ω$，$L=0.1H$；电阻加反电势负载时，在对话框第一栏 Branch type 中选择 R，参数设置为1Ω，并新增一个反电势模块，反电势用直流电源（DC Voltage Source）表示，该模块的查找路径与交流电源相同，并设置 DC Voltage Source＝60。

（4）脉冲发生器（Pulse Generator）。双击脉冲发生器 Pulse Generator 模块弹出对话框，设置脉冲形式（Pulse type）选择"Time based"，时间（Time）选择"Use simulation time"，脉冲幅度（Amplitude）用于设置触发脉冲的幅度，仿真中由于晶闸管采用宏模型，因此脉冲幅度可以不受实际驱动信号幅度限制，设置为10V。脉冲周期（Period）取为电源周期0.02s，脉冲宽度（Pulse Width）设置为窄脉冲，为电源周期的5％（即18°电角度）。由于该电路采用4只晶闸管，采用 Pulse14 环节产生晶闸管1、4的触发脉冲，其相位延迟（Phase Delay）参数为由零时刻起至发出脉冲的间隔时间，在本电路中电源电压初始角度为0°，因此该参数所对应的电角度即为触发延迟角 $α$，当 $α=30°$ 时该参数设置为0.0017s（$α×0.02/360°$），Pulse23 环节产生晶闸管2、3的触发脉冲，其触发延迟角与晶闸管1、4的触发延迟角相差180°（电网频率为50Hz时，对应时间为10ms），当 $α=30°$ 时，其相位延迟（Phase Delay）参数设置为0.0117s。其他控制角的参数设置请读者自行换算。Interpret vector parameters as 1－D 打"√"。其余模块参数采用默认值。

3. 仿真参数设置

阻性负载时，仿真时间为0.1s，仿真算法为 ode45，其余采用默认值；阻感负载时，仿真时间为0.4s，其余不变；电阻加反电势负载时，仿真时间为0.1s，其余仿真参数设置不变。

4. 启动仿真，观察仿真结果

在参数设置完后可开始仿真。在菜单 Simulation 栏下选择"Start"，或直接点击工具栏上的"▶"按钮，仿真立即开始，在屏幕下方的状态栏上可以看到仿真的进程。若要中途停止仿真，可以选择"Stop"或点击工具栏上的"■"按钮。仿真完成后，可双击示波器观察仿真结果，弹出示波器窗口显示波形。单相桥式全控波整流电路纯阻性负载控制角 $α=30°$ 时仿真波形如图3－56所示。

其他控制角的仿真波形图读者可以根据需要修改脉冲发生器（Pulse Generator）的参数相位延迟（Phase Delay）参数设置，例如当 $α=90°$ 时，相位延迟参数设置0.005s 和0.015。读者还可改变负载电阻 R 的数值或其他元件模块的参数，观察波形的变化。另外单相桥式半控整流电路和单相半波整流电路的仿真读者可根据此例修改获得。

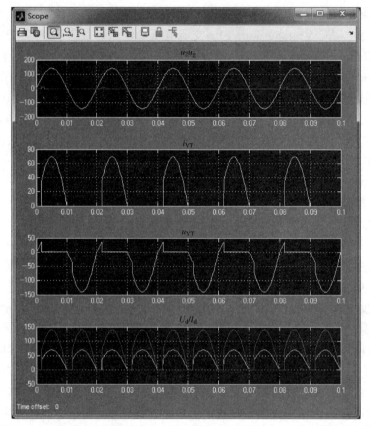

图 3-56　单相桥式全控波整流电路纯阻性负载控制角 $\alpha=30°$ 时仿真波形

3.9.2　三相整流电路仿真

1. 三相半波整流电路仿真

（1）阻感负载仿真模型：电路原理图如图 3-14 所示，三相半波可控整流电路阻感性负载电路仿真模型如图 3-57 所示。

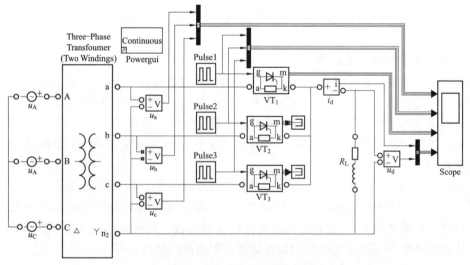

图 3-57　三相半波可控整流电路阻感性负载电路仿真模型

（2）设置元件模块参数。

1）交流电源（AC Voltage Source）。3个交流电压源 u_A、u_B、u_C，电压有效值均为220V（模块弹出对话框中电压设置输入 220 * sqrt（2）），频率为50Hz，为了使自然换相点（即控制角 $\alpha=0°$ 的点）与三管触发脉冲的相位重合，交流电压源 u_A 初始相位为60°，交流电压源 u_B 初始相位为 $-60°$，交流电压源 u_C 初始相位为180°。

2）三相变压器（Three-Phase Transformer）（Two Windings）。双击模块弹出对话框，三相变压器参数设置，频率为50Hz，一次绕组联结（winding 1 connection）选择 Delta（D11），线电压 $U_1=380$V，二次绕组联结（winding 2 connection）选择 Y（Y_n），线电压 $U_2=173$V。其余采用默认值。

3）RLC 串联电路（Series RLC Branch）。$R=0.1$，$L=0.01$。

4）脉冲发生器（Pulse Generator）。由于需要3个触发脉冲分别去触发3只晶闸管，而触发脉冲的起始时刻已和三相交流电源的第一个自然换相点重合（坐标0点），而且三只管子的触发脉冲相位依次相差120°，所以，当控制角 $\alpha=0°$ 时，3只晶闸管（按1、2、3的顺序）的触发脉冲的相位延迟（Phase Delay）分别设置为 0，0.0066666666，0.01333333332，该参数设置公式为 $\dfrac{触发脉冲距离自然换相点的角度\times0.02}{360°}$s。

当控制角 $\alpha=30°$ 时，三只晶闸管（按1、2、3的顺序）的触发脉冲的相位延迟（Phase Delay）分别设置为 0.0016666666，0.0083666666，0.0149666666；当控制角 $\alpha=60°$ 时，设置为 0.0033333333，0.0099999999，0.0166666665；当控制角 $\alpha=90°$ 时，设置为 0.005，0.0116666666，0.0183333332；其他角度以此类推。

仿真时间为0.15s，$\alpha=90°$ 时的波形如图 3-58 所示。

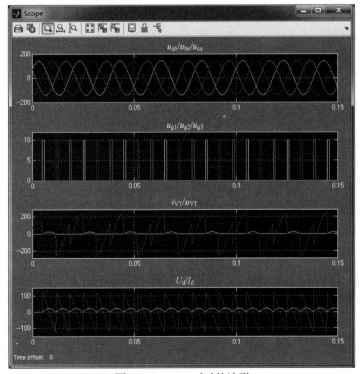

图 3-58　$\alpha=90°$时的波形

2. 三相桥式全控整流电路仿真

（1）阻感负载仿真模型：电路原理图如图 3-23 所示，带阻感性负载三相桥式全控整流电路仿真模型如图 3-59 所示。

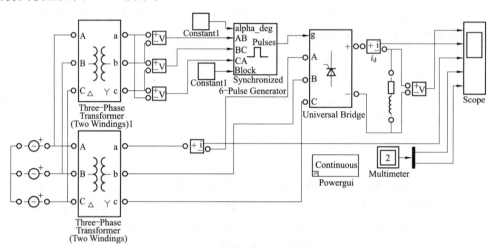

图 3-59　带阻感性负载三相桥式全控整流电路仿真模型

模型中模块的提取路径为：同步变压器［Three-Phase Transformer（Two Windings）］：Simscape/SimPowerSystems/Elements/；通用桥式电路（Universal Bridge）：Simscape/SimPower systems/Power Electronics/；6 脉冲发生器（Synchronized 6-Pulse Generator）：Simscape/SimPowerSystems/Extra library/control blocks/；控制角（constant）：Simulink/sources/；多路测量（Multimeter）：Simscape/SimPowerSystems/Measurements/。

（2）模块参数设置。

1）同步变压器参数设置：同步频率 50Hz，一次绕组联结选择 Delta（D11），线电压 $U_1=$ 380V；二次绕组联结选择 Y，线电压 $U_2=15V$。变压器容量、互感等其他参数默认值。

2）通用桥式电路（Universal Bridge），选晶闸管，用模型的默认参数。在“Measurements”下选择“All voltages and currents”，则采用“Multimeter”环节即可选择整流桥电路中各元件的电压、电流进行观测。

3）RLC 串联电路（Series RLC Branch）：$R=0.5$，$L=0.01$。

4）6 脉冲发生器（Synchronized 6-Pulse Generator）：频率 50Hz，脉冲宽度取 10°，选择双脉冲触发方式。

5）控制角给定（constant）：设置为 0°、30°、60°等。

仿真时间为 0.1s，仿真结果如图 3-60 所示。

3.9.3　不可控整流电路仿真

1. 单相桥式二极管整流电路电容滤波

（1）仿真模型。电路原理图如图 3-31 所示，仿真模型如图 3-61 所示。

（2）模块参数设置：变压器参数设置和单相桥式全控整流相同，滤波电容 $C=1000\mu F$，$R=10$。仿真时间设置为 0.15s，单相桥式二极管整流电路电容滤波电路仿真波形如图 3-62 所示。

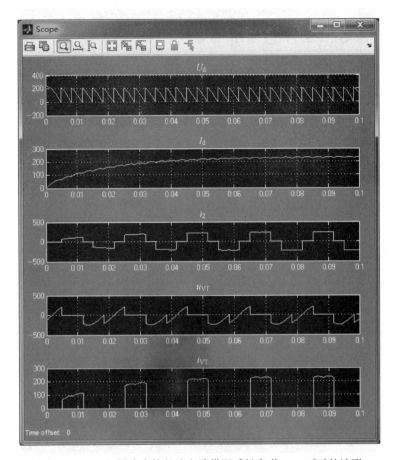

图 3-60　三相桥式全控整流电路带阻感性负载 $\alpha=60°$ 时的波形

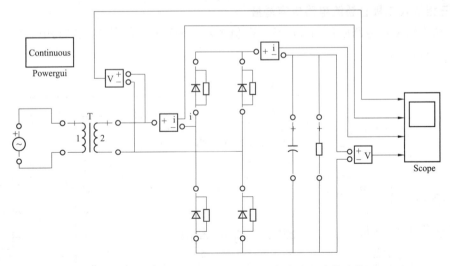

图 3-61　单相桥式二极管整流电路电容滤波电路仿真模型

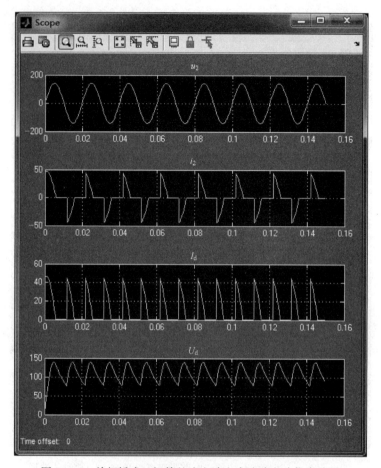

图 3-62 单相桥式二极管整流电路电容滤波电路仿真波形

2. 三相桥式二极管整流电路电容滤波

（1）仿真模型：电路原理图如图 3-35 所示，三相桥式二极管整流电路电容滤波仿真模型如图 3-63 所示。

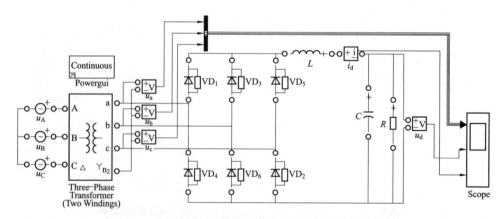

图 3-63 三相桥式二极管整流电路电容滤波电路仿真模型

（2）模块参数设置：变压器和三相半波整流电路相同，滤波电容 $2000\mu F$，负载电阻为 5Ω。仿真时间为 $0.1s$，仿真结果如图 $3-64$ 所示。图中的 4 幅波形依次为：三相交流电，变压器二次侧交流电流，直流侧电流，直流侧电压。

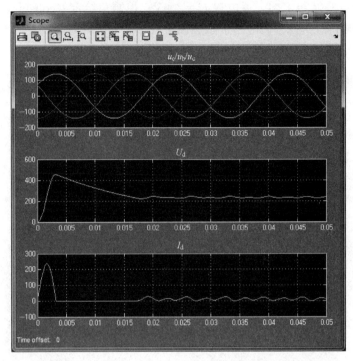

图 $3-64$　三相桥式二极管整流电容滤波电路仿真波形

3.9.4　三相桥式有源逆变电路仿真

1. 仿真模型

电路原理图如图 $3-53$ 所示，电路仿真模型如图 $3-65$ 所示（用直流电源来代替电路原理图中的直流电动机）。

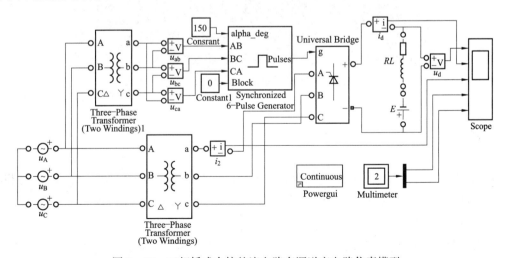

图 $3-65$　三相桥式全控整流电路有源逆变电路仿真模型

2. 模块参数设置

三相变压器参数设置：频率为50Hz，一次绕组联结（winding 1 connection）选择 Delta (D11)，线电压 $U_1 = 380V$，二次绕组联结（winding 2 connection）选择 Y（Y_n），线电压 $U_2 = 141.4V$；$R = 2$，$L = 0.01$，反电势 $E = 200V$；控制角给定（constant）：150°。其余模块参数设置和三相桥式全控整流电路带阻感性负载相同。仿真时间设置为0.15s，三相桥式全控整流有源逆变 $\alpha = 150°$ 时的波形如图3-66所示。

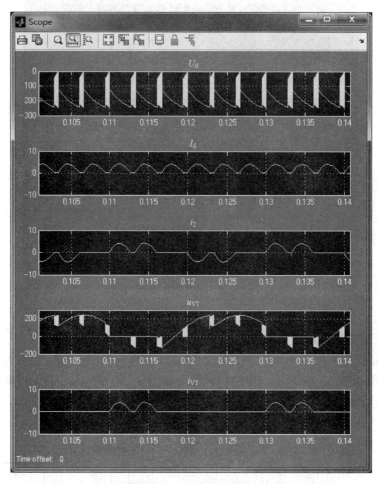

图3-66 三相桥式全控整流有源逆变 $\alpha = 150°$ 时的波形

习题

1. 单相半波可控整流电路对电感负载供电，$L = 20mH$，$U_2 = 100V$，求当 $\alpha = 0°$ 时和 $\alpha = 60°$ 时的输出直流电压平均值 U_d 和直流电流平均值 I_d，并画出 u_d 与 i_d 波形。

2. 单相全桥整流电路，$U_2 = 200V$，$R = 5\Omega$，L 值极大。当 $\alpha = 30°$ 时，计算 U_d 和 I_d。如果负载两端并联续流二极管，U_d 和 I_d 又为多少？并求流过晶闸管和续流二极管的平均电流和有效值电流，画出这两种情况下的整流输出电压 u_d 和电流 i_d 波形。

3. 单相桥式全控整流电路，$U_2=200V$，负载中 $R=10\Omega$，L 值极大，当 $\alpha=30°$ 时，要求：（1）画出 u_d、i_d、i_{VT} 和 i_2 的波形；（2）求整流输出平均电压 U_d、电流 I_d，变压器二次电流有效值 I_2；（3）考虑安全裕量，确定晶闸管的额定电压和额定电流。

4. 单相桥式全控整流电路，$U_2=200V$，负载 $R=4\Omega$，L 值极大，反电势 $E=60V$，当 $\alpha=30°$ 时，要求：（1）画出 u_d、i_d、i_{VT} 和 i_2 的波形；（2）求整流输出平均电压 U_d、电流 I_d，变压器二次侧电流有效值 I_2；（3）考虑安全裕量，确定晶闸管的额定电压和额定电流。

5. 单相桥式全控整流电路，带电阻性负载，要求输出电压在 $0\sim100V$ 连续可调，输出电压平均值为 $30V$ 时，负载电流平均值达到 $20A$。系统采用 $220V$ 的交流电压通过降压变压器供电，且晶闸管的最小控制角 $\alpha_{min}=30°$，（设降压变压器为理想变压器）。试求：

（1）变压器二次侧电流有效值 I_2；（2）考虑安全裕量，选择晶闸管电压、电流额定值；（3）当 $\alpha=60°$ 时，画出 u_d、i_d、i_{VT} 和 i_2 的波形。

6. 单相桥式半控整流电路如图 3-10（a）所示，$U_2=100V$，$R=2\Omega$，L 值极大，当 $\alpha=30°$ 时，要求：（1）画出 u_d、i_d、i_{VT_1} 和 i_{VD_4} 的波形；（2）求输出平均电压 U_d、电流 I_d，变压器二次侧电流有效值 I_2。

7. 单相桥式半控整流电路如图 3-10（a）所示，由 $220V$ 经整流变压器供电，L 为大电感，要求整流输出电压在 $20\sim80V$ 内连续可调，最大负载电流为 $20A$，最小触发延迟角 $\alpha_{min}=30°$。试求：（1）画出 u_d、i_d、i_{VT_1} 的波形（$\alpha=30°$ 时）；（2）计算晶闸管电流有效值；（3）计算整流二极管的电流平均值。

8. 三相半波可控整流电路，$R=5\Omega$，L 值极大，变压器二次侧相电压 $U_2=100V$。当 $\alpha=60°$ 时，试求：（1）画出 u_d、i_d、i_a、i_{VT_1} 和 u_{VT_1} 的波形；（2）计算整流输出电压 U_d、输出电流 I_d，流过晶闸管的电流平均值 I_{dVT} 和有效值 I_{VT}。

9. 三相半波可控整流电路带阻性负载，如果 VT_2 管无触发脉冲，试画出当 $\alpha=30°$ 和 $\alpha=60°$ 两种情况下的 u_d 波形，并画出 $\alpha=30°$ 时 VT_1 两端电压 u_{VT_1} 的波形。

10. 三相半波可控整流电路带大电感负载，画出 $\alpha=90°$ 时 VT_1 管两端电压 u_{VT_1} 的波形。从波形上查看晶闸管承受的最高正反向电压为多少？

11. 三相半波整流电路的共阴极接法与共阳极接法，a、b 两相的自然换相点是同一点吗？如果不是，它们在相位上差多少度？

12. 有两组三相半波可控整流电路，一组是共阴极接法，一组是共阳极接法，如果它们的触发角都是 α，那么共阴极组的触发脉冲与共阳极组的触发脉冲对同一相来说，例如都是 a 相，在相位上差多少度？

13. 在三相桥式全控整流电路中，其中 $L=0.2H$，$R=4\Omega$，要求 U_d 为 $0\sim220V$ 可调。试求：（1）变压器二次相电压有效值；（2）晶闸管的额定电压、电流。如安全裕量取两倍，选择晶闸管型号；（3）变压器二次电流有效值 I_2；（4）变压器二次侧容量 S；（5）当 $\alpha=0°$ 时的电路功率因数。（6）当触发脉冲距对应二次侧相电压波形原点在何处时 U_d 等于零？

14. 在三相桥式全控整流电路中，电阻负载，如果有一个晶闸管不能导通，此时的整流电压 U_d 波形如何？如果有一个晶闸管被击穿而短路，其他晶闸管受什么影响？

15. 三相桥式全控整流电路，带电阻性负载，当触发延迟角 $\alpha=30°$ 时，回答下列问题：

(1) 各换流点分别为哪些元件换流？(2) 各晶闸管的触发脉冲相位及波形是怎样的？(3) 各晶闸管的导通角为多少？(4) 同一相的两个晶闸管的触发信号在相位上有何关系？(5) 画出输出电压 u_d 的波形并写出表达式。

16. 三相桥式全控整流电路，$U_2=100\text{V}$，阻感负载 $R=10\Omega$，L 值极大，当 $\alpha=60°$ 时，要求：(1) 画出 u_d、i_d 和 i_{VT_1} 的波形；(2) 计算 U_d、I_d、I_{dVT} 和 I_{VT}。

17. 单相全控桥整流电路，阻感负载，$R=2\Omega$，L 值极大，$L_B=1\text{mH}$，$U_2=110\text{V}$。当 $\alpha=0°$ 时，求 U_d、I_d、I_2 和 γ，并画出整流电压 u_d、i_d、i_{VT_1} 的波形。

18. 单相全控桥整流电路，带反电动势阻感负载，$U_2=100\text{V}$，$R=10\Omega$，电感 L 极大，$E_M=40\text{V}$，$L_B=0.5\text{mH}$，当 $\alpha=30°$ 时，求 U_d、I_d 与 γ 的数值，并画出整流电压 u_d 的波形。

19. 三相半波可控整流电路，带反电动势阻感负载，$U_2=100\text{V}$，$R=1\Omega$，电感 L 极大，$E_M=50\text{V}$，$L_B=1\text{mH}$，当 $\alpha=30°$ 时，求 U_d、I_d 与 γ 的数值，并画出整流电压 u_d、i_{VT_1} 的波形。

20. 三相桥式全控整流电路，带反电动势阻感负载，$U_2=220\text{V}$，$R=1\Omega$，电感 L 极大，$E_M=200\text{V}$，当 $\alpha=60°$ 时，在 $L_B=0$ 或 $L_B=1\text{mH}$ 情况下，分别求 U_d、I_d 的值，并画出整流电压 u_d、i_d 和 i_{VT_1} 的波形。

21. 单相桥式全控整流电路，其整流输出电压中含有哪些次数的谐波？其中幅值最大的是哪一次？变压器二次侧电流中含有哪些次数的谐波？其中主要的是哪几次？

22. 三相桥式全控整流电路，其整流输出电压中含有哪些次数的谐波？其中幅值最大的是哪一次？变压器二次侧电流中含有哪些次数的谐波？其中主要的是哪几次？

23. 试计算第 3、16 题中 I_2 的 3、5、7 次谐波分量的有效值 I_{23}，I_{25}，I_{27}。

24. 带平衡电抗器的双反星形可控整流电路与三相桥式全控整流电路相比有何异同？

25. 整流电路多重化的主要目的是什么？

26. 十二脉波、二十四脉波整流电路的输出电压和输入电流中各含哪些次数的谐波？

27. 晶闸管整流电路的功率因数的定义？它与哪些因素有关？改善功率因数的措施有哪些？

28. 求出第 3、16 题的功率因数？若要使功率因数达到最大值，控制角 α 分别为多少？

29. 使变流器工作于有源逆变状态的条件是什么？

30. 请指出下列各电路哪些能工作于有源逆变状态。(1) 单相桥式全控整流电路；(2) 单相桥式半控整流电路；(3) 三相半波可控整流电路；(4) 带续流二极管的三相半波可控整流电路；(5) 三相桥式全控整流电路；(6) 三相桥式半控整流电路。

31. 什么是逆变失败？如何防止逆变失败？

32. 三相全控桥变流器，已知 L 足够大，$R=1.2\Omega$，$U_2=200\text{V}$，$E_M=-300\text{V}$，电动机负载处于发电制动状态，制动过程中的负载电流 66A，此变流器能否实现有源逆变？求此时的逆变角 β？

33. 三相桥式全控整流电路，带反电动势阻感负载，$U_2=220\text{V}$，$R=1\Omega$，电感 L 极大，$L_B=1\text{mH}$。当 $\beta=60°$ 时，在 $E_M=-400\text{V}$ 时，分别求 U_d、I_d 与 γ 的值，以及此时送回电网的有功功率？

34. 单相桥式全控整流电路，带反电动势阻感负载，$U_2=100\text{V}$，$R=1\Omega$，电感 L 极大，

$L_{\mathrm{B}}=0.5\mathrm{mH}$。当 $\beta=60°$时，在 $E_{\mathrm{M}}=-99\mathrm{V}$ 时，分别求 U_{d}、I_{d} 与 γ 的值。

35．单相桥式全控整流电路、三相半波可控整流电路、三相桥式全控整流电路中，当负载分别为电阻负载或阻感（电感足够大）负载时，要求电路的移相范围分别是多少？写出输出直流电压平均值、变压器二次侧电压有效值、晶闸管电流平均值和有效值表达式。求出晶闸管承受的最高正反向电压分别为多少？

4

无 源 逆 变 电 路

把直流电变为交流电的电路称为逆变电路。逆变电路在电力电子电路中占有十分突出的位置。逆变技术作为现代电力电子技术的重要组成部分，正成为电力电子技术中发展最为活跃的领域之一，其应用已渗透到各个领域和人们生活的方方面面。随着高频逆变技术的发展，逆变器性能和逆变技术的应用都进入了崭新的发展阶段。

4.1 概述

4.1.1 无源逆变电路的基本工作原理

以图 4-1（a）所示的单相桥式无源逆变电路为例，说明逆变电路的基本工作原理。图中 U_d 为输入直流电源，开关 $S_1 \sim S_4$ 是桥式逆变电路的 4 个桥臂，由电力电子器件及其辅助电路组成，Z 为逆变电路的负载。

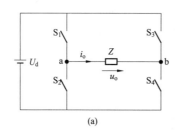 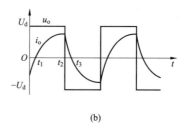

(a)　　　　　　　　　　　　　　　　(b)

图 4-1　单相桥式逆变电路原理图及工作波形

(a) 电路原理图；(b) 工作波形

当开关 S_1、S_4 闭合，S_2、S_3 断开时，加在负载 Z 上的电压为 a 正 b 负，输出电压 $u_o = U_d$；当开关 S_2、S_3 闭合，S_1、S_4 断开时，加在负载 Z 上的电压为 a 负 b 正，输出电压 $u_o = -U_d$。波形如图 4-1（b）所示，通过对两组开关的通断进行控制，把直流电压 U_d 变成交流电压 u_o，改变电路中两组开关（S_1、S_4 和 S_2、S_3）的切换频率，就可改变输出交流电 u_o 的频率。这就是逆变电路的基本工作原理。

当负载为电阻时，负载电流 i_o 和电压 u_o 的波形形状相同，相位也相同；当负载为阻感时，i_o 相位滞后于 u_o，两者波形的形状也不同，如图 4-1（b）所示，在 $t=0$ 时，S_2、S_3 关断，S_1、S_4 导通，u_o 的极性立即由负变为正，因为负载电感的存在，电流 i_o 不能立即反向，依然从 b 流到 a，负载电感储存的能量向电源反馈，电流 i_o 逐渐减小，在 t_1 时刻降为零。随后电流 i_o 反向变为正向（从 a 流到 b）逐渐上升，直到在 t_2 时刻，S_1、S_4 关断，S_2、S_3 导通，工作情况类似。上述分析把 $S_1 \sim S_4$ 均看为理想开关，实际电路的工作情况要复杂一些。

4.1.2 换流方式分类

在图 4-1（a）所示的逆变电路工作过程中，电流会从 S_1 到 S_2、S_4 到 S_3 转移，电流从一条支路向另一条支路转移的过程称为换流，也称换相。在换流过程中，有的支路要从通态转移到断态，有的支路要从断态转移到通态。从断态向通态转移时，无论支路是由全控型还是半控型电力电子器件组成，只要给门极适当的驱动信号，就可以使其开通。但是从通态向断态转移的情况就不同，全控型器件可以通过对门极的控制使其关断，而对于半控型器件晶闸管来说，必须利用外部条件或采取其他措施才能使其关断。一般来说，要在晶闸管电流过零后再施加一定时间的反向电压，才能使其关断。由于使器件关断，尤其使晶闸管关断要比使器件开通要复杂得多，因此，研究换流方式主要是研究如何使器件关断。

应该指出，换流并不是只在逆变电路中才有的概念，在前面各章的电路中以及后面将要讲到的直流—直流变换电路和交流—交流变换电路都涉及换流问题，但在逆变电路中，换流及换流方式问题反映得最为全面和集中。一般来说，换流方式可分为以下几种：

1. 器件换流

利用全控型器件的自关断能力进行换流称为器件换流。采用 GTO、GTR、电力 MOS-FET、IGBT 等全控型器件的电路，换流方式是器件换流。

2. 电网换流

由电网提供换流电压称为电网换流。可控整流电路、交流调压电路和采用相控方式的交—交变频电路中的换流方式都是电网换流。换流时，将负的电网电压施加在欲关断的晶闸管上即可使其关断。这种换流方式不需要器件具有门极可关断能力，也不需要为换流附加元件，但不适用于没有交流电网的无源逆变电路。

3. 负载换流

由负载提供换流电压称为负载换流。在负载电流的相位超前于负载电压相位的场合，都可实现负载换流，如电容性负载和同步电动机。

图 4-2（a）所示是基本的负载换流电路原理图，4 个桥臂均采用晶闸管，其负载为阻

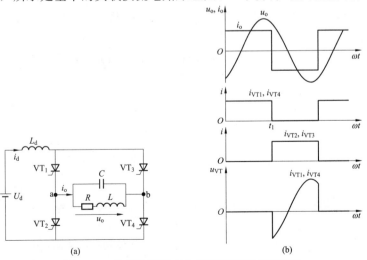

图 4-2 负载换流逆变电路原理图及工作波形

（a）负载换流电路原理图；（b）工作波形

感性负载，与电容并联，负载电路工作在接近并联谐振状态而略呈容性，实现晶闸管的负载换流。同时电容的接入改善了负载功率因数，直流侧串大电感 L_d，可认为 i_d 基本没有脉动。电路工作波形如图 4-2（b）所示。

设 $t < t_1$ 时，VT_1、VT_4 导通，VT_2、VT_3 关断，u_o、i_o 均为正，VT_2、VT_3 承受的电压为 u_o，即为电容 C 两端电压。此时电容充电，极性为左正右负。

$t = t_1$ 时，触发 VT_2、VT_3 使其开通，电容放电经过 VT_1、VT_4，使流过 VT_1、VT_4 的电流降为零，负载电压 u_o 通过 VT_2、VT_3 分别加到 VT_1、VT_4 上，使其承受反向电压而关断，电流从 VT_1、VT_4 转移到 VT_2、VT_3。注意触发 VT_2、VT_3 的时刻 t_1 必须在 u_o 过零前，并留有足够的裕量，以保证 VT_1、VT_4 承受反压的时间大于其关断和恢复正向阻断能力所需的时间，才能使换流顺利完成。

4 个桥臂开关的切换仅使电流流通路径改变，所以负载电流基本呈矩形波。而负载工作在对基波电流接近并联谐振状态，对基波阻抗很大，对谐波阻抗很小，因此，负载电压 u_o 波形接近正弦波。

4. 强迫换流

设置附加的换流电路，给欲关断的晶闸管强迫施加反压或反电流的换流方式称为强迫换流。强迫换流常利用附加电容上所储存的能量来实现，因此也称为电容换流。

在强迫换流方式中，由换流电路内电容直接提供换流电压称为直接耦合式强迫换流，直接耦合式强迫换流如图 4-3 所示，当晶闸管 VT 处于通态时，开关 S 断开，通过电容充电电路预先给电容 C 充电。当 S 合上，就可使 VT 被施加反压而关断，也称为电压换流。

通过换流电路内的电容和电感的耦合来提供换流电压或换流电流称为电感耦合式强迫换流。电感耦合式强迫换流如图 4-4 所示，其中图 4-4（a）中晶闸管在 LC 振荡第一个半周期内关断，若晶闸管 VT 处于通态时，开关 S 断开，通过电容充电电路预先给电容 C 充电的极性为上负下正，则开关 S 合上后，LC 振荡电流将反向流过晶闸管 VT，与 VT 的负载电流相减，直到 VT 的合成电流减至零后，再流过二极管 VD。图 4-4（b）中晶闸管在 LC 振荡第二个半周期内关断，若晶闸管 VT 处于通态时，开关 S 断开，通过电容充电电路预先给电容 C 充电的极性为上正下负，则开关 S 合上后，LC 振荡电流先正向流过晶闸管 VT，与 VT 的负载电流叠加，经半个振荡周期 $\pi\sqrt{LC}$ 后，振荡电流先反向流过晶闸管 VT，直到 VT 的合成电流减至零后，再流过二极管 VD。注意两图中电容所充的电压极性不同。在这两种情况下，晶闸管都是在正向电流减至零且二极管开始流过电流时关断，二极管上的管压降就是加在晶闸管上的反向电压。也称为电流换流。

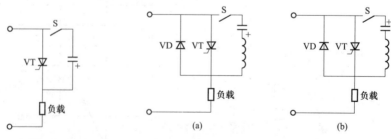

图 4-3 直接耦合式强迫换流

图 4-4 电感耦合式强迫换流
（a）第一个半周期换流；（b）第二个半周期换流

上述换流方式中，器件换流只适用于全控型器件，其余 3 种方式主要是针对晶闸管而言。器件换流和强迫换流都是因为器件或变流器自身的原因而实现换流，属于自换流，电网换流和负载换流不是依靠变流器自身原因，而是借助于外部手段来实现换流，属于外部换流。

4.1.3　逆变电路的分类

1. 根据交流电的去向分

(1) 有源逆变：将直流电逆变成与电网同频率的交流电输送给电网。应用于直流电机的可逆调速、绕线转子异步电动机的串级调速、高压直流输电和太阳能发电等方面。

(2) 无源逆变：将直流电逆变输出的交流电供给负载。蓄电池、干电池、太阳能电池等直流电源向交流负载供电时，需要采用无源逆变电路。

在不加说明时，逆变电路一般多指无源逆变电路。

2. 根据相数分

(1) 单相逆变：逆变输出单相交流电，适用于小功率领域。

(2) 三相逆变：逆变输出三相交流电，适用于中大功率领域。

3. 根据输入直流电源的性质分

(1) 电压型逆变：输入直流电源为恒压源，在逆变电路工作中，直流侧电压基本不变。

(2) 电流型逆变：输入直流电源为恒流源，在逆变电路工作中，直流侧电流基本不变。

逆变电路也可根据输出电平的数目分为两电平逆变、三电平逆变和多电平逆变；按照主电路的拓扑结构分为推挽式逆变、半桥式逆变和全桥式逆变；按照输出交流电的波形分为正弦波逆变和非正弦波逆变；根据使用的开关器件不同分为 MOSFET 逆变、IGBT 逆变、GTO 逆变和 IGCT 逆变；根据开关的工作模式分为硬开关逆变和软开关逆变，各种形式的逆变电路在不同的电气自动化设备和产品中获得广泛的应用。

4.2　电压型逆变电路

直流侧电源是电压源的逆变电路，称为电压型逆变电路。下面将其分为单相逆变电路和三相逆变电路来介绍，电压型逆变电路多采用全控型器件，换流方式为器件换流。

4.2.1　单相电压型逆变电路

1. 单相半桥电压型逆变电路

(1) 电路结构。单相半桥电压型逆变电路原理图如图 4-5 (a) 所示，直流侧由两个足够大且数值相等的电容 C_1 和 C_2 互相串联，两个电容的连接点就是直流电源的中性点，两个电容的电压基本维持在 $U_d/2$，可控器件 V_1、V_2 分别和反并联的二极管 VD_1、VD_2 构成逆变电路的两个桥臂。可控器件 V_1、V_2 的驱动信号在一个周期内各有半周期正偏和半周期反偏，且二者互补。负载连接在直流电源中性点和两个桥臂的连接点之间。

(2) 工作原理。上桥臂 V_1 或 VD_1 为通态时，输出电压 $u_o = U_d/2$，下桥臂 V_2 或 VD_2 为通态时，输出负载电压 $u_o = -U_d/2$，输出电压 u_o 为矩形波，其幅值为 $U_d/2$。而输出电流 i_o 波形随负载变化而变化，当负载为感性时，其工作波形如图 4-5 (b) 所示。

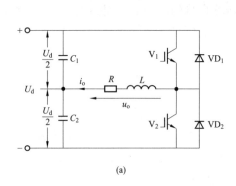

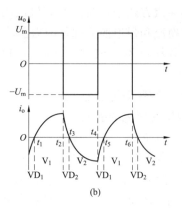

(a)　　　　　　　　　　　　　　　　(b)

图 4-5　单相半桥电压型逆变电路原理图及工作波形

(a) 单相半桥电压型逆变电路原理图；(b) 工作波形

设 t_2 时刻以前 V_1 导通，V_2 关断，C_1 两端电压加在负载上，$u_o = +U_d/2$。

t_2 时刻关断 V_1，开通 V_2，但由于感性负载中的电流 i_o 不能立即改变方向，于是 VD_2 导通续流，C_2 两端电压加在负载上，此时，负载电压 $u_o = -U_d/2$。

t_3 时刻 i_o 降至零，续流二极管 VD_2 截止，V_2 开始导通，C_2 两端电压加在负载上，负载电压 $u_o = -U_d/2$，i_o 开始反向增大。

同样，在 t_4 时刻关断 V_2，开通 V_1，VD_1 先导通续流，t_5 时刻 V_1 才导通。

改变开关器件 V_1、V_2 驱动信号的频率，可以改变输出电压的频率。

从图 4-5 (b) 可知，当 V_1 或 V_2 为通态时，负载电压 u_o 和负载电流 i_o 同方向，直流侧向负载提供能量；而当 VD_1 或 VD_2 通时，u_o 和 i_o 反向，负载电感中储存的能量向直流侧反馈，即负载电感将其吸收的无功能量反馈回直流侧。反馈回的能量暂时储存在直流侧电容器中，直流侧电容器起着缓冲这种无功能量的作用。因 VD_1、VD_2 是负载向直流侧反馈能量的通道，故称为反馈二极管；又因 VD_1、VD_2 起着使负载电流连续的作用，因此又称为续流二极管。

(3) 定量分析。由图 4-5 (b) 可知，单相半桥逆变电路的输出电压为方波，将 u_o 展开成傅里叶级数，得

$$u_o(t) = \frac{2U_d}{\pi}\left(\sin\omega t + \frac{1}{3}\sin3\omega t + \frac{1}{5}\sin5\omega t + \cdots\right) \tag{4-1}$$

其中基波分量的幅值 U_{o1m} 和有效值 U_{o1} 分别为

$$U_{o1m} = \frac{2U_d}{\pi} = 0.636U_d \tag{4-2}$$

$$U_{o1} = \frac{\sqrt{2}U_d}{\pi} = 0.45U_d \tag{4-3}$$

半桥逆变电路的优点是电路简单，使用器件少；其缺点是输出交流电压的幅值 U_m 仅为 $U_d/2$，且直流侧需要两个电容器串联，工作时还要控制两个电容器电压的均衡；当可控器件是晶闸管时，必须附加强迫换流电路才能正常工作；为保证逆变电路正常工作，必须保证 V_1 和 V_2 不能同时导通，否则造成电源短路。因此，半桥逆变电路常用于几 kW 以下的小功率逆变电源。

2. 单相全桥电压型逆变电路

(1) 电路结构。单相全桥电压型逆变电路原理图如图 4 - 6（a）所示，全桥逆变电路可以看作是由两个半桥逆变电路组合而成，直流侧并联一个大电容 C，起缓冲无功能量的作用；有 4 个桥臂，桥臂 1 和 4 作为一对，桥臂 2 和 3 作为另一对，成对的两个桥臂同时导通，两对桥臂交替各导通 180°。负载连接在 a 点和 b 点之间。

(2) 工作原理。桥臂 1、4 为通态时，输出电压 $u_o = U_d$，桥臂 2、3 为通态时，输出电压 $u_o = -U_d$，输出电压 u_o 为矩形波，其幅值为 U_d，形状与半桥电路相同，但电压幅值增加了一倍。而输出电流 i_o 波形随负载变化而变化，当负载为感性时，其工作波形如图 4 - 6（b）所示。

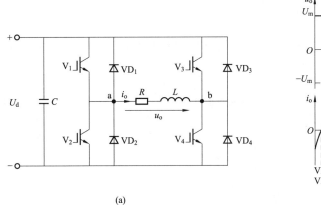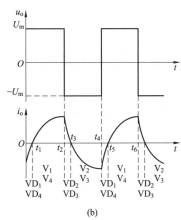

(a)   (b)

图 4 - 6　单相全桥电压型逆变电路原理图及工作波形
（a）单相全桥电压型逆变电路原理图；（b）工作波形

设 $t = 0$ 时刻以前，V_2、V_3 导通，V_1、V_4 关断，电源电压反向加在负载上，$u_o = -U_d$。

在 $t = 0$ 时刻，负载电流上升到负的最大值，此时关断 V_2、V_3，同时开通 V_1、V_4，由于感性负载电流不能立即改变方向，负载电流经 VD_1、VD_4 续流（释放负载电感储存的无功能量），此时，由于 VD_1、VD_4 导通，V_1、V_4 承受反压而不能开通，负载电压 $u_o = +U_d$。

t_1 时刻，负载电流下降到零，VD_1、VD_4 自然关断，V_1、V_4 在正向电压作用下开始导通。电流正向增大，负载电压 $u_o = +U_d$。

t_2 时刻，负载电流上升到正的最大值，此时关断 V_1、V_4，并开通 V_2、V_3，由于感性负载电流不能立即改变方向，负载电流经 VD_2、VD_3 续流，此时，由于 VD_2、VD_3 导通，V_2、V_3 承受反压而不能开通，负载电压 $u_o = -U_d$。

t_3 时刻，负载电流下降到零，VD_2、VD_3 自然关断，V_2、V_3 在正向电压作用下开始导通。电流反向增大，负载电压 $u_o = -U_d$。

t_4 时刻，负载电流上升到负的最大值，完成一个工作周期。

改变开关器件 V_1、V_4 和 V_2、V_3 驱动信号的频率，可以改变输出电压的频率。

从图 4 - 6（b）可知，当 V_1、V_4 或 V_2、V_3 为通态时，负载电压 u_o 与负载电流 i_o 同方向（极性一致），电流从直流电源流出，直流侧向负载提供能量；而当 VD_1、VD_4 或 VD_2、VD_3 通时，u_o 与 i_o 反向（极性相反），负载电感将其吸收的无功能量反馈回直流侧，反馈回的能量暂时储存在直流侧电容器中，直流侧电容器起着缓冲这种无功能量的作用。$VD_1 \sim VD_4$ 起到提供负载电流续流通道和反馈无功能量的作用。

（3）定量分析。

1）定量分析电压。由图 4-6（b）可知，单相全桥逆变电路的输出电压为方波，定量分析时，将 u_o 展开成傅里叶级数，得

$$u_o(t) = \frac{4U_d}{\pi}\left(\sin\omega t + \frac{1}{3}\sin3\omega t + \frac{1}{5}\sin5\omega t + \cdots\right) \tag{4-4}$$

其中基波分量的幅值 U_{o1m} 和有效值 U_{o1} 分别为

$$U_{o1m} = \frac{4U_d}{\pi} = 1.27U_d \tag{4-5}$$

$$U_{o1} = \frac{2\sqrt{2}U_d}{\pi} = 0.9U_d \tag{4-6}$$

2）定量分析电流。与输出电压的各次谐波相对应，如果负载 R、L 是线性元件，其 n 次谐波电流 $i_{on}(t)$、有效值 I_{on} 及相位 φ_n 可由下列式子求出

$$i_{on}(t) = \frac{\sqrt{2}U_{on}}{\sqrt{R^2 + (n\omega L)^2}}\sin(n\omega t - \varphi_n) = \frac{\sqrt{2}U_{on}}{Z_n}\sin(n\omega t - \varphi_n) \tag{4-7}$$

$$U_{on} = \frac{4U_d}{\sqrt{2}n\pi} \tag{4-8}$$

$$I_{on} = \frac{U_{on}}{\sqrt{R^2 + (n\omega L)^2}} = \frac{U_{on}}{Z_n} \tag{4-9}$$

$$\varphi_n = \arctan\frac{n\omega L}{R} \tag{4-10}$$

式中：U_{on} 为输出电压 n 次谐波有效值；Z_n、φ_n 分别为 n 次谐波对应的阻抗值和相位角。

基波电流为

$$i_{o1}(t) = \frac{\sqrt{2}U_{o1}}{\sqrt{R^2 + (\omega L)^2}}\sin\left(\omega t - \arctan\frac{\omega L}{R}\right) \tag{4-11}$$

将 i_o 展开成傅里叶级数，得

$$i_o(t) = \sum_{n=1,\,3,\,5\cdots}^{\infty} \frac{4U_d}{n\pi Z_n}\sin(n\omega t - \varphi_n) \tag{4-12}$$

$$I_o = \sqrt{\sum_{n=1,\,3,\,5\cdots}^{\infty}\left(\frac{4U_d}{\sqrt{2}n\pi Z_n}\right)^2} = \sqrt{I_{o1}^2 + I_{o3}^2 + I_{o5}^2 + \cdots} \tag{4-13}$$

式中：I_{o1}、I_{o3}、I_{o5} 分别为基波、三次、五次谐波电流有效值。

一般七次谐波以上都很小，故高次谐波可略去。

3）定量分析开关器件及二极管的电压、电流。考虑最严重的工况，当负载为纯电阻时，开关器件导通半个周期，此时电流最大，所以定义电流平均值 I_{dV} 及有效值 I_V 分别为

$$I_{dV} = \frac{1}{2}\frac{U_d}{R} \tag{4-14}$$

$$I_V = \frac{U_d}{\sqrt{2}R} \tag{4-15}$$

负载为纯电感时，二极管导通时间最长，为 $T/4$，流过电流最大，负载电流为三角波，电流平均值 I_{dVD} 及有效值 I_{VD} 分别为

$$I_{dVD} = \frac{1}{T} \int_0^{T/4} \frac{U_d}{L} t \, dt = \frac{U_d T}{32L} \tag{4-16}$$

$$I_{VD} = \sqrt{\frac{1}{T} \int_0^{T/4} \left(\frac{U_d}{L} t\right)^2 dt} = \frac{\sqrt{3} U_d T}{24L} \tag{4-17}$$

开关器件及二极管承受的反压均为 U_d。根据上面计算方法可选择管子。

例 4-1 单相桥式电压型逆变电路如图 4-6（a）所示，逆变电路输出电压为方波，如图 4-6（b）所示，已知 $U_d = 80V$，逆变频率为 $f = 100Hz$，负载 $R = 5\Omega$，$L = 0.01H$，试求：（1）输出电压基波分量；（2）输出电流基波分量；（3）输出电流有效值；（4）输出功率。

解：（1）输出电压基波分量。

输出电压为方波，由式（4-4）可得

$$u_o = \frac{4U_d}{\pi} \left(\sin\omega t + \frac{1}{3} \sin 3\omega t + \frac{1}{5} \sin 5\omega t + \cdots \right)$$

其中输出电压基波分量为

$$u_{o1} = \frac{4U_d}{\pi} \sin\omega t$$

输出电压基波分量的有效值

$$U_{o1} = \frac{2\sqrt{2} U_d}{\pi} = 0.9 U_d = 72V$$

（2）输出电流基波分量。

基波阻抗为

$$Z_1 = \sqrt{R^2 + (\omega L)^2} = 8\Omega$$

输出电流基波分量的有效值为

$$I_{o1} = \frac{U_{o1}}{Z_1} = 9A$$

（3）谐波阻抗和谐波电流分别为

$$Z_3 = \sqrt{R^2 + (3\omega L)^2} = 19.5\Omega$$

$$Z_5 = \sqrt{R^2 + (5\omega L)^2} = 31.8\Omega$$

$$I_{o3} = \frac{4U_d}{\sqrt{2} \times 3\pi Z_3} = 1.23A$$

$$I_{o5} = \frac{4U_d}{\sqrt{2} \times 5\pi Z_5} = 0.45A$$

输出电流有效值为

$$I_o = \sqrt{I_{o1}^2 + I_{o3}^2 + I_{o5}^2} = 9.1A$$

（4）输出功率为

$$P_o = I_o^2 R = 414.05W$$

由输出基波电流有效值和电流有效值的数值可以看出，两者相近，所以可用基波分量近似代替输出电流，而电流滞后电压的相角近似是负载的功率因数角。

从式（4-6）可知，逆变电路输出电压基波有效值 U_{o1} 仅取决于直流电压 U_d，当直流电压 U_d 为定值时，U_{o1} 即为定值。但在实际应用中，需要逆变电路的输出电压在不同范围内连续调节，在阻感性负载时，可以采用移相的方式来调节逆变电路的输出电压。

（4）单相全桥电压型逆变电路的移相调压方式。主电路与普通的单相全桥逆变电路相同，如图 4-7（a）所示。但控制信号不同，如图 4-7（b）所示。移相调压实际上就是调节输出电压脉冲的宽度。在 4-7（a）所示的电路中，各 IGBT 的栅极控制信号仍然为 $180°$ 正偏和 $180°$ 反偏，且 V_1 和 V_2 的栅极控制信号互补，V_3 和 V_4 的栅极控制信号互补，但 u_{G3} 滞后 u_{G1}、u_{G4} 滞后 u_{G2} 均为 θ（$0° \leqslant \theta \leqslant 180°$），而不是 $180°$，即 V_1 和 V_4、V_2 和 V_3 不再同步通断。

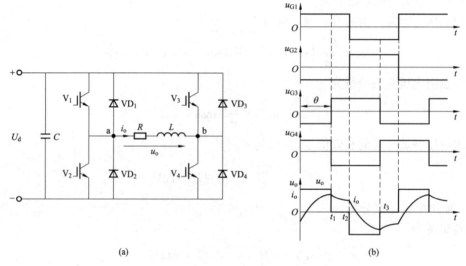

图 4-7　单相全桥电压型逆变电路移相调压方式的原理图及工作波形
（a）单相全桥电压型逆变电路原理图；（b）移相调压方式的工作波形

工作过程如下：

设 t_1 时刻以前，V_1、V_4 导通，输出电压 $u_o = U_d$。

在 t_1 时刻，V_3、V_4 栅极控制信号反向，V_4 关断，而因负载电感中的电流 i_o 不能突变，V_3 不能立刻导通，VD_3 导通续流，V_1 和 VD_3 同时导通，负载电感储能在电阻中消耗，电流 i_o 缓慢下降，输出电压 $u_o = 0$。

在 t_2 时刻，V_1、V_2 栅极控制信号反向，V_1 关断，而因负载电感中的电流 i_o 不能突变，V_2 不能立刻导通，VD_2 导通续流，且和 VD_3 构成电流回路，输出电压 $u_o = -U_d$，负载电感中储存的能量向直流电源回馈，电流 i_o 继续下降，当电流 i_o 过零变负（开始反向）时，VD_2、VD_3 关断，V_2 和 V_3 导通，电流 i_o 反向增加，电感储能，负载电压 $u_o = -U_d$。

在 t_3 时刻，V_3、V_4 栅极控制信号反向，V_3 关断，因负载电感中的电流 i_o 不能突变，V_4 不能立刻导通，VD_4 导通续流，V_2 和 VD_4 同时导通，负载电感储能在电阻中消耗，电流 i_o 缓慢下降，输出电压 $u_o = 0$。以后的过程和前面类似。

从图 4-7（b）可以看出，输出电压 u_o 的正负脉冲宽度各为 θ，改变 θ，可调节 u_o 的大小。移相调压控制用于对输出电压的连续调节，控制较复杂，主要用在容量较小的系统中。

3. 带中心抽头变压器的逆变电路

带中心抽头变压器的逆变电路如图 4-8 所示，交替驱动两个 IGBT，经变压器的耦合给负载加上矩形波交流电压。两个二极管的作用是给负载电感中储存的无功能量提供反馈通道，在 U_d 和负载参数相同，变压器绕组的匝比为 1:1:1 时，电路的输出电压 u_o 和输出电流 i_o 的波形及幅值与全桥逆变电路完全相同。因此，式（4-4）~式（4-6）也适用于该电路。

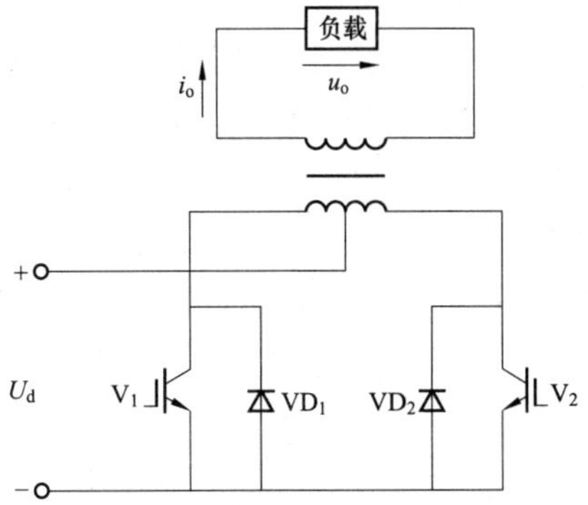

该电路的优点是电路结构简单，比全桥电路少用了两个开关器件，但每个器件承受的电压为 $2U_\mathrm{d}$，比全桥电路高一倍，且必须有一个变压器。适用于小功率、频率较高的负载。

图 4-8 带中心抽头变压器的逆变电路

4.2.2 三相桥式电压型逆变电路

在大功率的场合，应用较多的是三相桥式电压型逆变电路。电路结构一般是由三个单相半桥组成，开关管主要采用全控型器件，如 GTO、IGBT、GTR 等，按导电方式分为 180°导电型和 120°导电型两种，下面分别讨论。

1. 180° 导电型三相桥式电压型逆变电路

（1）电路结构。主电路结构原理图如图 4-9 所示。它由 3 个单相半桥组成，有 6 个桥臂，每个桥臂均由一个 IGBT 及与其反并联的二极管组成。直流侧有一个大电容，为了分析方便，画作串联的两个电容，两个电容的连接点为电源假想的中性点 N'。开关管的控制信号脉宽为 180°，同一相上下两个开关管交替导通，每次换流都是在上下桥臂之间进行，故称为纵向换流。三相负载对称且星形连接，负载中性点为 N。

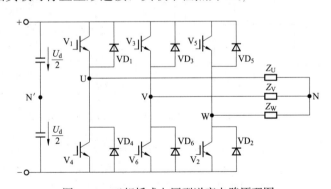

图 4-9 三相桥式电压型逆变电路原理图

（2）工作原理。同一相上下桥臂开关管控制信号相位互差 180°，各相开始导电的时间依次相差 120°，在任何时刻都有 3 个开关管导通，在一个周期内，6 个开关器件触发导通的次序为 V_1~V_6，其控制信号的相位互差 60°。

1）电阻负载。电阻负载三相桥式电压型逆变电路 180°导电型工作波形如图 4-10 所示。由图 4-10（a）~（f）可知，一个周期按控制信号的相位差划分为 6 个区间，在 0°~60°区间，控制信号 $u_{G1}>0$、$u_{G5}>0$、$u_{G6}>0$，所以 V_5、V_6、V_1 同时导通；在 $60°\sim120°$ 区间，控制信号 $u_{G5}=0$，而 $u_{G1}>0$、$u_{G2}>0$、$u_{G6}>0$，所以 V_6、V_1、V_2 同时导通；在 $120°\sim180°$ 区间，控制信号 $u_{G6}=0$，而 $u_{G1}>0$、$u_{G2}>0$、$u_{G3}>0$，所以 V_1、V_2、V_3 同时导通；在 $180°\sim240°$ 区间，控制信号 $u_{G1}=0$，而 $u_{G2}>0$、$u_{G3}>0$、$u_{G4}>0$，所以 V_2、V_3、V_4 同时导通；在 $240°\sim300°$ 区间，控制信号 $u_{G2}=0$，而 $u_{G3}>0$、$u_{G4}>0$、$u_{G5}>0$，所以 V_3、V_4、V_5 同时导通；在 $300°\sim360°$ 区间，控制信号 $u_{G3}=0$，而 $u_{G4}>0$、$u_{G5}>0$、$u_{G6}>0$，所以 V_4、V_5、V_6 同时导通；依此可类推余下周期各区间开关器件的工作情况，如图 4-10（o）所示。电阻性负载 6 只二极管 $VD_1\sim VD_6$ 均关断，都不参与工作。

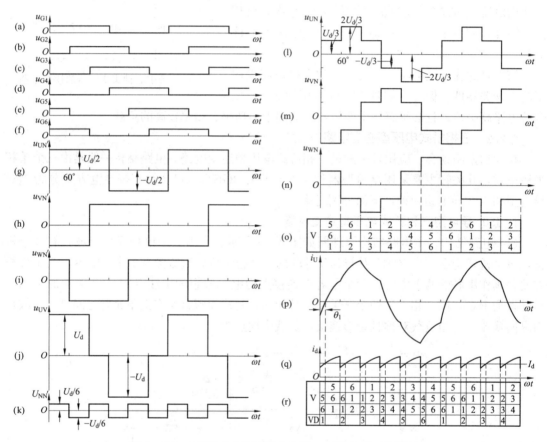

图 4-10　三相桥式电压型逆变电路 180°导电型工作波形

对于 U 相输出来说，当桥臂 1 导通时（V_1 导通或 VD_1 导通），U 点与电源假想的中性点 N′间的电压 $u_{UN'}=U_d/2$，当桥臂 4 导通时（V_4 导通或 VD_4 导通），U 点与电源假想的中性点 N′间的电压 $u_{UN'}=-U_d/2$，因此 $u_{UN'}$ 的波形是幅值为 $U_d/2$ 的矩形波，如图 4-10（g）所示。同理，V、W 两相的波形 $u_{VN'}$、$u_{WN'}$ 与 $u_{UN'}$ 相同，只是相位依次差 120°，如图 4-10（h）、（i）所示。

负载线电压 u_{UV}、u_{VW}、u_{WU} 可由下式求出

$$\left.\begin{array}{l} u_{UV}=u_{UN'}-u_{VN'} \\ u_{VW}=u_{VN'}-u_{WN'} \\ u_{WU}=u_{WN'}-u_{UN'} \end{array}\right\} \tag{4-18}$$

图 4 - 10 (j) 所示，u_{UV} 波形是按照上式利用波形相减得出，u_{VW}、u_{WU} 波形和 u_{UV} 波形相同，只是相位依次差 120°。

负载相电压 u_{UN}、u_{VN}、u_{WN} 的求法如下：

设负载中性点 N 与直流电源假想中性点 N′间的电压为 $u_{NN'}$，负载各相的相电压分别为

$$\left.\begin{array}{l} u_{UN}=u_{UN'}-u_{NN'} \\ u_{VN}=u_{VN'}-u_{NN'} \\ u_{WN}=u_{WN'}-u_{NN'} \end{array}\right\} \tag{4-19}$$

把上式的各个相电压相加，并考虑三相对称负载时 $u_{UN}+u_{VN}+u_{WN}=0$，可得

$$u_{NN'}=\frac{1}{3}(u_{UN'}+u_{VN'}+u_{WN'}) \tag{4-20}$$

图 4 - 10 (k) 所示，$u_{NN'}$ 波形是按照上式，利用波形相加减得出，$u_{NN'}$ 波形也是矩形波，其频率是 $u_{UN'}$ 的 3 倍，幅值为其 1/3，即为 $U_d/6$。

根据式 (4 - 19)、式 (4 - 20)，利用已知的波形 $u_{UN'}$、$u_{VN'}$、$u_{WN'}$ 和 $u_{NN'}$ 分别相减，可绘出 u_{UN}、u_{VN}、u_{WN} 的波形，它们形状相同，相位依次差 120°，如图 4 - 10 (l)、(m)、(n) 所示。

由上述分析可见，每隔 60°，控制信号状态发生一次变化，开关元件的状态也相应发生一次变化，在一个周期中，逆变器的工作状态发生 6 次变化，形成所谓"六阶梯波"的输出电压。负载各相电流与电压波形相似（频率、形状相同，幅值不相同）。改变 $V_1 \sim V_6$ 的触发周期，就可改变输出电压的频率。

2) 阻感负载。180°导电型三相桥式电压型逆变电路在阻感性负载时输出电压波形不受负载性质的影响，与电阻负载时一样。而输出电流波形与负载参数有关，阻感性负载时，6只二极管已参与导电，导通的开关元件也有变化，图 4 - 10 (p) 给出负载阻抗角 $\varphi < 60°$时相电流 i_U 的波形。

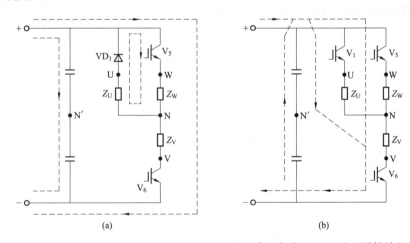

图 4 - 11 180°导电型三相桥式电压型逆变电路阻感性负载 $\varphi < 60°$时不同等效电路

图 4 - 10 时间坐标原点选在 V_4 关断和 V_1 开始加上正的控制信号瞬间。由于在这之前 V_4 导通，相电压 u_{UN} 及相电流 i_U 均为负，在 $t=0$ 瞬间，V_4 关断，但感性负载使 i_U 保持为负，并按指数规律上升逐渐转为正值。在 i_U 转为正值之前，V_1 不会导通，负的 i_U 将通

过 VD_1 续流，亦即在 θ_1 期间［见图 4-10（p）］，将是 V_5、V_6、VD_1 导通，等效电路如图 4-11（a）所示，在此工作状态，一方面电源经 V_5 和 V_6 向负载输送能量；另一方面 U 相电感负载储存的能量通过 VD_1 和 V_5 逐渐释放，使 i_U 衰减到零。由于电感释放能量，使负载向电源索取的能量减小了，于是电源向电容充电，将一部分能量储存在电容中。当 $i_U=0$ 时 VD_1 关断，u_{G1} 还在，故 V_1 开始导通，逆变器转入 V_5、V_6、V_1 三管同时导通的状态，等效电路如图 4-11（b）所示，此状态下各相负载都从直流电源获得能量，电容释放部分储能，协助电源向负载提供电能，从而起到电流的平波作用。其余各管的工作情况可见图 4-10（r）。

i_V、i_W 的波形与 i_U 形状相同，相位依次差 $120°$。把桥臂 1、3、5 的电流相加就可得直流侧电流 i_d 的波形，如图 4-10（q）所示，可见 i_d 每隔 $60°$ 脉动一次，而直流侧电压基本无脉动，因此逆变器从直流侧向交流测传送的功率是脉动的，其脉动情况和 i_d 大致相同。

（3）定量分析。把输出线电压 u_{UV} 展开成傅里叶级数，得

$$u_{UV}=\frac{2\sqrt{3}U_d}{\pi}\left(\sin\omega t-\frac{1}{5}\sin5\omega t-\frac{1}{7}\sin7\omega t+\frac{1}{11}\sin11\omega t+\frac{1}{13}\sin13\omega t-\cdots\right)$$

$$=\frac{2\sqrt{3}U_d}{\pi}\left[\sin\omega t+\sum_{n}^{\infty}\frac{1}{n}(-1)^k\sin n\omega t\right] \tag{4-21}$$

式中：$n=6k\pm1$；k 为自然数。

则输出线电压有效值 U_{UV} 为

$$U_{UV}=\sqrt{\frac{1}{2\pi}\int_0^{2\pi}u_{UV}^2\mathrm{d}\omega t}=0.816U_d \tag{4-22}$$

其中基波分量幅值 U_{UV1m} 和有效值 U_{UV1} 分别为

$$U_{UV1m}=\frac{2\sqrt{3}U_d}{\pi}=1.1U_d \tag{4-23}$$

$$U_{UV1}=\frac{U_{UV1m}}{\sqrt{2}}=\frac{\sqrt{6}U_d}{\pi}=0.78U_d \tag{4-24}$$

再将 U 相相电压 u_{UN} 展开成傅里叶级数，得

$$u_{UN}=\frac{2U_d}{\pi}\left(\sin\omega t+\frac{1}{5}\sin5\omega t+\frac{1}{7}\sin7\omega t+\frac{1}{11}\sin11\omega t+\frac{1}{13}\sin13\omega t+\cdots\right)$$

$$=\frac{2U_d}{\pi}\left[\sin\omega t+\sum_{n}^{\infty}\frac{1}{n}\sin n\omega t\right] \tag{4-25}$$

式中：$n=6k\pm1$；k 为自然数。

则相电压有效值 U_{UN} 为

$$U_{UN}=\sqrt{\frac{1}{2\pi}\int_0^{2\pi}u_{UN}^2\mathrm{d}\omega t}=0.471U_d \tag{4-26}$$

其中基波分量幅值 U_{UN1m} 和有效值 U_{UN1} 分别为

$$U_{UN1m} = \frac{2U_d}{\pi} = 0.637U_d \qquad (4-27)$$

$$U_{UN1} = \frac{U_{UN1m}}{\sqrt{2}} = 0.45U_d \qquad (4-28)$$

对 180°导电型逆变电路，为了防止同一相上下两桥臂的开关元件同时导通而引起直流侧电源短路，要采取"先断后通"的控制方法。即先给应关断元件关断信号，待其关断后留一定的时间裕量，然后给应导通元件开通信号，即在两者之间留一短暂的死区时间。元件的开关速度越快，所留的死区时间就越短。

例 4 - 2 三相桥式电压型逆变电路，180°导电方式，$U_d = 100V$。试求输出相电压的有效值 U_{UN}，相电压中基波分量幅值 U_{UN1m}，输出线电压的基波幅值 U_{UV1m}、输出线电压中 5 次谐波的有效值 U_{UV5}。

解：输出相电压的有效值为

$$U_{UN} = 0.471U_d = 47.1V$$

输出相电压的基波幅值为

$$U_{UN1m} = \frac{2U_d}{\pi} = 0.637U_d = 63.7V$$

输出线电压的基波幅值为

$$U_{UV1m} = \frac{2\sqrt{3}U_d}{\pi} = 1.1U_d = 110V$$

输出线电压中 5 次谐波有效值为

$$U_{UV5} = \frac{U_{UV1m}}{\sqrt{2} \times 5} = 15.56V$$

2. 120° 导电型三相桥式电压型逆变电路

对于图 4 - 9 所示的三相桥式电压型逆变电路，如将开关元件的控制信号脉宽改为 120°，其余不变时，在三相对称电阻负载下，逆变电路各区间等效电路如图 4 - 12（a）所示，根据等效电路，可得逆变电路输出电压波形，如图 4 - 12（b）所示，从图可见，每个开关元件均导通 120°，在每个工作状态均有两个开关元件导通，一个在上桥臂，另一个在下桥臂，换流时从一相桥臂向相邻桥臂转换，故称横向换流。二极管则不参与工作。

利用傅里叶级数展开，可得线电压有效值、基波幅值及基波有效值分别为：$U_{UV} = 0.707U_d$，$U_{UV1m} = 0.955U_d$，$U_{UV1} = 0.675U_d$；相电压有效值、基波幅值及基波有效值分别为：$U_{UN} = 0.408U_d$，$U_{UN1m} = 0.55U_d$，$U_{UN1} = 0.39U_d$。与 180°导电型相比，在同样的 U_d 条件下，采用 180°导电型逆变电路元件利用率高，其输出电压也较高。但 120°导电型可避免同一相上下臂的直通现象，较为可靠。阻感负载时，输出电压波形不再是六阶梯波，它随着负载阻抗角的不同而改变，具体请参阅相关文献。

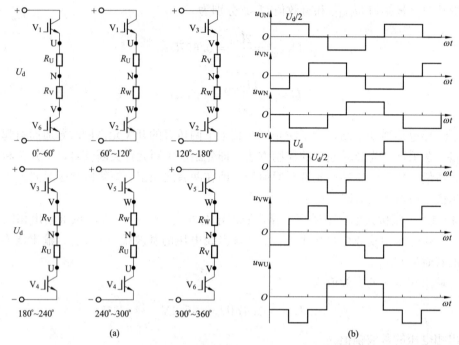

图 4 - 12 120°导电型三相桥式电压型逆变电路阻性负载情况

（a）区间等效电路；（b）工作波形

4.2.3　电压型逆变电路的特点

通过以上分析，电压型逆变电路的特点归纳如下：

（1）直流侧为电压源或并联大电容，大电容抑制了直流电压纹波，使直流侧电压基本无脉动，直流回路呈现低阻抗。

（2）由于直流电压源的钳位作用，交流侧输出电压为矩形波，并且与负载阻抗角无关，而输出电流因负载阻抗的不同而不同。

（3）当交流侧为阻感负载时需要提供无功功率，直流侧电容起缓冲无功能量的作用。为了给交流侧向直流侧反馈的无功能量提供通道，逆变桥各臂需并联反馈二极管。

电压型逆变电路在实际中得到广泛应用，如变频器、UPS、有源滤波器等。

4.3　电流型逆变电路

直流侧电源是电流源的逆变电路，称为电流型逆变电路。实际上理想直流电流源并不多见，一般是在逆变电路直流侧串联一个大电感，因为大电感的电流脉动很小，因此可以近似看成直流电流源，将电流型逆变电路分为单相逆变电路和三相逆变电路来介绍。采用半控型器件的电流型逆变电路应用较多，就换流方式而言，有负载换流和强迫换流。

4.3.1　单相桥式电流型逆变电路

1. 电路结构

电路原理图如图 4-13 所示，电路由 4 个桥臂构成，每个桥臂的晶闸管均串联一个电抗器 L_T，用来限制晶闸管开通时的 di/dt，各桥臂的 L_T 自感量相等，互相不存在互感。负载是一个中频电炉，可以看成是一个电磁感应线圈，使桥臂 VT_1、VT_4 和桥臂 VT_2、VT_3 以 1000～2500Hz 的中频轮流导通时，负载感应线圈通入中频交流电流，线圈产生中频交变磁通。若将金属（钢铁、铜、铝）放入线圈中，在交变磁场的作用下，金属中产生涡流与磁滞（钢铁）效应，使金属发热融化，实现金属的熔炼或淬火。由于工作频率较高，开关管通常采用快速晶闸管。

感应线圈可等效为电阻 R 和电感 L 串联，其功率因数很低，一般为 0.05～0.3，故并联补偿电容 C，提供容性无功功率，电容 C 和 R、L 构成并联谐振电路，所以这种逆变电路又称为并联谐振式逆变电路。该电路采用负载换流，要求负载电流超前负载电压，因此补偿电容应使负载过补偿，使负载电路总体上呈现容性，并工作在略失谐的状态。

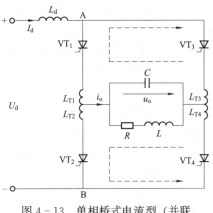

图 4-13　单相桥式电流型（并联谐振式）逆变电路原理图

2. 工作原理

由于是电流型逆变电路，其交流输出电流波形接近矩形波，其中包含基波和各奇次谐波，且谐波的幅值远小于基波。晶闸管交替触发的频率与负载回路的谐振频率接近，负载电路工作在谐振状态，这样不仅可得到较高的功率因数与效率，而且电路对外加矩形波的基波分量呈现高阻抗，对其他高次谐波呈现低阻抗，可以看成短路，谐波在负载电路上产生的压降很小，所以负载电压 u_o 的波形接近中频正弦波。而负载电流 i_o 在大电感 L_d 的作用下为近似交变的矩形波。单相桥式电流型逆变电路工作波形如图 4-14 所示，在交流电流的一个周期内，有两个稳定导通阶段和两个换流阶段。

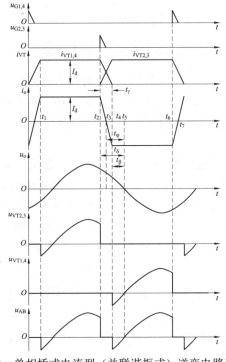

图 4-14　单相桥式电流型（并联谐振式）逆变电路工作波形

在 $t_1 \sim t_2$ 区间，是晶闸管 VT_1、VT_4 稳定导通阶段，负载电流 $i_o = I_d$，近似为恒值，t_2 时刻前在 C 上建立了左正右负的电压。

在 t_2 时刻触发 VT_2、VT_3 开通，因在 t_2 之前 VT_2、VT_3 阳极电压等于负载电压，为正值，故 VT_2、VT_3 开始导通，逆变电路开始进入换流阶段。此时负载电压反向加在 VT_1、VT_4 上，但由于每个晶闸管都串联电抗器 L_T，故 VT_1、VT_4 在 t_2 时刻不能立刻关断。t_2 之后 4 只晶闸管同时导通，负载电容电压经两个并联放电回路同时放电，如图 4-13 虚线所示，其中一个回路是经 L_{T1}、VT_1、VT_3、L_{T3} 回到电容 C，另一个回路是经 L_{T2}、VT_2、VT_4、L_{T4} 回到电容 C，在此换流期间，VT_1、VT_4 的电流逐渐减小，VT_2、VT_3 的电流逐渐增大；当 $t = t_4$ 时，VT_1、VT_4 的电流减至零而关断，直流侧电流 I_d 全部从 VT_1、VT_4 转移到 VT_2、VT_3，换流阶段结束。$t_4 - t_2 = t_\gamma$ 称为换流时间。因为负载电流 $i_o = i_{VT1} - i_{VT2}$，所以 i_o 在 t_3 时刻（即 $i_{VT1} = i_{VT2}$ 时刻）过零，t_3 时刻近似在 t_2 和 t_4 的中点。

晶闸管在电流减小到零后，还需一段时间才能恢复正向阻断能力。因此，在 t_4 时刻换流结束后，还要使 VT_1、VT_4 承受一段反压时间 t_β 才能保证其可靠关断，$t_\beta = t_5 - t_4$ 应大于晶闸管的关断时间 t_{off}。否则逆变失败。

为保证可靠换流，应在 u_o 过零前 $t_\delta = t_5 - t_2$ 时刻触发 VT_2、VT_3，t_δ 称为触发引前时间。从图 4-14 可知

$$t_\delta = t_\gamma + t_\beta \tag{4-29}$$

式中：$t_\beta = (2 \sim 3) t_{off}$。

从图 4-14 可知，为关断已经导通的晶闸管，实现可靠换流，负载电路呈现容性，负载电流 i_o 超前于负载电压 u_o 的时间 t_φ 为

$$t_\varphi = \frac{t_\gamma}{2} + t_\beta \tag{4-30}$$

把 t_φ 表示为电角度 φ（弧度）可得

$$\varphi = \omega \left(\frac{t_\gamma}{2} + t_\beta \right) = \frac{\gamma}{2} + \beta \tag{4-31}$$

式中：ω 为电路工作角频率；γ、β 分别是 t_γ、t_β 对应的电角度；φ 是负载的功率因数角。

在 $t_4 \sim t_6$ 区间，是晶闸管 VT_2、VT_3 稳定导通阶段，负载电流 $i_o = -I_d$，近似为恒值，t_6 时刻前在 C 上建立了左负右正的电压。在 t_6 时刻开始，进入 VT_2、VT_3 到 VT_1、VT_4 的换流阶段。

图 4-14 还给出晶闸管的触发脉冲 $u_{G1} \sim u_{G4}$，晶闸管承受的电压 $u_{VT_1} \sim u_{VT_4}$，以及 A、B 间的电压 u_{AB}，在换流过程中，上下桥臂的 L_T 上的电压极性相反四只晶闸管全导通，如忽略晶闸管压降，则 $u_{AB} = 0$，可以看出，u_{AB} 的脉动频率为逆变器输出交流电压频率的两倍，在 u_{AB} 为负时，逆变电路从直流电源吸收的能量为负，即补偿电容 C 的能量向直流电源反馈。这反映了负载和直流侧无功能量的交换。在直流侧，L_d 起到缓冲这种能量的作用。

图 4-13 的负载阻抗为

$$Z = \frac{(R + j\omega L)\left(\dfrac{1}{j\omega C}\right)}{R + j\omega L + \dfrac{1}{j\omega C}} = \frac{\dfrac{L}{C}\left(1 + \dfrac{R}{j\omega L}\right)}{R + j\left(\omega L - \dfrac{1}{\omega C}\right)} \tag{4-32}$$

一般 R 很小，在谐振频率附近，R 比 ωL 更小，故近似有

$$Z \approx \frac{\dfrac{L}{C}}{R + \mathrm{j}\left(\omega L - \dfrac{1}{\omega C}\right)} = \frac{L}{C} \cdot \frac{R - \mathrm{j}\left(\omega L - \dfrac{1}{\omega C}\right)}{R^2 + \left(\omega L - \dfrac{1}{\omega C}\right)^2} \qquad (4-33)$$

要负载呈容性，必须 $\omega L > 1/\omega C$，即 $\omega > 1/\sqrt{LC} = \omega_0$，所以逆变电路换流的必要条件是逆变电路工作频率必须高于负载谐振频率。

3. 定量分析

（1）输出电流。忽略换流过程对电流波形的影响，输出电流可视为方波，利用傅里叶级数展开可得

$$i_\mathrm{o}(t) = \frac{4 I_\mathrm{d}}{\pi}\left(\sin\omega t + \frac{1}{3}\sin3\omega t + \frac{1}{5}\sin5\omega t + \cdots\right) \qquad (4-34)$$

其基波电流有效值为

$$I_\mathrm{o1} = \frac{4 I_\mathrm{d}}{\sqrt{2}\,\pi} = 0.9 I_\mathrm{d} \qquad (4-35)$$

（2）输出功率及输出电压。忽略逆变电路的功率消耗，则逆变电路输入的有功功率即直流功率等于输出的基波功率（高次谐波不产生有功功率），于是

$$P_\mathrm{o} = U_\mathrm{d} I_\mathrm{d} = U_\mathrm{o} I_\mathrm{o1}\cos\varphi \qquad (4-36)$$

由式（4-35）及式（4-36）可得输出电压有效值为

$$U_\mathrm{o} = \frac{U_\mathrm{d} I_\mathrm{d}}{I_\mathrm{o1}\cos\varphi} = 1.11\frac{U_\mathrm{d}}{\cos\varphi} \qquad (4-37)$$

中频输出功率为

$$P_\mathrm{o} = \frac{U_\mathrm{o}^2}{R_\mathrm{f}} = 1.23\frac{U_\mathrm{d}^2}{\cos^2\varphi}\frac{1}{R_f} \qquad (4-38)$$

式中：R_f 为对应于某一负载功率因数角 φ 时的电阻分量。

由式（4-38）可见，调节 U_d 或改变负载功率因数角 φ，都能改变中频输出功率的大小。

（3）换流期间晶闸管电流 i_VT。单相桥式电流逆变电路波形坐标变换见图 4-15。

选择坐标系如图 4-15 所示，当 $\omega t = 0$ 时，$u_\mathrm{o} = \sqrt{2}U$，输出电压可表示为 $u_\mathrm{o}(t) = \sqrt{2}U_\mathrm{o}\cos\omega t$。在电流从 VT_1 换流到 VT_3 期间，如忽略晶闸管压降及回路电阻的影响，则换流回路只有 L_T1、L_T3 两个元件，于是换流期间电路方程为

$$2L_\mathrm{T}\frac{\mathrm{d}i_\mathrm{VT}}{\mathrm{d}t} = \sqrt{2}U_\mathrm{o}\cos\omega t \qquad (4-39)$$

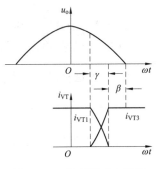

图 4-15 单相桥式电流型逆变电路波形坐标变换

该电路在 $\omega t = 90° - (\gamma + \beta)$ 时触发 VT_3 并开始换流，将初始条件 $\omega t = 90° - (\gamma + \beta)$ 时 $i_\mathrm{VT} = 0$ 代入上式，可求出换流期间 i_VT 表达式为

$$i_\mathrm{VT} = \frac{\sqrt{2}U_\mathrm{o}}{2\omega L_\mathrm{T}}\left[\sin\omega t - \cos(\gamma + \beta)\right] \qquad (4-40)$$

（4）换流时间 t_γ。由图 4-15 可知，当 $\omega t = 90° - \beta$ 时，换流结束，$i_\mathrm{VT} = I_\mathrm{d}$，代入上式

可得

$$I_\mathrm{d}=\frac{\sqrt{2}U_\mathrm{o}}{2\omega L_\mathrm{T}}\left[\cos\beta-\cos\left(\gamma+\beta\right)\right] \tag{4-41}$$

则换流重叠角 γ 为

$$\gamma=\arccos\left(\cos\beta-\frac{2\omega L_\mathrm{T}I_\mathrm{d}}{\sqrt{2}U_\mathrm{o}}\right)-\beta \tag{4-42}$$

为简化分析，可认为换流期间晶闸管电流线性变化，$\mathrm{d}i_\mathrm{VT}/\mathrm{d}t$ 为恒值，则有

$$t_\gamma=\frac{I_\mathrm{d}}{\mathrm{d}i_\mathrm{VT}/\mathrm{d}t} \tag{4-43}$$

γ 又可表示为

$$\gamma=\omega t_\gamma=2\pi f\cdot\frac{I_\mathrm{d}}{\mathrm{d}i_\mathrm{VT}/\mathrm{d}t} \tag{4-44}$$

$\mathrm{d}i_\mathrm{VT}/\mathrm{d}t$ 可用晶闸管参数表给出的数值，并适当考虑安全裕量。

（5）限流电感 L_T。由式（4-41）可求得换流回路限流电感为

$$L_\mathrm{T}=\frac{\sqrt{2}U_\mathrm{o}}{2\omega I_\mathrm{d}}\left[\cos\beta-\cos(\gamma+\beta)\right] \tag{4-45}$$

（6）负载补偿电容 C。为了保证可靠换流，要求与阻感负载并联的电容应能补偿负载的感性无功功率并使负载呈容性。设负载功率因数角为 φ_L，补偿后总功率因数角为 φ（负载呈容性），则电容应提供的总无功功率为

$$Q_\mathrm{c}=\frac{P}{\cos\varphi_\mathrm{L}}\sin\varphi_\mathrm{L}+\frac{P}{\cos\varphi}\sin\varphi \tag{4-46}$$

电容量为

$$C=\frac{P}{\omega U_\mathrm{o}^2}(\tan\varphi_\mathrm{L}+\tan\varphi) \tag{4-47}$$

例 4-3 KGPS-100-1.0 中频炉主电路采用图 4-13 所示电路，已知 $P=1000\mathrm{kW}$，$f=1000\mathrm{Hz}$，$U_\mathrm{d}=500\mathrm{V}$，$I_\mathrm{d}=250\mathrm{A}$，$\cos\varphi=0.8$，$\cos\varphi_\mathrm{L}=0.1$。试选择主电路各元件参数。

解：（1）选择晶闸管 $U_\mathrm{o}=1.11\dfrac{U_\mathrm{d}}{\cos\varphi}=694\mathrm{V}$

电压定额为 $U_\mathrm{N}=(2\sim3)\sqrt{2}U_\mathrm{o}=(1963\sim2944)\mathrm{V}$

忽略换流过程影响，则 i_VT 可看作方波，其有效值为 $I_\mathrm{VT}=\dfrac{I_\mathrm{d}}{\sqrt{2}}=177\mathrm{A}$

则 $I_\mathrm{N}=I_\mathrm{T(AV)}=(1.5\sim2)\dfrac{I_\mathrm{VT}}{1.57}=(169\sim255)\mathrm{A}$

可选用 220A、2400V 的快速晶闸管。

（2）限流电抗器的选择。取晶闸管电流上升率 $\mathrm{d}i_\mathrm{VT}/\mathrm{d}t=20\mathrm{A}/\mu\mathrm{s}$，由式（4-44）可得

$$\gamma=2\pi f\cdot\frac{I_\mathrm{d}}{\mathrm{d}i_\mathrm{VT}/\mathrm{d}t}=0.0785\mathrm{rad}=4.5° $$

因为 $\varphi=\dfrac{\gamma}{2}+\beta$，所以，$\beta=\varphi-\dfrac{\gamma}{2}=\arccos0.8-4.5/2=34.61°$

由式（4-45）可得

$$L_{\text{T}} = \frac{\sqrt{2}U_{\text{o}}}{2\omega I_{\text{d}}} \left[\cos\beta - \cos(\gamma + \beta)\right] = 14.7\mu\text{H}$$

（3）负载补偿电容器选择

$$Q_{\text{c}} = P(\tan\varphi_L + \tan\varphi) = 1070\text{kVA}$$

可选择 RYSO·75-90-1 型电容器，其电压、无功功率、频率及电容量分别为 750V、90kVA、1000Hz、250μF。考虑到实际使用中输出中频电压经常在 700V 左右，故每台电容器实际提供的无功功率为

$$Q_1 = U_{\text{o}}^2 \omega C = 77\text{kVA}$$

最后共需电容器台数为

$$Q_{\text{c}}/Q_1 = 14$$

4.3.2 三相桥式电流型逆变电路

1. 电路结构

三相桥式电流型逆变电路原理图如图 4-16（a）所示，该电路采用门极可关断晶闸管 GTO 作为开关器件，交流侧电容器是为了吸收换流时负载电感中存储的能量而设置的。

三相桥式电流型逆变电路是采用 120°导电型工作方式，即每个桥臂一个周期内导电 120°，按 VT$_1$～VT$_6$ 的顺序每隔 60°依次导通。每一时刻，上桥臂组和下桥臂组各有一个器件导通。换流时，是在上桥臂组和下桥臂组内依次换流，是横向换流方式。

2. 工作原理

电流型逆变电路输入侧有一个大电感滤波，输出交流电流波形和负载性质无关，故每相的电流为正负脉冲宽度各为 120°的矩形波，三相电流在相位上互差 120°，如图 4-16（b）所示，输出的线电压波形和负载性质有关，近似正弦波，但出现尖峰电压（毛刺），是由于在换流期间引起的，其数值较大，在选择开关器件耐压时必须加以考虑。

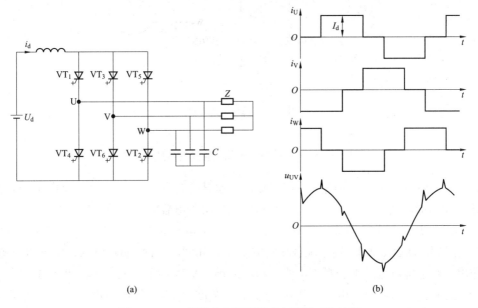

(a) (b)

图 4-16 三相桥式电流型逆变电路及工作波形
(a) 电路原理图；(b) 工作波形

3. 定量分析

输出电流波形和三相桥式可控整流电路在大电感负载下的交流输入电流波形形状相同，因此它们的谐波分析表达式也相同。输出交流电流基波有效值 I_{U1} 和直流电流 I_d 的关系为

$$I_{U1} = \frac{\sqrt{6}}{\pi} I_d = 0.78 I_d \qquad (4-48)$$

4. 串联二极管式晶闸管逆变电路

串联二极管式晶闸管逆变电路在中、大功率交流电动机调速系统中应用较多。串联二极管式晶闸管逆变电路原理图如图 4-17 所示。这是一个三相桥式电流型逆变电路，各桥臂的晶闸管和二极管串联使用。$VT_1 \sim VT_6$ 组成三相桥式逆变器，$C_1 \sim C_6$ 为换流电容，$VD_1 \sim VD_6$ 为隔离二极管，其作用是防止换流电容直接通过负载放电。电路采用 120° 导电工作方式，电动机正转时，管子的导通顺序是 $VT_1 \sim VT_6$，触发脉冲间隔为 60°，每个管子导通 120°。输出波形和图 4-16 (b) 大体相似。

现分析 VT_1、VT_2 稳定导通时，触发 VT_3 使 VT_1 关断的换流过程，换流时电流流通路径如图 4-18 所示。

(1) VT_1、VT_2 稳定导通时，直流电压加到电动机 U、W 相，用 C_{13} 表示 C_3 串 C_5 再与 C_1 并联的等效电容，充电极性为左正右负。等效电路如图 4-18 (a) 所示。

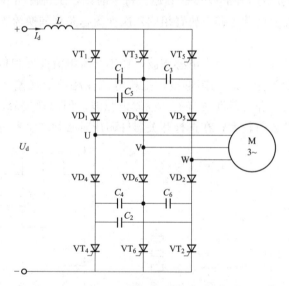

图 4-17　串联二极管式晶闸管逆变电路原理图

(2) VT_1 换流到 VT_3，当给 VT_3 触发脉冲使其立即导通时，在 C_{13} 充电电压作用下，VT_1 承受反压而关断，实现 VT_1 到 VT_3 的换流。由于电容 C_{13} 两端电压不能突变，使二极管 VD_3 承受反压处于截止状态，此时负载电流 I_d 由电源正端经 VT_3、C_{13}、VD_1、U 相负载、W 相负载、VD_2、VT_2 到电源负端构成通路，如图 4-18 (b) 所示。由于直流侧电感 L 的作用，对电容恒流放电。在 C_{13} 放电到零之前，VT_1 一直承受反压，保证其可靠关断。电容 C_{13} 放电到零并反向充电，电压由负变正（左负右正），等到与电动机反向电动势 e_{UV} 相等之后，VD_3 才承受正向电压导通。

(3) 当 VD_3 导通后，由于电动机漏感的作用，绕组中电流 i_U 和 i_V 不能突变，形成 VD_1

和 VD_3 同时导通的状态，C_{13} 与电动机 U、V 相的漏感组成谐振电路，使 V 相电流 i_V 从零上升到 I_d，而 U 相电流 i_U 从 I_d 下降到零，此期间，电动机三相绕组内都有电流流过，且满足 $i_U + i_V = i_W = I_d$。如图 4 - 18（c）所示。

（4）二极管换流结束后，电容 C_{13} 此时充电电压为左负右正，为下一次换流做准备，VD_1 承受反压而关断，此时换流为 VT_2、VT_3 导通，电流路径如图 4 - 18（d）所示。

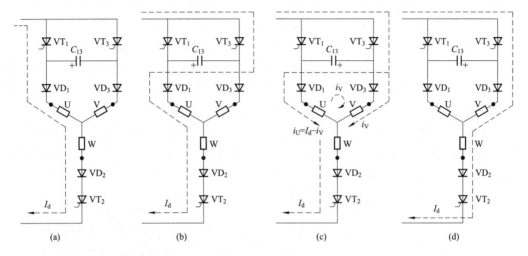

图 4 - 18　换流过程各阶段的电流路径

4.3.3　电流型逆变电路的特点

通过以上分析，电流型逆变电路的特点归纳如下：

（1）直流侧串联大电感，相当于电流源。直流侧电流基本无脉动，直流回路呈高阻抗。

（2）电路中开关器件的作用仅是改变直流电流的流通路径，因此交流侧输出电流为矩形波，并且与负载阻抗角无关；而输出电压波形和相位因负载阻抗角的不同而不同。

（3）当交流侧为阻感负载时无需提供无功功率，直流侧电感起缓冲无功能量的作用。因为反馈无功能量时直流电流并不反向，因此不需给开关管反并联二极管。

180°与 120°两种导电类型比较：在同样的直流电压时，180°导电逆变电压比 120°的高，可见 180°导电时开关器件的利用率比较高，故得到广泛应用。但从换流安全角度来看，120°导电型较为有利。由于 180°导电是同一桥臂相互换流，若逻辑切换控制不可靠，容易造成直流电源瞬间短路，导致换流失败。

4.4　逆变电路的多重化和多电平化

电压型逆变电路的输出电压是矩形波，电流型逆变电路的输出电流是矩形波，矩形波中含有较多的谐波，对负载会产生不利影响。为了减小矩形波中所含的谐波，常常采用多重逆变电路把几个矩形波组合起来，使输出的波形接近正弦波。也可以改变电路结构使电路输出较多的电平，使输出波形形状向正弦波靠近。

4.4.1 多重化逆变电路

逆变电路多重化有串联多重化和并联多重化两种方式。串联多重化是将几个逆变电路输出串联起来，电压型逆变电路多用此法；并联多重化是将几个逆变电路输出并联起来，电流型逆变电路多用此方法。

1. 单相电压型二重逆变电路

单相电压型二重逆变电路原理图如图 4-19（a）所示，电路由两个相同的单相全桥逆变电路构成，两个单相全桥逆变电路的输出通过变压器 T_1 和 T_2 串联起来，图 4-19（b）是电路工作波形，两个单相全桥逆变电路的输出电压 u_1 和 u_2 都是导通 180° 的矩形波，其中包含所有的奇次谐波。如图所示，把两个单相全桥逆变电路导通的相位错开 $\varphi = 60°$，则对于 u_1 和 u_2 中的 3 次谐波来说，它们的相位就错开了 $3 \times 60° = 180°$。通过变压器串联合成后，两者中所含 3 次谐波互相抵消，所得到的总输出电压中就不含 3 次谐波，从 4-19（b）可以看出，u_o 的波形是导通 120° 的矩形波，和三相桥式逆变电路 180° 导通方式下的线电压输出波形相同。其中只含 $6k \pm 1$（$k = 1, 2, 3 \cdots$）次谐波，$3k$（$k = 1, 2, 3 \cdots$）次谐波都被抵消了。

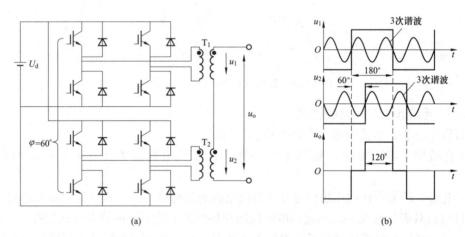

(a)   (b)

图 4-19 单相电压型二重逆变电路及工作波形
(a) 电路原理图；(b) 工作波形

2. 三相电压型二重逆变电路

电路原理图如图 4-20（a）所示，由两个相同的三相桥式逆变电路构成，其输入直流电源公用，输出电压通过变压器 T_1 和 T_2 串联合成。两个逆变器均为 180° 导通方式，它们各自的输出线电压都是导通 120° 的矩形波。工作时，使逆变桥 II 的相位比逆变器 I 滞后 30°，因此，变压器 T_1 和 T_2 在同一水平上画的绕组是绕在同一铁芯上。变压器 T_1 为 △/丫联结，线电压的电压比为 $1 : \sqrt{3}$（一次侧和二次侧绕组匝数相等）。变压器 T_2 一次绕组 △联结，二次侧有两个绕组，采用曲折星形联结，即一相的绕组和另一相串联构成星形，同时使其二次电压相对于一次电压而言，比 T_1 的接法超前 30° 以抵消逆变器 II 比逆变器 I 滞后的 30°。这样，u_{U2} 和 u_{U1} 的基波相位就相同了。如果 T_1 和 T_2 一次侧绕组匝数相等，为了使 u_{U2} 和 u_{U1} 的基波幅值相同，T_1 和 T_2 二次侧绕组间的匝比就应为 $1/\sqrt{3}$，工作波形如图 4-20（b）所示，由图可以看出，u_{UN} 比 u_{U1} 接近正弦波。

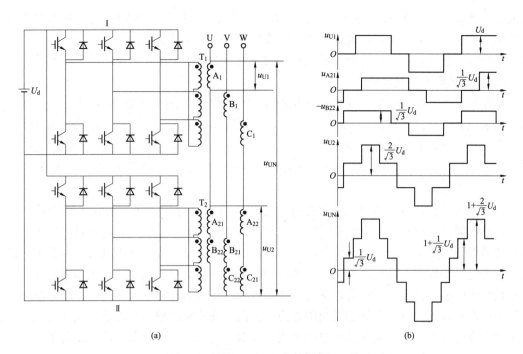

图 4-20 三相电压型二重逆变电路及工作波形

(a) 电路原理图；(b) 工作波形

把 u_{U1} 展开成傅里叶级数得

$$u_{U1} = \frac{2\sqrt{3}U_d}{\pi}\left[\sin\omega t + \frac{1}{n}\sum_n (-1)^k \sin n\omega t\right] \tag{4-49}$$

式中：$n = 6k \pm 1$，k 为自然数。

u_{U1} 的基波分量有效值为

$$U_{U11} = \frac{\sqrt{6}}{\pi}U_d = 0.78U_d \tag{4-50}$$

n 次谐波有效值为

$$U_{U1n} = \frac{\sqrt{6}}{n\pi}U_d \tag{4-51}$$

把输出相电压 u_{UN} 展开成傅里叶级数，可得 u_{UN} 的基波电压有效值为

$$U_{UN1} = \frac{2\sqrt{6}}{\pi}U_d = 1.56U_d \tag{4-52}$$

其 n 次谐波有效值为

$$U_{UNn} = \frac{2\sqrt{6}}{n\pi}U_d = \frac{1}{n}U_{UN1} \tag{4-53}$$

式中：$n = 12k \pm 1$，k 为自然数，在 u_{UN} 中已不含 5 次、7 次等谐波。

该三相电压型二重逆变电路的直流侧电流每周期脉动 12 次，称为 12 脉波逆变电路，一

般来说，使 m 个三相桥式逆变电路的相位依次错开 $\pi/3m$ 运行，连同使它们输出电压合成并抵消上述相位差的变压器，就可以构成脉波数为 $6m$ 的逆变电路。

采用多重化技术，负载得到的不是简单的方波，而是尽可能接近正弦波的阶梯波。

4.4.2 多电平逆变电路

前面讨论的三相电压型逆变电路（见图 4 - 9），以直流侧中性点 N′ 为参考点，对于 U 相输出来说，当桥臂 1 导通时，$u_{UN'}=U_d/2$，当桥臂 4 导通时，$u_{UN'}=-U_d/2$，如图 4 - 10（g）所示。同理，V、W 两相的波形 $u_{VN'}$、$u_{WN'}$ 与 $u_{UN'}$ 相同，只是相位依次差 120°，如图 4 - 10（h）、（i）所示。可以看出，电路的输出相电压有 $-U_d/2$ 和 $U_d/2$ 两种电平，是一种二电平逆变电路。

为了改善输出特性，可以采用两个逆变器做二重化处理。实际上要获得同样的输出效果，还可以通过对单一逆变电路进行改造，使之输出更多电平来实现，这就是多电平化。多电平化的思想就是由几个电平台阶合成阶梯波以逼近正弦波输出的处理方式，由此构成的多电平逆变电路不仅能降低所用功率开关器件的电压定额，而且大大地改善了输出特性，减少了输出电压中的谐波含量，还可以降低开关器件在开关过程中的 du/dt 和 di/dt，改善了逆变器的电磁兼容性。也无需像多重化中要使用多台特殊连接的输出变压器，故在高电压、大容量的逆变电路中，特别是在减少电网谐波和补偿电网无功方面有很好的应用前景。

多电平逆变电路的结构有二极管钳位型、电容钳位型和具有独立直流电源的级联型逆变电路。下面简要介绍使用较多的二极管钳位型三电平逆变电路。二极管钳位型三电平逆变电路原理图如图 4 - 21 所示，该电路的每个桥臂均由两个全控型器件构成，两个全控型器件均反并联一只二极管。每个桥臂的两个全控型器件的中点通过钳位二极管和直流侧电源中性点 N′ 相连接。其中 $V_{11} \sim V_{61}$ 是主逆变开关管，$V_{12} \sim V_{62}$ 是辅助，$VD_1 \sim VD_6$ 是中性点钳位二极管。由于逆变电路每相的上、下桥臂都由主、辅开关器件串联而成，每个器件在工作过程中可能承受的最高电压，理论上只有二电平逆变电路的一半，这是二极管钳位型三电平逆变电路的一个突出的优点。

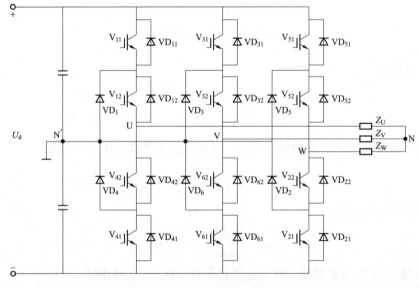

图 4 - 21　二极管钳位型三电平逆变电路原理图

以 U 相为例分析工作情况。当 V_{11} 和 V_{12}（或 VD_{11} 和 VD_{12}）导通，V_{41} 和 V_{42} 关断时，U 点和 N′点间电位差为 $U_d/2$。当 V_{41} 和 V_{42}（或 VD_{41} 和 VD_{42}）导通，V_{11} 和 V_{12} 关断时，U 点和 N′点间电位差为 $-U_d/2$。当 V_{12} 和 V_{42} 导通，V_{11} 和 V_{42} 关断时，U 点和 N′点间电位差为 0。实际上，V_{12} 和 V_{42} 不可能同时导通；当 $i_U>0$ 时，V_{12} 和钳位二极管 VD_1 导通，当 $i_U<0$ 时，V_{42} 和钳位二极管 VD_4 导通。即通过钳位二极管 VD_1 或 VD_4 的导通，把 U 点的电位钳位在 N′点电位上。

由相电压之间的相减可得到线电压。二电平逆变电路的输出线电压有 $\pm U_d$ 和 0 三种电平，而三电平逆变电路的输出线电压有 $\pm U_d$、$\pm U_d/2$ 和 0 五种电平。因此，三电平逆变电路输出电压谐波可大大少于两电平逆变电路，其输出电压比较接近正弦波。

用与三电平电路类似的方法，还可构成五电平、七电平等更多电平的电路，三电平及更多电平的逆变电路统称为多电平逆变电路。

4.5 逆变电路的 Matlab 仿真

4.5.1 电压型逆变电路仿真

1. 单相桥式电压型逆变电路仿真

（1）仿真模型。电路原理图见图 4-6（a），单相桥式电压型逆变电路仿真模型如图 4-22 所示。各元件模块的查找路径见表 4-1。其余元件模块的查询路径见表 3-3。

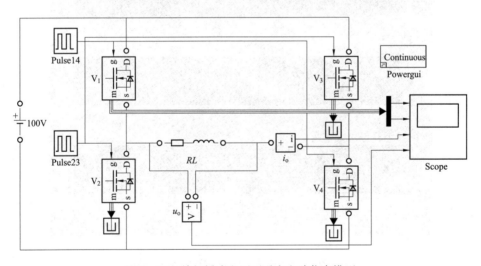

图 4-22　单相桥式电压型逆变电路仿真模型

表 4-1　　　　　　　　　　　　元件模块查找路径

模块名称	查找路径
直流电源（DC Voltage Source）	Simscape/SimPowerSystems/Electrical sources/
开关管（MOSFET）	SimPowersystems/Elements/Power Electronics
负载（Series RLC Branch）	SimPower systems/Elements/
终端模块（Terminator）	Simulink/Sinks/

（2）元件模块参数设置。直流电源电压设置为100V，阻感性负载$L=0.02$，$R=2$。4只MOSFET管子的触发脉冲1、4和2、3相位相差180°，并留有0.5%的死区时间，触发脉冲均由"Pulse Generator"产生，1、4管子的触发脉冲参数设置为脉冲幅值10V，脉冲周期0.02，脉冲宽度为49.5，脉冲延迟为0；2、3管子的触发脉冲参数设置为脉冲幅值10V，脉冲周期0.02，脉冲宽度为49.5，脉冲延迟为0.01。其余模块参数设置采用默认值。

（3）设置仿真参数。仿真时间设置为0.15s。其余参数采用默认值。启动仿真，单相桥式电压型逆变电路仿真波形如图4-23所示。

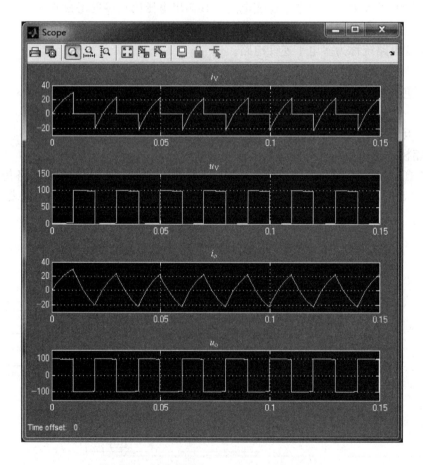

图4-23　单相桥式电压型逆变电路仿真波形

图4-23中4幅波形依次是开关管1电流、开关管1电压、负载电流、负载电压。改变直流电压或负载参数，可观察到不同的工作波形。

2.　三相桥式电压型逆变电路仿真

（1）仿真模型。原理图见图4-9，三相负载调用路径和单相桥式电路一样，仿真模型如图4-24所示。

（2）元件模块参数设置。三相负载$L=0.02$，$R=2$。6只开关管采用MOSFET，触发脉冲1、2、3、4、5、6的相位一次相差60°（0.0033333333s），留有0.5%的死区时间，第

1 个管子的触发脉冲参数设置为脉冲幅值 10V，脉冲周期 0.02，脉冲宽度为 49.5，脉冲延迟为 0；第 2、3、4、5、6 个管子的触发脉冲在此基础上脉冲延迟依次加上 0.0033333333s，其余模块参数采用默认值。

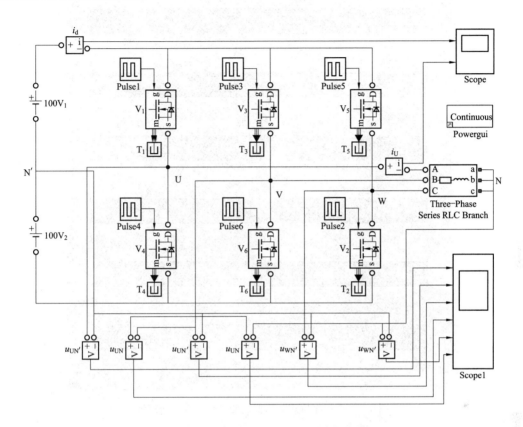

图 4-24 三相桥式电压型逆变电路仿真模型

（3）设置仿真参数。仿真时间为 0.15s。其余参数采用默认值。启动仿真，三相桥式电压型逆变电路仿真电压波形如图 4-25 所示。

4.5.2 电流型逆变电路仿真

1. 单相桥式电流型（并联谐振式）逆变电路

（1）仿真模型：电路原理图如图 4-13 所示。仿真模型如图 4-26 所示。

（2）元件模块参数设置。直流电源设置为 100V，直流侧电感 L_d=0.002H，负载是阻感串联再并联电容，L=0.00005，R=0.1，C=0.0008。4 只晶闸管触发脉冲 1、4 和 2、3 相位相差 180°，并留有 0.5% 的死区时间，1、4 管子的触发脉冲参数设置为脉冲幅值 10V，脉冲周期 0.001，脉冲宽度为 5，脉冲延迟为 0；2、3 管子的触发脉冲在此基础上脉冲延迟为 0.0005。

（3）设置仿真参数：仿真时间 0.035s。启动仿真，仿真结果如图 4-27 所示。4 幅波形依次是晶闸管电流、晶闸管电压、交流测电流、交流测电压，A、B 两点之间的电压波形。

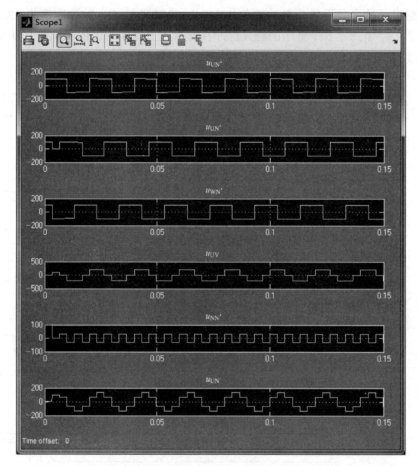

图 4 - 25　三相桥式电压型逆变电路仿真电压波形

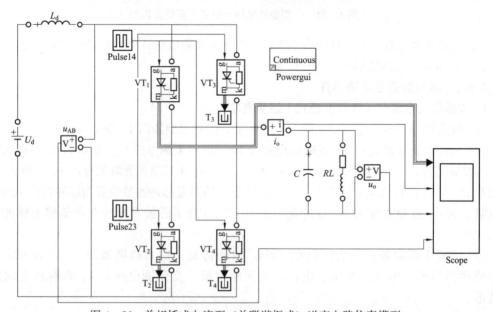

图 4 - 26　单相桥式电流型（并联谐振式）逆变电路仿真模型

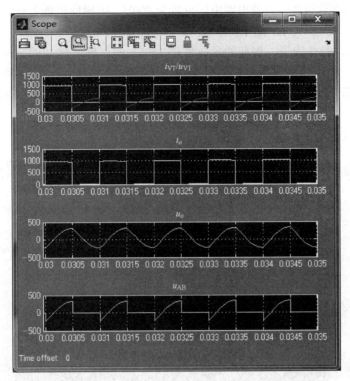

图 4 - 27　单相桥式电流型（并联谐振式）逆变电路仿真波形

2.　三相桥式电流型逆变电路

（1）仿真模型。电路原理图如图 4 - 16（a）所示。仿真模型如图 4 - 28 所示，仿真模型中采用全控型器件门极可关断晶闸管（GTO）作为开关管，其元件模块查找路径和晶闸管的查找路径相同。

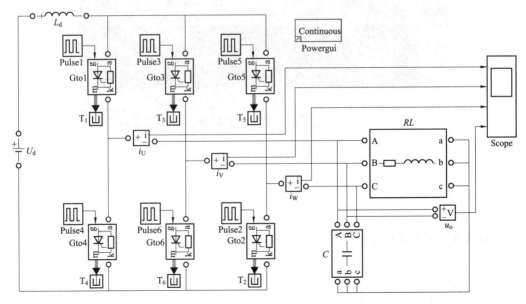

图 4 - 28　三相桥式电流型逆变电路仿真模型

（2）元件模块参数设置。直流电源电压设置为 200V，阻感性负载 $L=0.005$，$R=8$，$C=0.0001$。6 只门极可关断晶闸管触发脉冲 1、2、3、4、5、6 相位相差 60°（0.0033333333s），每个管子一周期的导通角是 120°，所以触发脉冲的脉冲宽度设置为周期的 33.33%，第 1 管子的触发脉冲的脉冲幅值 10V，脉冲周期 0.02，脉冲宽度为 33.33%，脉冲延迟为 0；第 2、3、4、5、6 个管子的触发脉冲延迟依次加上 0.0033333333s，其他参数设置不变。

（3）仿真参数设置：仿真时间设置为 0.1s，启动仿真，仿真波形如图 4-29 所示。

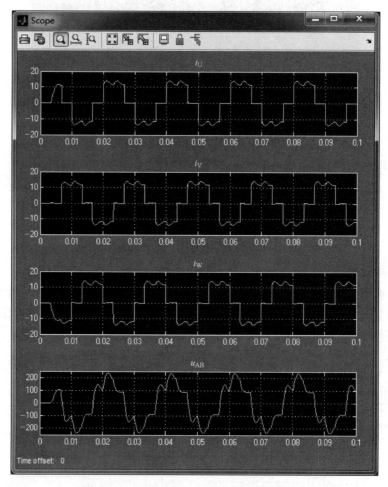

图 4-29　三相桥式电流型逆变电路仿真波形

习题

1. 阐述和区别下列概念：

（1）逆变和变频。

（2）有源逆变和无源逆变。

2. 阐述换流方式及其特点。

3. 如何区分电压型逆变电路和电流型逆变电路？

4. 电压型逆变电路中反馈二极管的作用是什么？为什么电流型逆变电路中没有反馈二极管？

5. 180°和120°导电型三相桥式电压型逆变电路的主要区别是什么？

6. 180°导电型三相桥式电压型逆变电路，$U_d = 200V$。试求输出相电压的基波分量幅值 U_{UN1m} 和基波分量有效值 U_{UN1}，输出线电压的基波分量幅值 U_{UV1m} 和有效值，输出线电压中 5 次、7 次谐波分量的有效值 U_{UV5}、U_{UV7}。

7. 单相桥式（并联谐振式）电流型逆变电路利用负载电压进行换相，为保证换相应满足什么条件？

8. 串联二极管式电流型逆变电路中，二极管的作用是什么？试分析换流过程。

9. 逆变电路多重化的目的是什么？如何实现？串联多重和并联多重逆变电路各用于什么场合？

10. 多电平逆变电路的特点有哪些？

5

直流—直流变换电路

5.1　概述

5.1.1　直流—直流变换电路的原理

直流—直流变换电路的原理是通过电力电子器件的开关作用，把恒定的直流电压变为另一固定数值的直流电压或可调的直流电压。

由于全控型电力电子器件及控制技术的迅速发展，也极大地促进了直流变流技术的发展，有效地提高了直流—直流变流电路的频率，减少了低频谐波分量，降低了对滤波元器件的要求。由于变压器、电感和电容的体积与电源频率的平方根成反比，从而减少了整个装置的体积和重量。随着各种新型斩波电路不断出现，为进一步提高直流变换电路的动态性能、降低开关损耗、减少电磁干扰开辟了新的途径。

5.1.2　直流—直流变换电路的分类

1. 直流—直流变换电路的分类

直流—直流变换电路包括直接变换电路和间接变换电路

（1）直接直流变换电路。也称直流斩波电路（DC Chopper）。它的功能是将恒定的直流电压直接变为另一固定数值的直流电压或可调的直流电压，一般情况下输入与输出之间不隔离。

它具有效率高、体积小、质量轻、成本低等优点，广泛用于直流牵引变速拖动中，如直流电网供电的地铁车辆、城市无轨电车和电动汽车；还广泛用于直流开关电源和电池供电的设备中，如通信电源、笔记本电脑、计算器、远程控制器和移动电话等。

（2）间接直流变换电路。在直流变换电路中增加了交流环节，在交流环节中通常采用变压器实现输入输出间的隔离，也称为带隔离的直流—直流变换电路或直—交—直电路。是开关电源的主要结构形式。

2. 斩波电路的分类

直流斩波电路有多种拓扑结构，可分为降压斩波电路、升压斩波电路、升降压斩波电路、Cuk 斩波电路、Sepic 斩波电路和 Zeta 斩波电路等几种形式；利用相同结构的基本斩波电路进行组合，可构成多相多重斩波电路。

3. 间接直流变换电路的分类

间接直流变流电路可分为正激变换电路、反激变换电路、推挽变换电路、半桥变换电路和全桥变换电路等几种形式。

下面分别讨论这些基本电路。

5.2 基本直流斩波电路

在降压、升压、升降压、Cuk、Sepic 和 Zeta 六种斩波电路中，降压斩波电路和升压斩波电路是最基本的斩波电路，下面分别介绍其基本电路及工作原理。

5.2.1 降压斩波电路

1. 电路结构

降压斩波电路（Buck Chopper）电路原理图如图 5-1（a）所示，由电压源 E、串联开关器件 V、续流二极管 VD 和负载组成。开关器件 V 为全控型器件 IGBT，电路中的负载为电动机或蓄电池等反电动势负载，若负载中无反电动势，可令 $E_M = 0$，以下的分析和表达式均可适用。

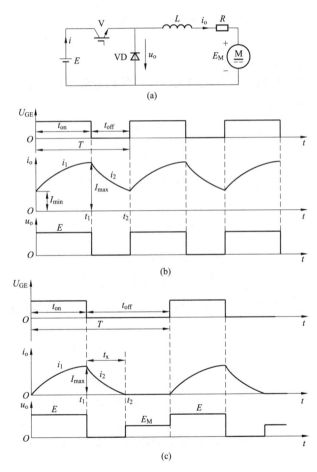

图 5-1　降压斩波电路的原理图及工作波形
（a）电路原理图；（b）电流连续时的波形；（c）电流断续时的波形

2. 工作模式

在分析稳态特性时，为简化推导公式的过程，假定电路中的器件均为理想元件。由于电感 L 的存在，根据电感的大小不同该电路存在电流连续和断续两种工作模式。

147

（1）电流连续工作模式。

1）工作原理。电流连续工作模式的波形如图 5-1（b）所示。图中，U_{GE} 是加在 V 的栅射极的驱动电压，在 $t=0$ 时刻，$U_{GE}>0$，驱动 V 导通，二极管 VD 反偏截止，电源 E 向负载供电，负载电压 $u_o=E$，电感储能，使负载电流 i_o 按指数曲线上升。

在 $t=t_1$ 时刻，$U_{GE}=0$，控制 V 关断，电感释放能量，负载电流经二极管 VD 续流，如忽略二极管 VD 的压降，负载电压 $u_o=0$，负载电流按指数曲线下降。直至一个周期 T 结束，再重复上一个周期的工作过程。为了保持电流连续平稳，通常串接较大的电感。

2）定量分析。当电路工作于稳态时，负载电压的平均值为

$$U_o = \frac{t_1 E}{T} = \frac{t_{on} E}{T} = \frac{t_{on}}{t_{on}+t_{off}}E = \alpha E \qquad (5-1)$$

式中：t_{on} 为 V 导通的时间；t_{off} 为 V 关断的时间；T 为 V 开关周期，$T=t_{on}+t_{off}$；α 为占空比。

改变占空比，可使输出直流电压在 $0\sim E$ 之间连续可调。由于 $t_{on}\leqslant T$，所以 $U_o\leqslant E$，即负载上得到的直流电压平均值小于直流输入电压，故称为降压斩波器。

负载电流的平均值为

$$I_o = \frac{U_o - E_M}{R} \qquad (5-2)$$

若电感为无穷大，负载电流平直，在此情况下，假设电源电流为 i，其平均值 I 为

$$I = \frac{t_{on} I_o}{T} = \alpha I_o \qquad (5-3)$$

由上式得

$$EI = \alpha E I_o = U_o I_o \qquad (5-4)$$

可见，降压斩波电路的输入功率等于输出功率，可将降压斩波电路看作是直流降压变压器。

3）解析分析。在 $t=0$ 时刻，V 通，因负载电流连续，在 V 处于通态期间，负载电流为 i_1，列方程得

$$L\frac{di_1}{dt} + Ri_1 + E_M = E \qquad (5-5)$$

V 导通期间负载电流的初始值为 I_{min}（负载电流瞬时值的最小值），设 $\tau=L/R$，解上式得

$$i_1 = I_{min}e^{-\frac{t}{\tau}} + \frac{E - E_M}{R}\left(1 - e^{-\frac{t}{\tau}}\right) \qquad (5-6)$$

到了 $t=t_1$ 时刻，V 关断，V 关断期间负载电流为 i_2，列方程为

$$L\frac{di_2}{dt} + Ri_2 + E_M = 0 \qquad (5-7)$$

电流 I_{max}（负载电流瞬时值的最大值）是 V 关断期间的初始值，解上式得

$$i_2 = I_{max}e^{-\frac{t-t_{on}}{\tau}} - \frac{E_M}{R}(1 - e^{-\frac{t-t_{on}}{\tau}}) \tag{5-8}$$

$$I_{min} = i_2(T) \tag{5-9}$$

$$I_{max} = i_1(t_1) \tag{5-10}$$

由式（5-6）、式（5-8）～式（5-10）得

$$I_{min} = \left(\frac{e^{t_1/\tau} - 1}{e^{T/\tau} - 1}\right)\frac{E}{R} - \frac{E_M}{R} = \left(\frac{e^{\alpha\rho} - 1}{e^{\rho} - 1} - m\right)\frac{E}{R} \tag{5-11}$$

$$I_{max} = \left(\frac{1 - e^{-t_1/\tau}}{1 - e^{-T/\tau}}\right)\frac{E}{R} - \frac{E_M}{R} = \left(\frac{1 - e^{-\alpha\rho}}{1 - e^{-\rho}} - m\right)\frac{E}{R} \tag{5-12}$$

式中：$\rho = T/\tau$；$m = E_M/E$；$\tau_1/\tau = \dfrac{t_1}{T}\dfrac{T}{\tau} = \alpha\rho$。

（2）电流断续工作模式。

1）工作原理。波形如图 5-1（c）所示。L 较小。在 $t = 0$ 时刻，$U_{GE} > 0$，驱动 V 导通，二极管 VD 反偏截止，电源 E 向负载供电，负载电压 $u_o = E$，电感储能，使负载电流 i_o 按指数曲线上升。

在 $t = t_1$ 时刻，$U_{GE} = 0$，控制 V 关断，电感释放能量，负载电流经二极管 VD 续流，如忽略二极管 VD 的压降，负载电压 $u_o = 0$，负载电流按指数曲线下降。

在 $t = t_2$ 时刻，电感储存的能量释放完，VD 关断，V 继续关断，负载电压 $u_o = E_M$，负载电流为零，出现负载电流断续情况。直至一个周期 T 结束，再重复上一个周期的工作过程。

2）定量分析。当电路工作于稳态时，负载电压的平均值为

$$U_o = \frac{t_{on}E + (T - t_{on} - t_x)E_M}{T} = \left[\alpha + \left(1 - \frac{t_{on} + t_x}{T}\right)m\right]E \tag{5-13}$$

输出电压的平均值 U_o 不仅和占空比 α 有关，也和 E_M 有关，U_o 被抬高了，一般不希望出现电流断续的工作情况。

负载电流的平均值为

$$I_o = \frac{U_o - E_M}{R} \tag{5-14}$$

3）解析分析。利用电流连续时的解析分析方法，电流断续时有 $I_{min} = 0$，当 $t = t_{on} + t_x$ 时，$i_2 = 0$，代入式（5-6）和式（5-8）得 t_x 为

$$t_x = \tau\ln\left[\frac{1 - (1 - m)e^{-\alpha\rho}}{m}\right] \tag{5-15}$$

由图 5-1（c）可以看出，电流断续时 $t_x < t_{off}$，由此得出电流断续的判断条件为

$$m > \frac{e^{\alpha\rho} - 1}{e^{\rho} - 1} \tag{5-16}$$

3. 控制方式

由式（5-1）可知，改变占空比 α，可使输出直流电压 U_o 在 $0\sim E$ 之间连续可调。而占空比 $\alpha=t_{on}/T$，可以看出改变占空比的方式（即降压斩波电路的控制方式）有：

（1）脉冲宽度控制（Pulse Width Modulation，PWM），也称脉冲调宽型。即保持电力电子器件的通断频率（开关周期 T）不变，改变脉冲宽度 t_{on}，使 t_{on} 在 $0\sim T$ 之间变化，负载电压在 $0\sim E$ 之间变化。

（2）脉冲频率控制（Pulse Frequency Modulation，PFM），也称频率调制或调频型。即保持脉冲宽度 t_{on} 一定，改变电力电子器件通断频率 f，$f=1/T$。f 增加 T 减小，当 $T=t_{on}$ 时电路全导通，$u_o=E$；f 下降 T 增大时，输出电压 u_o 减小。

（3）混合控制，即同时改变 f 和 t_{on}，使占空比 α 改变。

以上三种控制方法都是改变占空比 α，实现改变斩波电路的输出电压。较常用是脉冲宽度控制方式，即 PWM 控制方式。

例 5 - 1　在图 5 - 1（a）所示的直流降压斩波电路中，$E=110\text{V}$，$L=1\text{mH}$，$R=0.25\Omega$，$E_M=11\text{V}$，$T=2500\mu\text{s}$，$t_1=t_{on}=1000\mu\text{s}$。试判断负载电流是否连续；并计算负载电流平均值 I_o、负载电压平均值 U_o 及负载电流的最小和最大瞬时值。

解：（1）由式（5-16）得负载电流在临界状态时的占空比 α 为

$$\alpha=\frac{1}{\rho}\ln[1+m(e^{\rho}-1)]$$

式中：$m=E_M/E=11/110=0.1$，$\rho=T/\tau=TR/L=0.625$。

于是 $\alpha=0.133$。实际上，$\alpha=t_1/T=1000/2500=0.4>0.133$，故电流连续。

（2）计算负载电压平均值

$$U_o=\alpha E=(t_1/T)E=44\text{V}$$

（3）计算负载电流平均值

$$I_o=\frac{U_o-E_M}{R}=132\text{A}$$

（4）根据式（5-11）、式（5-12）求 I_{min} 和 I_{max}，式中的 $\alpha\rho=0.4\times0.625=0.25$。

$$I_{min}=\left(\frac{e^{\alpha\rho}-1}{e^{\rho}-1}-m\right)\frac{E}{R}=99.94\text{A}$$

$$I_{max}=\left(\frac{1-e^{-\alpha\rho}}{1-e^{-\rho}}-m\right)\frac{E}{R}=165.4\text{A}$$

5.2.2　升压斩波电路

1. 电路结构

直流升压斩波电路（Boost Chopper）的原理图如图 5 - 2（a）所示，由电压源 E、电感 L、开关器件 V（IGBT）、续流二极管 VD 和负载组成。

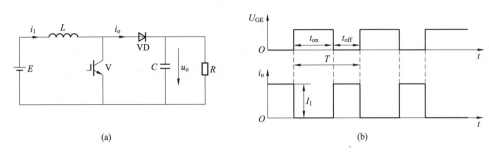

图 5-2 直流升压斩波电路的原理图及工作波形
(a) 电路原理图；(b) 工作波形

2. 工作原理

与降压斩波电路分析相似，根据电感的大小不同该电路存在电流连续和断续两种工作模式。设电路中电感 L 值很大，可将电源看做恒流源，电流连续。当 V 导通时，流过 L 的电流基本恒定为 I_1，导通时间为 t_{on}，因此在 L 上储存的能量为 EI_1t_{on}。同时已充好电的电容 C 向负载 R 供电，设电容值很大，故输出电压 u_o 可看成为恒值，记为 U_o。当 V 关断时，L 储存的能量和电源能量共同供给负载，并对 C 充电。如关断时间为 t_{off}，稳态时流过 L 的电流仍为 I_1，于是，L 释放的能量为 $(U_o-E)I_1t_{off}$。

3. 定量分析

一个周期 T 中电感储存与释放的能量相等，即

$$EI_1t_{on}=(U_o-E)I_1t_{off} \tag{5-17}$$

化简得负载电压的平均值为

$$U_o=\frac{t_{on}+t_{off}}{t_{off}}E=\frac{T}{t_{off}}E=\frac{1}{\beta}E \tag{5-18}$$

式中：$T/t_{off}\geqslant 1$，称为升压比；β 为升压比的倒数。

可见，输出电压比输入电压高，调节 β（调节方法和降压斩波电路改变占空比 α 的方法类似）即可改变输出电压 U_o。β 和 α 的关系为

$$\alpha+\beta=1 \tag{5-19}$$

负载电流的平均值为

$$I_o=\frac{U_o}{R}=\frac{1}{\beta}\frac{E}{R} \tag{5-20}$$

如果忽略电路中的损耗，则电源提供的能量仅由负载 R 消耗，即

$$EI_1=U_oI_o \tag{5-21}$$

由式（5-21）可以看出，升压斩波电路的输入功率等于输出功率，可将升压斩波电路看作是直流升压变压器。

由上式可得电源电流平均值 I_1 为

$$I_1 = \frac{U_o}{E}I_o = \frac{1}{\beta}I_o \qquad\qquad (5-22)$$

例5-2 在图5-2（a）所示的直流升压斩波电路中，$E=20\mathrm{V}$，L 和 C 值极大，$R=10\Omega$，脉宽调制方式，$T=100\mu\mathrm{s}$，$t_{on}=60\mu\mathrm{s}$。计算负载电压平均值 U_o、负载电流平均值 I_o 和电源电流平均值 I_1。

解：（1）负载电压平均值 U_o

$$U_o = \frac{T}{t_{off}}E = 50\mathrm{V}$$

（2）负载电流的平均值 I_o

$$I_o = \frac{U_o}{R} = 5\mathrm{A}$$

（3）电源电流平均值 I_1

$$I_1 = \frac{U_o}{E}I_o = 12.5\mathrm{A}$$

4. 直流升压斩波电路在电力拖动中的运用

（1）电路结构。如果需要将直流电动机发电反馈制动时的能量反馈回电网，可采用升压斩波电路，电路原理图如图5-3（a）所示，图5-3（b）、（c）所示为工作波形。图中电动机反电势相当于图5-2中的电源，而直流电源相当于图5-2中的负载，由于直流电源的电压恒定，故无需并联电容器。

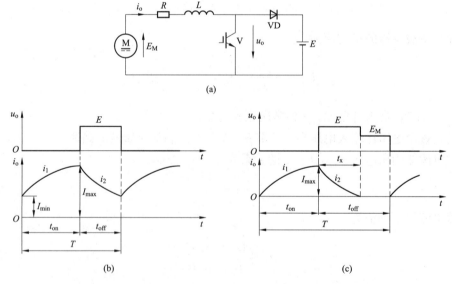

图5-3　用于直流电动机发电反馈制动的直流升压斩波电路及波形
（a）电路原理图；（b）电流连续时的波形；（c）电流断续时的波形

（2）工作原理。当 V 处于导通状态（t_{on}）时，电动机的反电动势 E_M 经过 R 对 L 储存能量，此时 $u_o=0$，电流 i_1 增加；当 V 处于截止状态（t_{off}）时，电动机的反电动势 E_M 和 L 经过二极管对电源充电，将制动能量回馈给电源，此时 $u_o=E$，电流 i_2 减小。如果电路中电感足够大,直流电动机的负载比较大的时候,电流为连续状态,波形如图 5-3(b)所示。如果电路中电感小,电流为断续状态,波形如图 5-3(c)所示。

(3)解析分析。

1)电流连续解析分析。V 导通时,电动机使 L 储存能量,其电流为 i_1,电路的电压平衡方程为

$$L \frac{\mathrm{d}i_1}{\mathrm{d}t} + Ri_1 = E_\mathrm{M} \tag{5-23}$$

设负载电流 i_1 的初始值为 $I_{\min}$,解上式得

$$i_1 = I_{\min}\mathrm{e}^{-\frac{t}{\tau}} + \frac{E_\mathrm{M}}{R}(1 - \mathrm{e}^{-\frac{t}{\tau}}) \tag{5-24}$$

V 关断时,电动机及电感储存的能量向直流电源回馈,其电流为 i_2,电压平衡方程为

$$L \frac{\mathrm{d}i_2}{\mathrm{d}t} + Ri_2 = E_\mathrm{M} - E \tag{5-25}$$

设负载电流 i_2 的初始值为 $I_{\max}$,解上式得

$$i_2 = I_{\max}\mathrm{e}^{-\frac{t-t_\mathrm{on}}{\tau}} - \frac{E-E_\mathrm{M}}{R}(1 - \mathrm{e}^{-\frac{t-t_\mathrm{on}}{\tau}}) \tag{5-26}$$

当电流连续时,$t = t_\mathrm{on}$ 时,$i_1 = I_{\max}$,t 达 T 时,$i_2 = I_{\min}$,代入式(5-24)、式(5-26)得

$$I_{\max} = I_{\min}\mathrm{e}^{-\frac{t_\mathrm{on}}{\tau}} + \frac{E_\mathrm{M}}{R}(1 - \mathrm{e}^{-\frac{t_\mathrm{on}}{\tau}}) \tag{5-27}$$

$$I_{\min} = I_{\max}\mathrm{e}^{-\frac{t_\mathrm{off}}{\tau}} - \frac{E-E_\mathrm{M}}{R}(1 - \mathrm{e}^{-\frac{t_\mathrm{off}}{\tau}}) \tag{5-28}$$

引入升压比倒数 $\beta = t_\mathrm{off}/T$,加以整理后得

$$I_{\min} = \frac{E_\mathrm{M}}{R} - \left(\frac{1-\mathrm{e}^{-\frac{t_\mathrm{off}}{\tau}}}{1-\mathrm{e}^{-\frac{T}{\tau}}}\right)\frac{E}{R} = \left(m - \frac{1-\mathrm{e}^{-\beta\rho}}{1-\mathrm{e}^{-\rho}}\right)\frac{E}{R} \tag{5-29}$$

$$I_{\max} = \frac{E_\mathrm{M}}{R} - \left(\frac{\mathrm{e}^{-\frac{t_\mathrm{on}}{\tau}}-\mathrm{e}^{-\frac{T}{\tau}}}{1-\mathrm{e}^{-\frac{T}{\tau}}}\right)\frac{E}{R} = \left(m - \frac{\mathrm{e}^{-\alpha\rho}-\mathrm{e}^{-\rho}}{1-\mathrm{e}^{-\rho}}\right)\frac{E}{R} \tag{5-30}$$

将上两式的指数函数按泰勒级数展开,只取一次项,可得

$$I_{\min} = I_{\max} = (m - \beta)\frac{E}{R} \tag{5-31}$$

该式表示电枢电流的最小值和最大值与 L 为无穷大时电枢电流平均值 I_o 相等,因为

$$I_\mathrm{o} = \frac{E_\mathrm{M}-U_\mathrm{o}}{R} = \frac{E_\mathrm{M}-(t_\mathrm{off}/T)E}{R} = \frac{E_\mathrm{M}-\beta E}{R} = (m - \beta)\frac{E}{R} \tag{5-32}$$

2）电流断续解析分析。电流断续时，当 $t=0$ 时，$i_1=I_{\min}=0$，令式（5－27）中 $I_{\min}=0$，即可求出 $I_{\max}$，进而写出 i_2 的表达式，当 t 达到 $T-(t_{\mathrm{off}}-t_{\mathrm{x}})$ 时，$i_2=0$，t_{x} 为

$$t_{\mathrm{x}}=\tau\ln\left(\frac{1-m\mathrm{e}^{-\frac{t_{\mathrm{on}}}{\tau}}}{1-m}\right) \tag{5－33}$$

电流断续时 $t_{\mathrm{x}}<t_{\mathrm{off}}$，由此得出电流断续的判断条件为

$$m<\frac{1-\mathrm{e}^{-\beta\rho}}{1-\mathrm{e}^{-\rho}} \tag{5－34}$$

5.2.3 升降压斩波电路

升降压斩波电路主要用于开关稳压电源中，可以输出负极性电压，输出电压可高于或低于输入电压，其电路原理图及工作波形如图 5－4 所示。

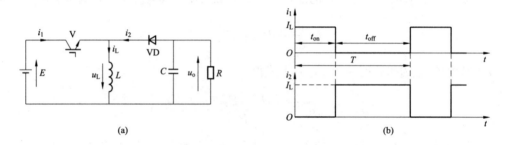

图 5－4 直流升降压斩波电路的原理图及工作波形
（a）电路原理图；（b）工作波形

当 V 导通时，电源向电感提供能量，二极管 VD 反向偏置，此时 $u_{\mathrm{L}}=E$，电流为 i_1。同时因电容 C 足够大，其输出电压基本恒定并向负载 R 供电。如 V 关断，电感储能供给负载，电流为 i_2。从图可见，负载电压极性为上负下正，与电源极性相反，$u_{\mathrm{L}}=-u_{\mathrm{o}}$，故又称为反极性斩波电路，一周期的电感储存与释放的能量相等，于是

$$Et_{\mathrm{on}}=U_{\mathrm{o}}t_{\mathrm{off}} \tag{5－35}$$

所以输出电压为

$$U_{\mathrm{o}}=\frac{t_{\mathrm{on}}}{t_{\mathrm{off}}}E=\frac{t_{\mathrm{on}}}{T-t_{\mathrm{on}}}E=\frac{\alpha}{1-\alpha}E \tag{5－36}$$

当 $0<\alpha<1/2$ 时，U_{o} 比电源电压低，为降压；$1/2<\alpha<1$ 时，U_{o} 比电源电压高，为升压。

电源电流的平均值 I_1 与负载电流的平均值 I_2，在电流很小脉动时有如下关系

$$I_1/I_2=t_{\mathrm{on}}/t_{\mathrm{off}} \tag{5－37}$$

因此

$$I_1=\frac{t_{\mathrm{on}}}{t_{\mathrm{off}}}I_2=\frac{\alpha}{1-\alpha}I_2 \tag{5－38}$$

忽略元件及线路损耗时，有

$$EI_1 = U_o I_2 \qquad (5-39)$$

电路的输入与输出功率相等，亦可将它看作直流变压器。

5.2.4 Cuk 斩波电路

对上述三种斩波电路研究表明：降压式输入电流断续、纹波很大，输出电流连续而纹波小；升压式输入电流连续纹波小，输出电流断续而纹波大；升降压式输入、输出电流均断续且文波都非常大。图 5-5（a）所示的电路以发明者 Cuk 命名，即 Cuk 斩波电路（Cuk Chopper），又称为最佳拓扑斩波电路，它克服了上述电路的缺点，其输入、输出电流均连续，纹波小。图中 L_1、L_2 为储能电感，C 为储能电容，VD 为升压二极管，并兼任续流二极管。

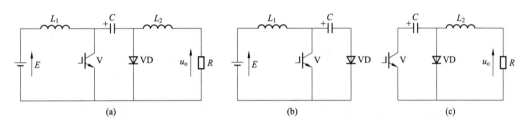

图 5-5 Cuk 斩波电路原理图及其等效电路

（a）电路原理图；（b）升压斩波等效电路；（c）降压斩波等效电路

当 V 导通时，电源通过 V 向 L_1 提供能量，而电容 C 通过 V 向 L_2 及负载 R 供电。当 V 关断时，E 与 L_1 通过 VD 共同向 C 充电，而 L_2 则通过 VD 向 R 释放电能。当电路进入稳态，电感电容足够大时，输出电压 u_o 及 C 的电压可认为是常值。因此图 5-5（a）可用图 5-5（b）及图 5-5（c）来等效。如果将图 5-5（b）与图 5-5（c）和图 5-2（a）与图 5-1（a）进行比较，就会发现除二极管和电容的位置交换外，实质上 Cuk 斩波电路是由升压和降压电路组合而成的。对于图 5-5（b）按升压斩波电路处理。

C 两端电压为其输出电压，参照式（5-18）可得

$$U_C = \frac{T}{t_{off}} E = \frac{T}{T - t_{on}} E = \frac{1}{1-\alpha} E \qquad (5-40)$$

对图 5-5（c）按降压斩波电路，U_C 为其输入，则其输出电压为

$$U_o = \alpha U_C \qquad (5-41)$$

将式（5-40）代入式（5-41）得

$$U_o = \frac{\alpha}{1-\alpha} E \qquad (5-42)$$

此式与式（5-36）一致，可见 Cuk 斩波电路也是升降压斩波电路。输出电压可以大于或小于输入电压。电路电流波形如图 5-6 所示，它综合了降压式和升压式输出或输入电流纹波很小的优点，有利于输入、输出进行滤波。

5.2.5 Sepic 斩波电路

Sepic 斩波电路原理图如图 5-7 所示。

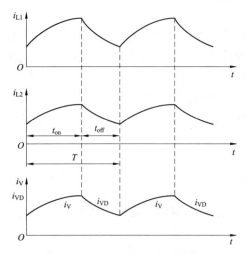

图 5-6 Cuk 斩波电路电流波形

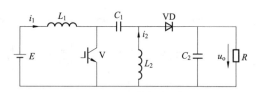

图 5-7 Sepic 斩波电路原理图

Sepic 斩波电路可以看成由升压斩波电路的输入部分和升降压斩波电路前后级联而成。Sepic 斩波电路的基本原理是：当 V 处于通态时，$E{\rightarrow}L_1{\rightarrow}V$ 回路和 $C_1{\rightarrow}V{\rightarrow}L_2$ 回路同时导通，L_1 和 L_2 储能。当 V 处于断态时，$E{\rightarrow}L_1{\rightarrow}C_1{\rightarrow}VD{\rightarrow}$负载（$C_2$ 和 R）回路和 $L_2{\rightarrow}VD{\rightarrow}$负载回路同时导通，此阶段 E 和 L_1 既向负载供电，同时也向 C_1 充电，以保证 C_1 在 V 导通期间向电感 L_2 提供能量。

Sepic 斩波电路的输入输出关系为

$$U_o = \frac{t_{on}}{t_{off}}E = \frac{t_{on}}{T - t_{on}}E = \frac{\alpha}{1 - \alpha}E \tag{5-43}$$

Sepic 斩波电路中，由于电源回路中存在电感，使输入电流连续，有利于输入滤波，但负载电流是脉冲波形，电路输出电压为正极性。

5.2.6 Zeta 斩波电路

Zeta 斩波电路原理图如图 5-8 所示。在电路稳态时，在一个工作周期中，当 V 处于通态时，$E{\rightarrow}V{\rightarrow}L_1$ 回路和 $E{\rightarrow}V{\rightarrow}C_1{\rightarrow}L_2{\rightarrow}$负载回路同时导通，$L_1$ 储能，同时 E 和 C_1 共同经 L_1 向负载供电。二极管 VD 反偏，处于截止状态；当 V 处于断态时，$L_1{\rightarrow}VD{\rightarrow}C_1$ 回路和 $L_2{\rightarrow}$负载（C_2 和 R）$\rightarrow$VD 回路同时导通，此阶段 L_1 向 C_1 充电，L_1 中的能量转移至 C_1；L_2 经二极管 VD 续流。

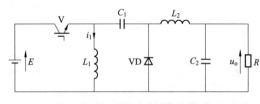

图 5-8 Zata 斩波电路原理图

二极管 VD 关断后，C_1 经电感 L_2 向负载供电。

Zeta 斩波电路的输入输出关系为

$$U_o = \frac{\alpha}{1-\alpha}E \tag{5-44}$$

5.3 其他直流斩波电路

将上节介绍的升压和降压斩波电路进行组合，可构成复合斩波电路；将相同结构的斩波电路进行组合，可构成多相多重斩波电路，两者的目的均在于提高电路的整体性能。

5.3.1 复合斩波电路

1. 电流可逆斩波电路

当斩波电路用于拖动直流电动机时，降压斩波电路能使电动机工作于第 1 象限，升压斩波电路能使电动机工作于第 2 象限。如要求电动机在单方向既可电动运行，又能做发电反馈制动，将能量回馈电源。采用降压斩波电路与升压斩波电路组合构成电流可逆斩波电路（Current Reversible Chopper），电路原理图如图 5-9（a）所示。此时电动机电流可正可负，但电压极性不变，故电动机可工作于第 1 象限和第 2 象限。

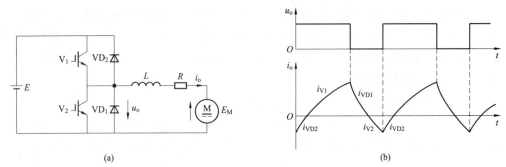

图 5-9　直流电流可逆斩波电路原理图及波形
（a）电路原理图；（b）波形图

该电路有三种工作方式：第一种工作方式是 V_1 和 VD_1 构成降压斩波电路，而 V_2 和 VD_2 总是关断，此时电源向直流电动机供电，电动机为电动运行，工作于第 1 象限。第二种工作方式是 V_2 和 VD_2 构成升压斩波电路，而 V_1 和 VD_1 总是关断，此时直流电动机将其动能转换为电能反馈回电源，为发电反馈状态，工作于第 2 象限。这两种方式前面已做论述。第三种工作方式是一个周期内交替地作降压斩波和升压斩波工作，在这种工作方式下，当降压斩波电路或升压斩波电路的电流断续而为零时，使另一个斩波电路工作，让电流反方向流过，这样电动机电枢回路总有电流流过。下面简介其工作过程。

当 V_1 导通时，电源向电动机供电，电抗器 L 储存能量；如 V_1 关断，由于 L 不大，储存能量不多，短时间便释放完毕，电枢电流为零，此为降压斩波电流断续工作方式。如这时马上使 V_2 导通，电动机反电动势 E_M 令电路流过反向电流，L 再次储能；当关断 V_2 后，由 E_M 与 L 储存的能量通过 VD_2 向电源回馈，在 L 能量释放完毕后，反向电流降为零，此为升压斩波电流断续工作方式。如再次使 V_1 导通，则重复上述工作过程。图 5-9（b）所示为此工作方式的输出电压、电流波形及流过各器件的电流。需要注意的是，应该防止 V_1、V_2 同时导通，否则会导致电源短路，危及各开关器件。这样在一个周期内，电枢电流沿正、负两个方向流通，电流不断，响应很快。

2. 桥式可逆斩波电路

如电动机需正、反转运行，并要求正反转均能实现发电机反馈制动，即要求电动机能在4个象限运行，这时只要将两个电流可逆斩波电路组合便成，这就是桥式可逆波电路（Bridge Reversible Chopper），桥式可逆斩波电路原理图如图 5-10 所示。

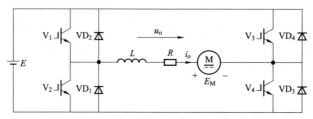

图 5-10　桥式可逆斩波电路原理图

当 V_4 保持导通时，V_1、V_2、VD_1、VD_2 组成一组电流可逆斩波电路，与图 5-9（a）相同。其中 V_1 和 VD_1 构成降压斩波电路，向电动机供电，使其工作与第 1 象限；而 V_2 和 VD_2 构成升压斩波电路，使其向电源回馈电能，工作于第 2 象限。如 V_2 保持导通时，V_3、V_4、VD_3、VD_4 又组成另一组电流可逆斩波电路。其中 V_3 和 VD_3 为降压斩波电路，电动机工作于第 3 象限，为反转电动状态；而 V_4 和 VD_4 为升压斩波电路，电动机工作于第 4 象限，为发电反馈制动状态。该电路同样应防止 V_1 与 V_2 或 V_3 与 V_4 同时导通，以免电源被短路。

5.3.2 多相多重斩波电路

为了减小斩波电路的输入、输出电流的脉动，可在电源与负载间接入多个结构相同但相位错开的斩波电路，从而组成多相多重斩波电路。斩波器的相数是指一个周期中电源侧的电流脉波数，重数是指负载侧电流脉波数。图 5-11 所示为三相三重降压斩波电路及波形，该

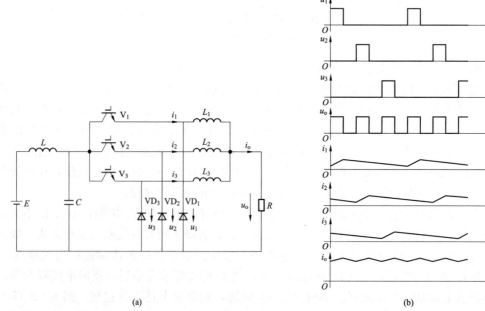

(a)　　　　　　　　　　　　　　(b)

图 5-11　三相三重降压斩波电路原理图及波形

(a) 电路原理图；(b) 波形图

电路由 3 个降压斩波电路单元并联而成。其输出电压 u_o 和输出电流 i_o 均为各单元电路输出电压和输出电流之和，其斩波频率为单元电路的 3 倍，而且谐波电流的最低频率提高了，使电流脉动率下降，有利于负载平稳运行。对输入侧滤波器和输出侧平波电抗器的要求大大下降，使它们的体积和重量减少。

多相多重斩波电路还具有备用功能，各单元电路可互为备用，万一某单元发生故障，其余各单元还可以继续运行，因而总体可靠性提高。

5.4　隔离型直流—直流变换电路

前面介绍的斩波电路都有一个共同的特点，就是输入和输出之间是直接连接。在某些场合，如输出端与输入端需要隔离、多路输出需要相互隔离、输出电压与输入电压之比远小于 1 或远大于 1 以及为减小变压器和滤波电容、电感的体积和重量，交流环节采用较高的工作频率，在这些场合，则需采用变压器隔离的隔离型直流—直流变流电路。隔离型直流—直流变流电路的结构如图 5-12 所示。

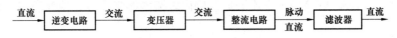

图 5-12　隔离型直流—直流变换电路的结构

与直流斩波电路相比，电路中增加了交流环节，也称为直—交—直电路或间接式直流变流电路。隔离型直流—直流变流电路分为单端（Single End）和双端（Double End）电路两大类，在单端电路中，变压器中流过的是直流脉动电流，而双端电路中，变压器中的电流为正负对称的交流电流，正激电路和反激电路属于单端电路，半桥、全桥和推挽电路属于双端电路。

5.4.1　正激变换电路

1. 电路结构

图 5-13（a）所示为一种典型的带有磁心复位的正激变换电路原理图，其在隔离变压器中增加一个用于去磁的第三绕组，将变压器中存储的能量返送到电源中去。该电路也存在电流连续和电流断续两种工作模式，下面主要分析电流连续工作模式。

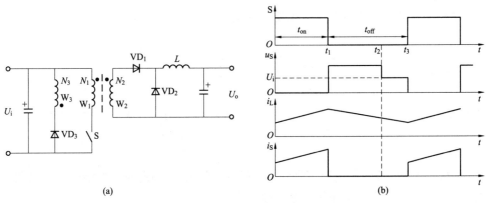

图 5-13　正激电路原理图和波形图
(a) 电路原理图；(b) 波形图

2. 工作原理

当开关 S 开通后，电源加在变压器一次绕组 W_1 上，一次绕组 W_1 的电流从零开始增加，其感应电动势极性为上正下负，则其二次绕组 W_2 上的感应电动势极性也为上正下负，二极管 VD_1 正向导通，VD_2 反向截止，此时电源向负载提供能量，电感 L 储能，电感上的电流逐渐增大。

当开关 S 开断后，变压器一次电流和二次电流都为零，VD_1 截止，VD_2 导通，电感 L 通过 VD_2 续流，将能量释放给负载，电流逐渐下降，正激变换电路的工作波形如图 5-13（b）所示。

3. 变压器磁心复位

在开关 S 关断后到下一次重新开通的时间内，必须使变压器的励磁电流降回零，否则将导致变压器铁芯饱和。所以，在开关 S 断开后，必须使变压器励磁电流回零，这一过程为变压器的磁心复位。图 5-13（a）的电路中，变压器的第三绕组 W_3 与二极管 VD_3 组成了磁心复位电路。磁心复位过程波形如图 5-14 所示。

S 断开期间，变压器 W_3 绕组感应的电动势极性为上正下负，使 VD_3 导通，磁场能量回流电源，电流逐渐减少至零，从 S 断开到 W_3 绕组的电流下降到零所需时间为 t_{rst}。S 处于断态的时间必须大于 t_{rst}，以保证 S 下次开通前励磁电流能够降为零，使变压器磁芯可靠复位。

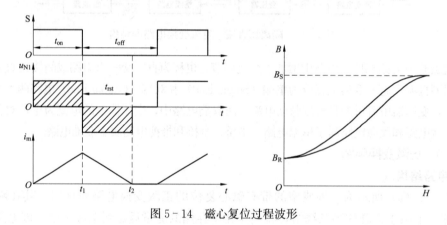

图 5-14 磁心复位过程波形

4. 定量分析

（1）在开关 S 断开期间，开关上承受的电压为

$$u_S = U_i - u_{N1} = U_i + \frac{N_1}{N_3}U_i = \left(1 + \frac{N_1}{N_3}\right)U_i \tag{5-45}$$

式中：u_{N1} 为变压器绕组 W_1 上的感应电压。

从上式可见，在开关 S 关断且变压器励磁电流回零之前，开关 S 上承受的电压高于电源电压；当变压器励磁电流回零后，开关 S 上承受电源电压，其电压波形如图 5-13（b）所示。

（2）S 断开到 W_3 绕组的电流下降到零所需的时间 t_{rst}。稳态时，忽略电路的损耗，一个周期内变压器绕组 W_1 平均电压等于零，即

$$\frac{1}{T}\int_0^T u_{N1} \, dt = U_i t_{on} + \left(-\frac{N_1}{N_3}U_i t_{rst}\right) = 0 \tag{5-46}$$

$$t_{rst} = \frac{N_3}{N_1} t_{on} \tag{5-47}$$

（3）输出电压 U_o 和输入电压 U_i 之间的关系。如果输出电感和电容足够大，保证输出电流连续且电压稳定，当 S 开通时，$u_L = \frac{N_2}{N_1} U_i - U_o$，当 S 关断时，$u_L = -U_o$，由于电感 L 的电压在一个周期内平均电压等于零，即

$$\frac{1}{T} \int_0^T u_L dt = \left(\frac{N_2}{N_1} U_i - U_o \right) t_{on} + (-U_o) t_{off} = 0 \tag{5-48}$$

于是正激变换电路的输出电压和输入电压的关系为

$$\frac{U_o}{U_i} = \frac{N_2}{N_1} \frac{t_{on}}{T} \tag{5-49}$$

从式（5-49）可以看出，正激变换电路的电压关系与降压斩波电路相似，只增加了变压器的电压比。所以正激变换电路可以看作具有隔离变压器的降压斩波电路。

正激变换电路具有很多其他形式的电路拓扑结构，它们的工作原理和分析方法基本相同。正激变换电路结构简单可靠，广泛应用于功率为数百瓦至数千瓦的开关电源中。但由于其变压器铁芯工作在其磁化曲线的第 1 象限，变压器铁芯未得到充分的利用。因此，在相同功率条件下，正激变换电路中变压器体积、重量和损耗都较后面介绍的全桥、半桥和推挽变换电路大。因此在电源和负载条件恶劣、干扰很强的环境下使用的开关电源，又对体积、重量及效率要求不太高时，采用正激电路较合适。而工作条件较好，对体积、重量及效率要求严格的开关电源，应采用全桥型、半桥型和推挽电路。

5.4.2 反激变换电路

1. 电路结构

反激变换电路原理图如图 5-15（a）所示。同正激变换电路不同，反激变换电路中的变压器不仅起了输入和输出电路隔离的作用，还起储能电感作用，在工作中总是经历着储能—放电的过程。反激电路也存在电流连续和电流断续两种工作模式，反激电路工作于电流连续模式时，其变压器磁芯的利用率会显著下降，实际使用中，通常避免该电路工作于电流连续模式。

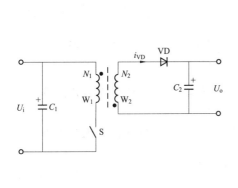

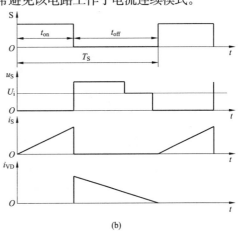

（a）

（b）

图 5-15 反激电路原理图和波形图

（a）电路原理图；（b）波形图

2. 电流连续工作模式

(1) 工作原理。当开关 S 开通后,电源加在变压器一次绕组 W_1 上,一次绕组 W_1 的电流从零开始增加,其感应的电动势极性为上正下负,则其二次绕组 W_2 上的感应电动势极性为上负下正,二极管 VD 反偏截止,此时电容 C 向负载提供能量。

当开关 S 关断后,变压器一次绕组 W_1 的电流被切断,线圈中的磁场储能急剧减少,二次绕组 W_2 上的感应电动势极性变为上正下负,二极管 VD 导通,变压器储能逐步释放给负载和电容 C 充电。反激变换电路的工作波形如图 5-15 (b) 所示。由于变压器感应电动势的存在,在开关关断期间,器件承受的电压高于电源电压。

(2) 定量分析。

1) 在开关 S 关断期间,开关上承受的电压为

$$u_S = U_i + \frac{N_1}{N_2} U_o \tag{5-50}$$

2) 当电路工作在电流连续模式时,电路电压的输入和输出关系为

$$\frac{U_o}{U_i} = \frac{N_2}{N_1} \frac{t_{on}}{t_{off}} \tag{5-51}$$

3. 电流断续工作模式

(1) 工作原理

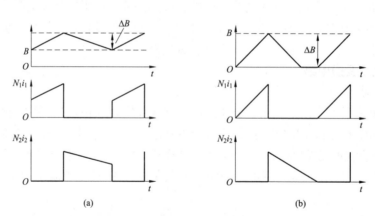

图 5-16　反激型电路电流连续和断续时变压器磁通密度与绕组电流的关系

(a) 电流连续模式;(b) 电流断续模式

此时电路在一个开关周期内相继经历 3 个开关状态。电路中的波形如图 5-16 (b) 所示。

(2) 定量分析。当电路工作在电流断续模式时,电路电压的输入和输出关系为

$$\frac{U_o}{U_i} = \frac{N_2}{N_1} \sqrt{\frac{1}{K}} \tag{5-52}$$

$$K = \frac{2L}{\alpha^2 TR} \tag{5-53}$$

式中：L 为从变压器二次侧测得的电感量；α 为占空比；T 为开关周期；R 为负载等效电阻。

当电路工作在电流断续模式时，输出电压将随负载减小而升高，在负载为零的极限情况下，U_o 将趋向无穷大，这将损坏电路中的元件，因此反激变换电路不能工作在负载开路状态。由于反激型电路变压器的绕组 W_1 和 W_2 在工作中不会同时有电流流过，不存在磁动势相互抵消的可能，因此变压器磁芯的磁通密度取决于绕组中电流的大小。

从图 5 - 16 中可以看出，在最大磁通密度相同的条件下，电流连续工作时，磁通密度的变化范围 ΔB 小于电流断续工作模式。在反激型电路中，ΔB 正比于一次绕组每匝承受的电压乘以开关处于通态的时间 t_{on}，在电路的输入电压和 t_{on} 相同的条件下，较大的 ΔB 意味着变压器需要较少的匝数，或较小尺寸的磁芯。从这个角度来说，反激型电路工作于断续模式时，变压器磁芯的利用率较高、较合理，故通常在设计反激型电路时应保证其工作于电流断续模式。

反激型电路的结构较为简单，元器件数少，因此成本低，广泛用于数瓦至数十瓦的小功率开关电源中，在各种家电、计算机设备、工业设备中广泛使用的小功率开关电源中，基本都采用反激型电路。

5.4.3 半桥变换电路

1. 电路结构

半桥电路原理图如图 5 - 17 所示，变压器一次侧两端分别连接在电容 C_1、C_2 的连接点和开关 S_1、S_2 的连接点。电容 C_1、C_2 的电压分别为 $U_i/2$。变压器一次绕组 W_1 的匝数为 N_1，二次绕组 W_2、W_3 的匝数均为 N_2。

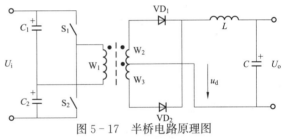

图 5 - 17　半桥电路原理图

2. 工作原理

半桥电路也存在电流连续和断续两种工作模式。下面主要分析电流连续工作模式。

在一个开关周期内电路经历 4 个开关状态。当 S_1 导通，二极管 VD_1 处于通态；当 S_2 导通时，二极管 VD_2 处于通态；当 S_1 和 S_2 都关断时，变压器一次绕组 W_1 中的电流为零，根据变压器的磁动势平衡方程，绕组 W_2 和 W_3 中的电流大小相等、方向相反，二极管 VD_1 和 VD_2 同时导通。当 S_1 或 S_2 导通时，电感 L 的电流逐渐上升；S_1 和 S_2 都关断时，电感 L 上的电流逐渐下降。S_1 和 S_2 在断态时承受的峰值电压均为 U_i。电感足够大且负载电流连续时的半桥电路工作波形如图 5 - 18 所示。

当 S_1 导通时，电流从 S_1 经 W_1 流入，当 S_2 导通时，电流经 W_1 向 S_2 流出。当开关 S_1 和 S_2 交替导通使变压器一次侧 W_1 形成幅值为 $U_i/2$ 的交流电压，改变开关的占空比，就可以改变二次侧整流电压 u_d 的平均值，也就改变了输出电压 U_o。

由于电容的隔直作用，半桥型电路对由于两个开关导通时间不对称而造成的变压器一次电压的直流分量有自动平衡作用，因此该电路不容易发生变压器偏磁和直流磁饱和的问题。为了避免上下两开关在换相过程中发生短暂的同时导通而造成短路损坏开关，每个开关各自的占空比不能超过 50%，并应留有裕量。

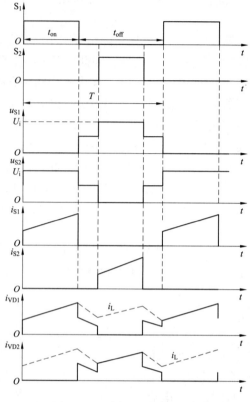

图 5-18　半桥电路工作波形

3. 定量分析

当电感 L 的电流连续时，有

$$\frac{U_o}{U_i} = \frac{N_2}{N_1} \frac{t_{on}}{T} \tag{5-54}$$

如果电感电流不连续，输出的电压 U_o 将高于式（5-54）的数值，U_o 将随负载减小而升高，在负载为零的极限情况下，输出电压 U_o 为

$$U_o = \frac{N_2}{N_1} \frac{U_i}{2} \tag{5-55}$$

半桥型电路变压器的利用率高，且没有偏磁的问题，可以广泛用于数百瓦至数千瓦的开关电源中。与下面将要介绍的全桥型电路相比，半桥型电路开关器件数量少（但电流等级要大些），同样的功率成本要低些，故可以用于对成本要求较苛刻的场合。

5.4.4　全桥变换电路

1. 电路结构

全桥电路原理图如图 5-19 所示。全桥型电路中的逆变电路由 4 个开关组成，由 4 只二极管构成不可控整流电路输出直流电，经滤波后供给负载。

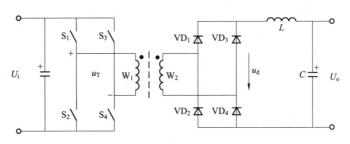

图 5 - 19　全桥电路原理图

2. 工作原理

全桥电路也存在电流连续和断续两种工作模式。下面主要分析电流连续工作模式。

逆变电路有 4 个开关，互为对角的两个开关同时导通，而同一侧半桥上下两个开关交替导通，将直流电压逆变成幅值为 U_i 的交流电压，加在变压器一次侧。改变开关的占空比，就可以改变整流电压的平均值，也改变了输出电压 U_o。每个开关断开时承受的峰值电压均为 U_i。

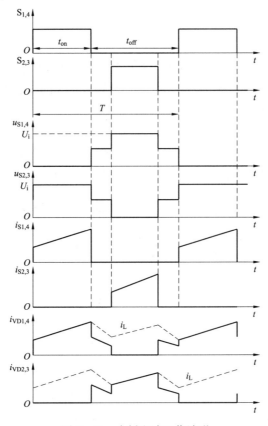

图 5 - 20　全桥电路工作波形

当 S_1 和 S_4 导通且 S_2 和 S_3 关断时，变压器二次侧二极管 VD_1 和 VD_4 导通，电感 L 中的电流逐渐上升；当 S_2 和 S_3 导通且 S_1 和 S_4 关断时，变压器一次电压和二次电压极性反向，二极管 VD_2 和 VD_3 导通，电感 L 中的电流逐渐上升，此时 S_1 和 S_4 均不开通，承受电源电压；当 $S_1 \sim S_4$ 都关断时，由电感 L 给负载提供能量，$VD_1 \sim VD_4$ 都导通续流，各承担二分之一的负载电流，电感释放能量，电流逐渐下降。S_1 和 S_2 在断态时承受的峰值电压均为 U_i。电感足够大且负载电流连续时的波形如图 5-20 所示。

若 S_1、S_4 与 S_2、S_3 的导通时间不对称，则交流电压 u_T 中将含有直流分量，会在变压器一次电流中产生很大的直流分量，并可能造成磁路饱和，故全桥型电路应注意避免电压直流分量的产生，也可以在一次回路中串联一个电容，以阻断直流电流。

为了避免上下两开关在换相过程中发生短暂的同时导通而造成短路损坏开关，每个开关各自的占空比不能超过 50%，并应留有裕量。

3. 定量分析

当滤波电感 L 的电流连续时，全桥电路的输入和输出关系为

$$\frac{U_o}{U_i} = \frac{N_2}{N_1} \frac{2t_{on}}{T} \qquad (5-56)$$

如果电感电流不连续，输出的电压 U_o 将高于式（5-56）的数值，U_o 将随负载减小而升高，在负载为零的极限情况下，输出电压 U_o 为

$$U_o = \frac{N_2}{N_1} U_i \qquad (5-57)$$

在隔离型变换电路中，如采用相同电压和电流容量的开关器件时，全桥变换电路输出功率最大，但结构也复杂，该电路广泛用于数百瓦至数百千瓦的工业用开关电源中。

5.4.5 推挽变换电路

1. 电路结构

推挽变换电路原理图如图 5-21 所示。推挽变换电路可以看成由完全对称的两个单端正激变换电路组合而成，该电路也存在电流连续和电流断续两种工作模式。

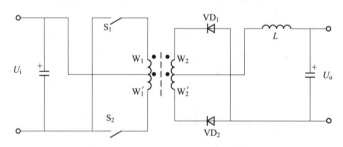

图 5-21 推挽变换电路原理图

2. 电流连续工作模式

（1）工作原理。推挽变换电路中的开关 S_1 和 S_2 交替导通，在绕组 W_1 和 W_2 两端分别形成相位相反的交流电。当 S_1 导通，变压器一次绕组 W_1 上的电压 $u_{N1} = -U_i$，S_2 上的电压 $u_{S2} \approx 2U_i$，（为 W_1 和 W_1' 的全部电压），此时二极管 VD_1 导通，电源向负载提供能量，电感 L 储能；S_2 导通且 S_1 关断时，绕组 W_1' 上的电压 $u_{N_1'} \approx U_i$，S_1 上的电压 $u_{S1} \approx 2U_i$，此时二极管 VD_2 导通，电源向负载提供能量，电感 L 储能；S_1 和 S_2 都不导通时，由电感向负载提供能量，电感电流逐渐下降，二极管 VD_1 和 VD_2 同时导通，各分担负载一半电流。推换电路的工作波形如图 5-22 所示。

如果开关 S_1 和 S_2 同时导通，相当于变压器一次绕组短路。为避免两个开关同时导通，每个开关各自的占空比不能超过 50%，还要留有裕量。

（2）定量分析。当滤波电感 L 的电流连续时，推挽变换电路的输入和输出关系为

$$\frac{U_o}{U_i} = \frac{N_2}{N_1} \cdot \frac{2t_{on}}{T} \tag{5-58}$$

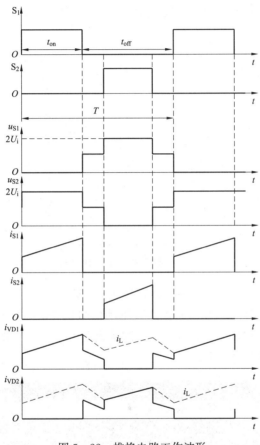

图 5-22　推挽电路工作波形

3. 电流断续工作模式

如果输出的电感电流不连续，输出的电压 U_o 将高于式（5-58）的数值，U_o 将随负载减小而升高，在负载为零的极限情况下，输出电压 U_o 为

$$U_o = \frac{N_2}{N_1} U_i \tag{5-59}$$

推挽变换电路的优点是在输入回路中只有一个开关的通态压降，电路的通态损耗小，适合向输入电压较低的电源供电。但其缺点是开关器件在关断状态下承受两倍的电源电压。

另外，由于两个开关器件的性能不可能完全相同，使变压器在一个工作周期内工作情况不完全对称，存在偏磁问题，使用时需引起注意。若 S_1 和 S_2 导通时间不对称，则交流电压中将含有直流分量，会造成磁路饱和。与全桥电路不同的是，推挽电路无法在变压器一次侧

串隔直电容，因此只能靠精确的控制信号和电路元件参数匹配来避免电压直流分量的产生。

5.5 直流—直流变换电路的 Matlab 仿真

5.5.1 斩波电路仿真

1. 降压斩波电路仿真

（1）仿真模型。降压斩波电路原理图如图 5-1（a）所示，仿真模型如图 5-23 所示。

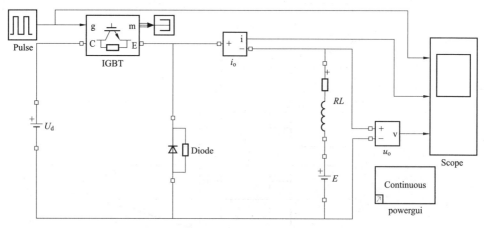

图 5-23 降压斩波电路仿真模型

（2）元件模块参数设置。直流电源电压设置为 200V，阻感性负载 $L=0.005$，$R=2$，反电动势 $E_m=80$。采用 IGBT 作为开关管，其驱动信号由 Pulse Generator 产生，脉冲幅值 10V，脉冲周期 0.001，脉冲宽度为 70%，脉冲延迟为 0。其余参数采用默认值。仿真时间为 0.02s。仿真结果如图 5-24 所示。

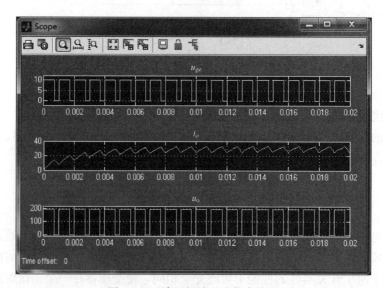

图 5-24 降压斩波电路仿真波形

3 幅波形依次是驱动信号、负载电流和负载电压。读者可以改变驱动信号的周期、负载等参数来观察电路波形的变化情况。

2. 升压斩波电路仿真

（1）仿真模型。升压斩波电路原理图如图 5－2（a）所示，仿真模型如图 5－25 所示。

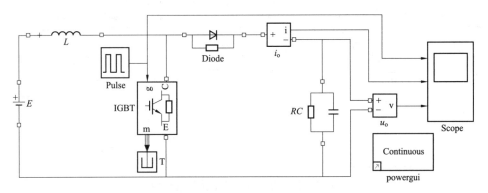

图 5－25　升压斩波电路仿真模型

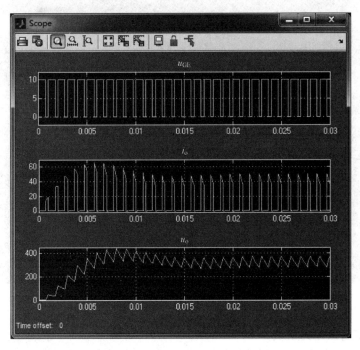

图 5－26　升压斩波电路仿真波形

（2）元件模块参数设置。直流电源电压设置为 100V，电感 $L=0.005$，$R=2$，$C=0.0001$。采用 IGBT 作为开关管，其驱动信号由 Pulse Generator 产生，脉冲幅值 10V，脉冲周期 0.001，脉冲宽度为 50%，脉冲延迟为 0。其余模块参数设置采用默认值。仿真时间为 0.03s。升压斩波电路仿真波形如图 5－26 所示。

3. 升降压斩波电路仿真

（1）仿真模型。升降压斩波电路原理图如图 5－4（a）所示，仿真模型如图 5－27 所示。

（2）元件模块参数设置。直流电源电压设置为 100V，电感 $L=0.005$，$R=2$，$C=0.0001$。采用 IGBT 作为开关管，其驱动信号由 Pulse Generator 产生，脉冲幅值 10V，脉冲周期 0.001，脉冲宽度为 50%，脉冲延迟为 0。其余模块参数设置采用默认值。仿真时间为 0.04s。升降压斩波电路仿真波形如图 5-28 所示。

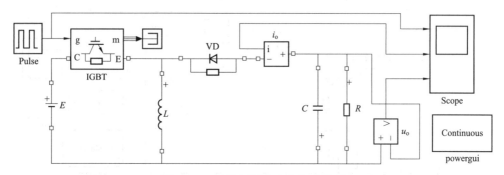

图 5-27　升降压斩波电路仿真模型

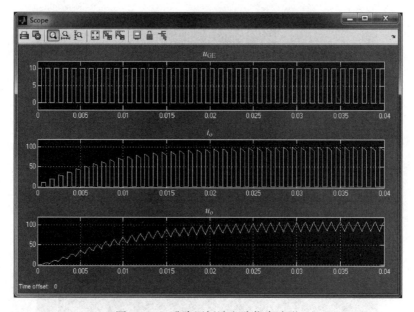

图 5-28　升降压斩波电路仿真波形

4. 电流可逆斩波电路仿真

（1）仿真模型。电路原理图如图 5-9（a）所示，仿真模型如图 5-29 所示，自定义函数 Fcn 模块的查找路径为 Simulink/User-Defined/。

（2）模块参数设置。直流电源电压设置为 $E=100V$，电感 $L=0.001$，$R=1$，$E_m=50$。采用 MOSFET 作为开关管，其驱动信号由 Pulse Generator 产生，脉冲幅值 10V，脉冲周期 0.001，脉冲宽度为 70%，脉冲延迟为 0。为保证 VT_2 驱动信号与 VT_1 反相，采用 F_{cn} 自定义函数来实现，仿真时间设置为 0.03s。电流可逆斩波电路仿真波形如图 5-30 所示。

两幅波形依次是负载电流和负载电压。读者可以改变驱动信号的占空比、负载等参数来观察电路波形的变化情况。

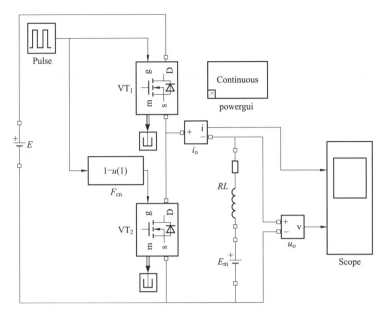

图 5 - 29　电流可逆斩波电路仿真模型

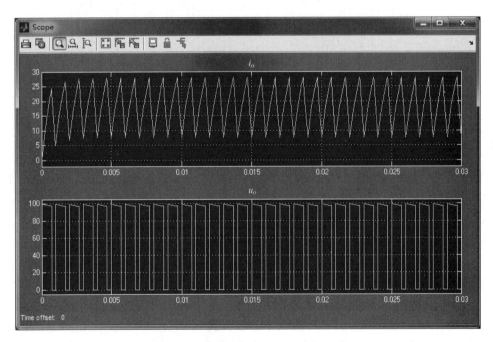

图 5 - 30　电流可逆斩波电路仿真波形

5.5.2　带隔离的直流—直流变换电路仿真

1. 正激电路

(1) 仿真模型。原理图如图 5 - 13 (a) 所示。仿真模型如图 5 - 31 所示。

(2) 模块参数设置。

1) 直流电源电压设置为 $U_i = 100\text{V}$，电感 $L = 1\text{mH}$，设置观察电感电流，$R = 5\Omega$，设置

观察电阻电压，$C=50F$。

2) 脉冲设置：采用 Mosfet 作为开关管，其驱动信号由 Pulse Generator 产生，脉冲幅值 10V，脉冲周期 0.00005，脉冲宽度为 50%，脉冲延迟为 0。

3) 变压器参数设置：Units 选 pu，Nominal power and frequency 栏设置 $P_n=1000$，$f_n=20e^3$，Winding 1 parameters 栏设置 $V_1=100$，$R_1=0.002$，$L_1=0.001$；Winding 2 parameters 栏设置 $V_2=100$，$R_2=0.002$，$L_2=0.001$；Three windings transformer 栏打 "√"；Winding 3 parameters 栏设置 $V_3=100$，$R_3=0.005$，$L_3=0.001$；Magnetization resistance and inductance 栏设置 $R_m=100$，$L_m=20$；Measurements 栏选择 Magnetization current。

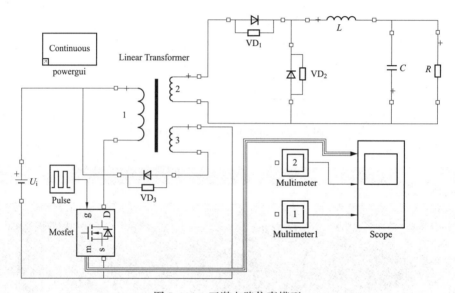

图 5-31　正激电路仿真模型

4) Mosfet 参数设置：FET resistance R_{on} 栏设置 0.01；internal diode inductance L_{on} 栏设置 1e−9；internal diode resistance R_d 栏设置 0.01；internal diode forward voltage V_f 栏设置 0，Initial current I_c 栏设置 0；Subber resistance R_s 栏设置为 10，Subber capacitance C_s 栏设置为 1e−9；Show measurement port 栏打 "√"。

5) 二极管 VD$_1$ 和 VD$_2$ 参数设置相同：resistance R_{on} 栏设置 0.001；inductance L_{on} 栏设置 0；forward voltage V_f 栏设置 0，Initial current I_c 栏设置 0；Subber resistance R_s 栏设置为 10，Subber capacitance C_s 栏设置为 1e−9。

6) 二极管 VD$_3$ 参数设置：resistance R_{on} 栏设置 0.001；inductance L_{on} 栏设置 0；forward voltage V_f 栏设置 0.8，Initial current I_c 栏设置 0；Subber resistance R_s 栏设置为 10，Subber capacitance C_s 栏设置为 1e−9；仿真时间设置为 0.002s。仿真波形如图 5-32 所示。

2. 全桥电路仿真

(1) 仿真模型。电路原理图如图 5-19 所示。仿真模型如图 5-33 所示。

(2) 模块参数设置。

1) 直流电源电压设置为 $U_i=100V$；$L=0.3mH$，设置观察电感电流；$R=5\Omega$，$C=15\mu F$。

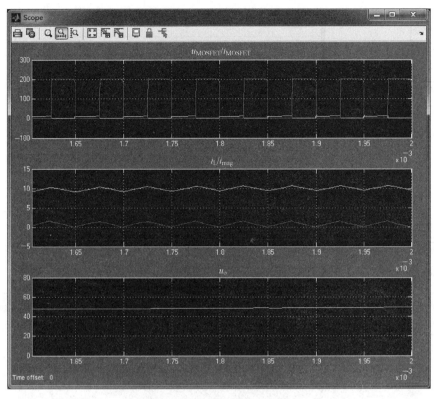

图 5 - 32　正激电路仿真波形

2）触发脉冲设置：采用 Mosfet 作为开关管，两个驱动信号由 Pulse Generator 产生，脉冲幅值 10V，脉冲周期 0.00005，脉冲宽度为 30%，脉冲延迟为 0 和 0.000025。

3）变压器参数设置：Units 选 pu.，Nominal power and frequency 栏设置 $P_n = 1000$，$f_n = 20e^3$，Winding 1 parameters 栏设置 $V_1 = 100$，$R_1 = 0.002$，$L_1 = 0.0002$；Winding 2 parameters 栏设置 $V_2 = 50$，$R_2 = 0.002$，$L_2 = 0.0002$；Three windings transformer 栏不打"√"；Magnetization resistance and inductance 栏设置 $R_m = 500$，$L_m = 20$；Measurements 栏选择 Winding voltages。

4）Mosfet 参数设置：FET resistance R_{on} 栏设置 0.01；internal diode inductance L_{on} 栏设置 1e−8；internal diode resistance R_d 栏设置 0.01；internal diode forward voltage V_f 栏设置 0，Initial current I_c 栏设置 0；Subber resistance R_s 栏设置为 30，Subber capacitance C_s 栏设置为 1e−8；Show measurement port 栏打"√"。

5）二极管 VD 参数设置相同：resistance R_{on} 栏设置 0.001；inductance L_{on} 栏设置 10；forward voltage V_f 栏设置 0.8，Initial current I_c 栏设置 0；Subber resistance R_s 栏设置为 100，Subber capacitance C_s 栏设置为 1e−9；

仿真时间设置为 0.001s。仿真结果如图 5 - 34 所示。读者可以改变驱动信号的占空比来观察电路波形的变化情况。其他直流—直流变换电路的仿真读者可根据所列举的仿真例子修改。

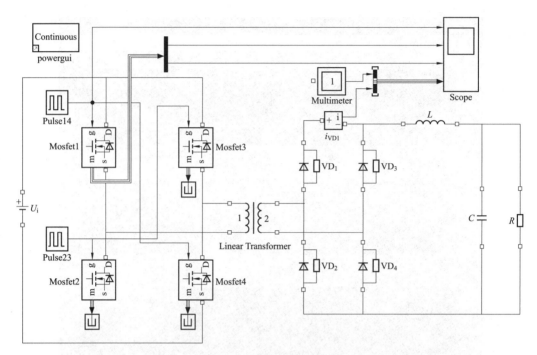

图 5-33　全桥电路仿真模型

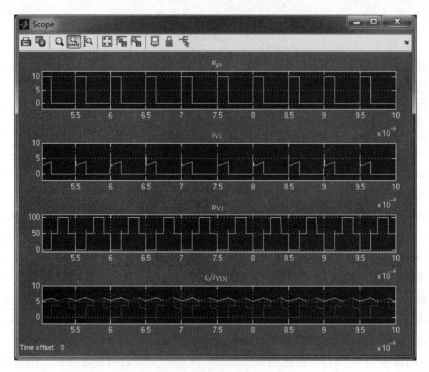

图 5-34　全桥电路仿真波形

习题

1. 试述降压斩波电路的工作原理。

2. 斩波电路有哪几种控制方式？最常用的控制方式是什么？

3. 图 5-1（a）所示的降压斩波电路中，$E=100V$，$L=1mH$，$R=0.5\Omega$，$E_M=10V$，$T=20\mu s$，$t_{on}=5\mu s$。计算负载电流平均值、负载电压平均值、负载电流的最大和最小瞬时值，并判断此时的负载电流是否连续。

4. 有一降压斩波电路，输入电压 E 为 27（$1\pm10\%$）V，要求输出电压 U_o 为 15V，求该电路占空比的变化范围。

5. 在图 5-1（a）所示的降压斩波电路中，已知 $R=0.2\Omega$，L 值极大，$E_M=300V$，采用脉宽调制（PWM）方式，当 $T=2000\mu s$，若输出电流平均值 $I_o=100A$，试求输出电压平均值 U_o 和所需的 t_{on}。

6. 试述升压斩波电路的工作原理。

7. 图 5-2（a）所示的升压斩波电路中，已知 $E=200V$，L 和 C 值极大，$R=20\Omega$，$T=50\mu s$，$t_{on}=20\mu s$，计算输出电压平均值 U_o 和输出电流平均值 I_o。

8. 在图 5-2（a）所示的升压斩波电路中，已知 $E=50V$，$R=10\Omega$，L 值和 C 值极大，采用脉宽调制（PWM）方式，当 $T=40\mu s$，$t_{on}=25\mu s$ 时，计算输出电压平均值 U_o、输出电流平均值 I_o。

9. 试述 Cuk 斩波电路的工作原理，它与升降压斩波电路相比有何优点？

10. 桥式可逆斩波电路可运行在几个象限？分析每一象限开关器件的工作状态及电流流向。若需使电动机工作于反转电动状态，试分析此时电路的工作情况，并标出相应的电流流通路径和电流流向。

11. 为什么要采用多相多重斩波电路？

12. 采用隔离型斩波电路的原因是什么？为什么当直流—直流变换电路输入、输出电压值相差很大时，常常采用隔离型斩波电路？

13. 试分析正激变换电路和反激变换电路中的开关器件和整流二极管在工作时承受的最高电压、最大电流和平均电流。

14. 试分析全桥、半桥和推挽变换电路中的开关器件和整流二极管在工作时承受的最高电压、最大电流和平均电流。

6

交流—交流变换电路

6.1 概述

6.1.1 交流—交流变换电路的原理

交流—交流变换电路，即把一种形式的交流电变成另一种形式的交流电的电路。在进行交流—交流的变换时，可以改变交流电的电压、电流、频率或相数等。

6.1.2 交流—交流变换电路的分类

1. 交流电力控制电路

交流—交流变换电路是将一种形式的交流电变换成另外一种形式的交流电的电路，其中，只改变电压、电流而不改变交流电频率的电路称为交流电力控制电路。包括交流调压电路、交流调功电路、交流电力电子开关等。其电路结构是把两只晶闸管反并联后串联在交流电路中，通过对晶闸管的控制以改变交流输出。

（1）交流调压电路。通过在每半个周波内对串联在交流电路中的晶闸管进行相位控制以调节输出电压有效值的电路，称为交流调压电路。

（2）交流调功电路。以交流电的周期为单位控制串联在交流电路中的晶闸管的通断，改变通态周期数和断态周期数的比值，以调节输出功率平均值的电路称为交流调功电路。

（3）交流电力电子开关。把两只反并联的晶闸管串联在交流电路中，根据需要接通或断开晶闸管的电路中，称为交流电力电子开关。

2. 交—交变频电路

交流—交流变换电路中，只改变交流电频率的电路称为交—交变频电路。

（1）直接变频电路。直接把一种频率的交流电变换成另一种频率或可变频率的交流电，这种无中间直流环节的变频电路称为直接变频电路。

（2）间接变频电路。先将交流电整流成为直流电，再将直流电经无源逆变电路变换成频率可变的交流电，这种带有中间直流环节的变频电路称为间接变频电路。

6.2 交流调压电路

交流调压是通过改变电压波形来实现调压的，因此输出电压波形不是完整的正弦波，谐波分量较大，装置的功率因数亦随着输出电压的降低而下降。但交流调压电路控制方便、体积小、投资省，故广泛用于需调温的工频加热、灯光调节（如调光台灯和舞台灯光控制）、风机和泵类负载的异步电动机调速、异步电动机软启动；在电力系统中，可供用电系统对无功功率进行连续调节；在高压小电流或低压大电流直流电源中，可用于调节变压器一次电压。

交流调压电路可分为单相交流调压电路和三相交流调压电路，此外，还有斩波控制的交流调压电路。

6.2.1 单相交流调压电路

1. 电阻负载

（1）电路结构。电阻负载的单相交流调压电路原理图如图 6-1（a）所示。由两只反并联的晶闸管串联在交流电路中向负载供电。采用相位控制的方式控制晶闸管的通断以调节负载上获得的交流电压。图中反向并联的晶闸管 VT_1 和 VT_2 也可用一只双向晶闸管代替。

（2）工作原理。电路输入交流电压为 u_1，在 u_1 的正半周，晶闸管 VT_1 满足导通的第一个条件，若在 u_1 的正半周期间给晶闸管 VT_1 的门极施加触发脉冲控制信号，VT_1 将会导通；在 u_1 的负半周，晶闸管 VT_2 满足导通的第一个条件，若在 u_1 的负半周期间给晶闸管 VT_2 的门极施加触发脉冲控制信号，VT_2 将会导通。

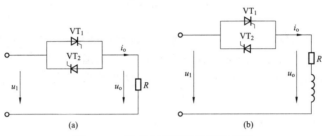

图 6-1 单相交流调压电路原理图

（a）阻性负载；（b）阻感负载

在交流电源 u_1 的正半周和负半周，晶闸管 VT_1 和 VT_2 的控制角 α（$\alpha = 0°$）的起始时刻为电压的过零时刻，在稳态情况下，应使 VT_1 和 VT_2 的控制角 α 相等。通过调节 α 角就可以控制输出电压的大小。由于是电阻负载，在电压 u_1 下降到过零点时输出电流也为零，对应的晶闸管自然关断。电阻负载单相交流调压电路工作波形如图 6-2 所示。

由图 6-2 可以看出，在电阻负载下，输出电压波形是电源电压波形的一部分，负载电流 i_o 和负载电压 u_o 的波形相同。改变控制角 α，则输出电压 u_o 波形及其有效值随之改变。

（3）定量分析。

设　　　　　$u_1 = \sqrt{2}U_1 \sin \omega t$

1）交流输出电压 u_o 的有效值 U_o。

$$U_o = \sqrt{\frac{1}{\pi}\int_{\alpha}^{\pi}(\sqrt{2}U_1\sin\omega t)^2 \mathrm{d}(\omega t)}$$

$$= U_1\sqrt{\frac{1}{2\pi}\sin 2\alpha + \frac{\pi-\alpha}{\pi}} \qquad (6-1)$$

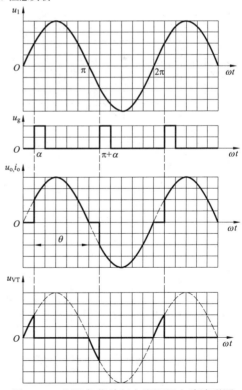

图 6-2 电阻负载单相交流调压电路波形图

当 $\alpha = 0°$ 时，输出电压最大 $U_o = U_1$；当 $\alpha = 180°$ 时，$U_o = 0$，随着 α 的增大，U_o 逐渐减小。电路的移相范围为 $0° \leqslant \alpha \leqslant 180°$。在交流调压电路中，通过调节控制角 α 的大小，可以达到调节输出电压的目的。

2）负载电流有效值 I_o。

$$I_o = \frac{U_o}{R} = \frac{U_1}{R}\sqrt{\frac{1}{2\pi}\sin 2\alpha + \frac{\pi - \alpha}{\pi}} \qquad (6-2)$$

3）晶闸管电流有效值 I_{VT}

$$I_{VT} = \sqrt{\frac{1}{2\pi}\int_\alpha^\pi \left(\frac{\sqrt{2}U_1\sin\omega t}{R}\right)^2 \mathrm{d}(\omega t)} = \frac{U_1}{R}\sqrt{\frac{1}{2}\left(1 - \frac{\alpha}{\pi} + \frac{\sin 2\alpha}{2\pi}\right)} = \frac{1}{\sqrt{2}}I_o \qquad (6-3)$$

4）输入电源侧的功率因数

$$\lambda = \frac{P}{S} = \frac{U_o I_o}{U_1 I_o} = \sqrt{\frac{1}{2\pi}\sin 2\alpha + \frac{\pi - \alpha}{\pi}} \qquad (6-4)$$

当 $\alpha = 0°$ 时，功率因数 $\lambda = 1$，α 增大，输入电流滞后于电压且畸变，功率因数降低。

输出电压 u_o 不是正弦波，波形与横轴对称，无偶次谐波，包含 3、5、7、9 等奇次谐波，α 越大，谐波分量越大。此电路只适用于对波形没有要求的场合，如温度和灯光的调节。

2. 阻感负载

（1）电路结构。阻感负载的单相交流调压电路原理图如图 6-1（b）所示。

（2）解析分析电路工作情况。设负载阻抗角为 φ，$\varphi = \arctan(\omega L/R)$，相当于在阻感负载上加入正弦交流电压时，其电流滞后于电压的角度为 φ。由于电感性负载本身电流滞后于电压一定角度，再加上相位控制产生的滞后，使得交流调压电路在阻感性负载下的工作情况更为复杂，其输出电压、电流波形与触发延迟角 α、负载阻抗角 φ 都有关系。下面根据触发延迟角 α 与负载阻抗角 φ 之间的关系，分三种情况对该电路的工作情况进行解析分析。

1）$\alpha > \varphi$。在 $\varphi < \alpha < \pi$ 情况下，电路的工作波形如图 6-3 所示。在 $\omega t = \alpha$ 时刻开通晶闸管 VT_1，交流电源 u_1 向负载提供能量，一部分能量由 R 消耗掉，一部分由 L 储存，负载电流从零开始增大，列出电路的回路电压方程

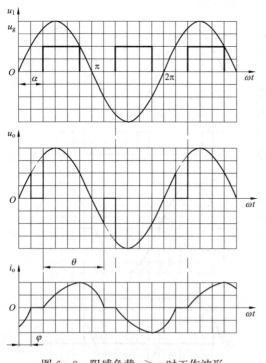

图 6-3　阻感负载 $\alpha > \varphi$ 时工作波形

$$L\frac{\mathrm{d}i_o}{\mathrm{d}t} + Ri_o = \sqrt{2}U_1\sin\omega t \qquad (6-5)$$

$$i_o \mid_{\omega t = \alpha} = 0$$

解得

$$i_o = \frac{\sqrt{2}U_1}{Z}\left[\sin(\omega t - \varphi) - \sin(\alpha - \varphi)\mathrm{e}^{\frac{\alpha - \omega t}{\tan\varphi}}\right] \quad (\alpha \leqslant \omega t \leqslant \alpha + \theta) \tag{6-6}$$

式中：$Z = \sqrt{R^2 + (\omega L)^2}$，$\theta$ 为晶闸管导通角。

由上式可以看出，输出电流中含有两个分量，即正弦稳态分量 i_B 与按指数规律衰减的自由分量 i_S，表达式分别为

$$i_B = \frac{\sqrt{2}U_1}{Z}\sin(\omega t - \varphi) \tag{6-7}$$

$$i_S = -\frac{\sqrt{2}U_1}{Z}\sin(\alpha - \varphi)\mathrm{e}^{\frac{\alpha - \omega t}{\tan\varphi}} \tag{6-8}$$

$\omega t = \pi$ 时，u_1 降为零，但 L 上储存的能量还未释放完，因此 VT$_1$ 继续导通，直到 $\omega t = \alpha + \theta$ 时，L 上储存的能量释放完毕，i_o 降为零使 VT$_1$ 关断。利用边界条件 $\omega t = \alpha + \theta$，$i_o = 0$ 求得

$$\sin(\alpha + \theta - \varphi) = \sin(\alpha - \varphi)\mathrm{e}^{-\frac{\theta}{\tan\varphi}} \tag{6-9}$$

可以把 θ、α 和 φ 之间的关系用图 6-4 所示的一簇曲线来表示，以 φ 为参变量，当 $\varphi = 0°$ 时，代表电阻性负载，此时 $\theta = 180° - \alpha$；若 φ 为某一特定角度，则当 $\alpha \leqslant \varphi$ 时，$\theta = 180°$，当 $\alpha > \varphi$ 时，θ 随 α 的增大而减小。

输出交流电压 u_o 的有效值 U_o 为

$$U_o = \sqrt{\frac{1}{\pi}\int_\alpha^{\alpha+\theta}\left(\sqrt{2}U_1\sin\omega t\right)^2\mathrm{d}(\omega t)}$$

$$= U_1\sqrt{\frac{\theta}{\pi} + \frac{1}{2\pi}\left[\sin 2\alpha - \sin(2\alpha + 2\theta)\right]}$$

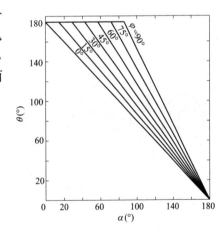

图 6-4 以 φ 为参变量 α 和 θ 的关系

$$\tag{6-10}$$

当 $\alpha = \varphi$ 时，输出电压最大 $U_o = U_1$；当 $\alpha = 180°$ 时，$U_o = 0$，随着 α 的增大，U_o 逐渐减小。电路的移相范围为 $\varphi \sim 180°$。

负载电流有效值 I_o 为

$$I_o = \sqrt{\frac{1}{\pi}\int_\alpha^{\alpha+\theta}\left\{\frac{\sqrt{2}U_1}{Z}\left[\sin(\omega t - \varphi) - \sin(\alpha - \varphi)\mathrm{e}^{\frac{\alpha - \omega t}{\tan\varphi}}\right]\right\}^2\mathrm{d}(\omega t)}$$

$$= \frac{U_1}{\sqrt{\pi}Z}\sqrt{\theta - \frac{\sin\theta\cos(2\alpha + \varphi + \theta)}{\cos\varphi}} \tag{6-11}$$

179

晶闸管电流有效值 I_{VT} 为

$$I_{VT} = \sqrt{\frac{1}{2\pi}\int_{\alpha}^{\alpha+\theta}\left\{\frac{\sqrt{2}U_1}{Z}\left[\sin(\omega t-\varphi)-\sin(\alpha-\varphi)e^{\frac{\alpha-\omega t}{\tan\phi}}\right]\right\}^2 d(\omega t)}$$

$$= \frac{U_1}{\sqrt{2\pi}Z}\sqrt{\theta-\frac{\sin\theta\cos(2\alpha+\varphi+\theta)}{\cos\varphi}} = \frac{1}{\sqrt{2}}I_o \qquad (6-12)$$

2) $\alpha=\varphi$。当 $\alpha=\varphi$ 时，自由分量 $i_S=0$，晶闸管的导通角 $\theta=180°$，正、负半周电流临界连续，相当于晶闸管失去控制，电路失去调压作用，其电流、电压波形如图 6-5 (a) 所示。此时 $u_o=u_1$。

$$i_o = i_B = \frac{\sqrt{2}U_1}{Z}\sin(\omega t-\varphi) \qquad (6-13)$$

3) $0<\alpha<\varphi$ 且触发脉冲为单窄脉冲时。由式 (6-9) 可求得 $\theta>\pi$。由于 VT_1 与 VT_2 的触发脉冲相位相差 π，故在 VT_2 脉冲到来时，电路中的电流仍为正方向，这时 VT_2 并不能导通。当电流过零 VT_1 关断后，VT_2 触发脉冲已消失，VT_2 仍不能导通。待 VT_1 第 2 个脉冲到来，又重复 VT_1 导通正向电流流过负载的过程，i_o、u_o 波形如图 6-5 (b) 所示。其结果使电路有很大的直流分量电流，对电机类负载和电源变压器的运行带来严重危害。

4) $0<\alpha<\varphi$ 且触发脉冲为宽脉冲或脉冲列时。如果采用宽触发脉冲，其宽度大于 $\theta-180°$，则 VT_1 的电流降为零而关断后，VT_2 的触发脉冲仍存在，VT_2 可在之后接着导通，相当于 $\alpha>\varphi$ 的情况，VT_2 的导通角 $\theta<180°$。从第 2 个周期开始，VT_1 的导通角逐渐减小，VT_2 的导通角则逐渐增大，经过几个时间常数 τ 的时间后，过渡过程结束，两管的 $\theta=180°$ 而达到平衡。此时电路的工作状态与 $\alpha=\varphi$ 时相同，不起调压作用。i_o、u_o 波形如图 6-5 (c) 所示

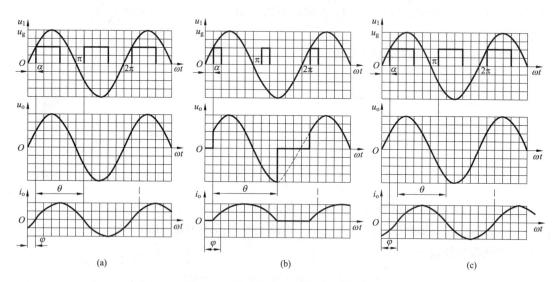

图 6-5 阻感负载 α 变化时工作波形

(a) $\alpha=\varphi$；(b) $\alpha<\varphi$ 单窄脉冲；(c) $\alpha<\varphi$ 宽脉冲

例 6-1 单相交流调压电路带阻感负载，电源电压 $U_1=220V$，频率 $f=50Hz$，负载电阻 $R=10\Omega$，感抗 $\omega L=10\Omega$，当控制角 $\alpha=45°$、$90°$ 时，分别求出晶闸管的导通角 θ、输出电

压有效值 U_o、输出电流有效值 I_o 及电路功率因数 $\cos\varphi$。

解： $Z=\sqrt{R^2+(\omega L)^2}=14.1\Omega$

$$\varphi=\arctan(\omega L/R)=45°$$

（1）$\alpha=45°$时，$\alpha=\varphi$。晶闸管调压器全开放，输出电压为完整的正弦波，负载电流也为最大，此时输出功率最大，$\theta=180°$，$U_o=U_1=220\text{V}$，$I_o=\dfrac{U_1}{Z}=15.6\text{A}$，$P_o=I_o^2R=2433.6\text{W}$，$\cos\varphi=\dfrac{P_o}{P_i}=\dfrac{I_o^2R}{U_1I_o}=0.71$。

（2）$\alpha=90°$时，$\alpha>\varphi$。

1）由 $\varphi=45°$ 及 $\alpha=90°$ 查图 6-4 曲线 [或由式（6-9）计算] 得 $\theta=130°=2.27\text{rad}$。

2）由式（6-10）得

$$U_o=U_1\sqrt{\frac{\theta}{\pi}+\frac{1}{2\pi}\left[\sin2\alpha-\sin(2\alpha+2\theta)\right]}=165.4\text{V}$$

3）由式（6-11）得

$$I_o=\frac{U_1}{Z}\sqrt{\frac{\theta}{\pi}-\frac{\sin\theta\cos(2\alpha+\varphi+\theta)}{\pi\cos\varphi}}=9.61\text{A}$$

4）由于输入电流等于输出电流，故有

$$\cos\varphi=\frac{P_o}{P_i}=\frac{I_o^2R}{U_1I_o}=0.437$$

3. 斩波控制交流调压电路

斩波控制交流调压电路（AC Chopping Circuit）原理图如图 6-6 所示。V_1、V_2、VD_1、VD_2 构成一双向开关。其基本原理和直流斩波电路类似，只是直流斩波电路输入为直流电压，交流斩波电路输入为正弦交流电压。

在交流电源 u_1 正半周，用 V_1 进行斩波控制，在 u_1 负半周，用 V_2 进行斩波。设斩波器件（V_1 或 V_2）导通时间为 t_{on}，开关周期

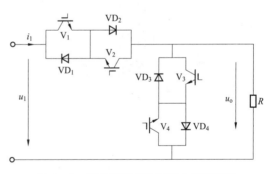

图 6-6 斩波控制交流调压电路原理图

为 T，则导通比 $\alpha=t_{on}/T$。和直流斩波一样，可通过改变 α 来调节输出电压。图 6-7 所示给出了电阻负载时负载电压与电源电流（即负载电流）的波形。由图可见，电源电流 i_1 的基波分量是和电源电压 u_1 同相位的，即位移因数为 1，电源电流中不含低次谐波。电源电流只含和开关周期 T 有关的高次谐波，用容量很小的滤波器即可将它滤除，这时电路的功率因数接近 1。

6.2.2 三相交流调压电路

1. 三相交流调压电路的联结形式

三相交流调压电路的联结形式如图 6-8 所示。其中（a）、（c）图两种电路较为常用。下面分别介绍这两种电路的特性。

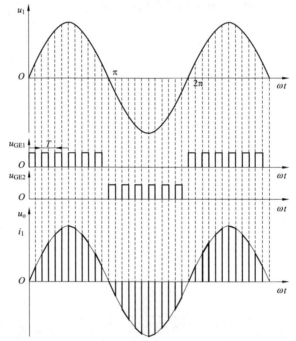

图 6-7 斩波控制交流调压电路工作波形

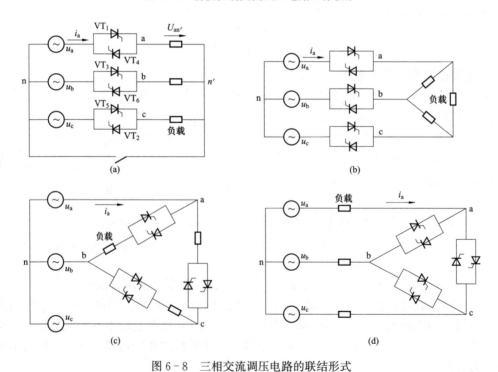

图 6-8 三相交流调压电路的联结形式

(a) 星形联结；(b) 线路控制三角形联结；(c) 支路控制三角形联结；(d) 中点控制三角形联结

  (a) 图所示为星形联结结构。当 (a) 图中开关闭合时，为三相四线（带中线）星形联结三相交流调压电路，它由 3 个单相交流调压电路组合而成，因此其工作原理及每相负载上的波形与单相交流调压情况相同。因为电路每相负载上的电压、电流波形正负半波对称，所以又称为三相对称电路。由于各相三次谐波电流相位相同，因此它们在中线中叠加而使中线流过较大的谐波电流，它对线路和电网都是不利的，故很少采用。

当（a）图中开关断开时，为三相三线（无中线）的星形联结三相交流调压电路，它的波形正负对称，负载及线路均无三次谐波，因此得到广泛应用。

（c）图所示为晶闸管与负载接成内三角形的三相交流调压电路，每相电压电流波形亦与单相交流调压相同，但 3 的倍数次谐波电流只在三角形内流通。在线电流中不含 3 的倍数次谐波电流。晶闸管及每相负载均承受线电压，比其他形式电路高，且负载的 6 个端点也必须单独引出，因此使用上受到限制。

2. 三相三线星形联结的三相交流调压电路

三相三线星形联结的三相交流调压电路原理图如图 6-9（a）所示（开关断开），由图可见，若要负载流过电流，至少要有两相构成通路，即在三相电路中，至少要有一相正向晶闸管与另一相的反向晶闸管同时导通。为了保证电路开始工作时两个晶闸管能同时导通，如同三相桥式全控整流电路一样，要求采用大于 60° 的宽脉冲或双窄脉冲的触发电路。为保证输出电压对称并有一定的调压范围，除要求晶闸管的触发脉冲必须与相应的交流电源有一致的相序外，各脉冲间还必须严格保持一定的相位关系。对星形连接的电路，要求 a、b、c 三相的正向晶闸管 VT_1、VT_3、VT_5 的触发脉冲相位互差 120°，反向晶闸管 VT_4、VT_6、VT_2 的脉冲相位亦互差 120°，而同相反并联的两个晶闸管脉冲相位差 180°，各晶闸管脉冲按顺序相隔 60° 发出，所以，原则上三相桥式电路的触发电路均可用于星形连接的三相交流调压电路。

为使负载上能得到全电压，晶闸管应能全导通，相当于晶闸管换成二极管，此时相电压过零时二极管开始导通，因此选用电源相电压的过零点作为控制角 $\alpha=0°$ 的时刻。下面介绍不同 α 角时电阻负载电路的工作情况。

（1）$\alpha=0°$ 时的工作情况。当 $\alpha=0°$ 时，调压电路在自然运行状态下工作，晶闸管全导通，负载得到全电压。波形如图 6-9（a）所示。

正向晶闸管 VT_1、VT_3、VT_5 都是在电源电压波形的正半波的起始点被触发导通；而反向晶闸管 VT_4、VT_6、VT_2 是在电源电压负半波的起始点被触发导通。每只晶闸管连续导通 180°，即在该半波过零点时自行关断，因此每一个 60° 区间都有 3 个晶闸管同时导通。例如在 $\omega t=0°\sim60°$ 区间，a 相电压为正、b 相电压为负、c 相电压为正，此时是晶闸管 1、6、5 导通（按晶闸管导通的先后顺序记为 5、6、1）。

在 $\omega t=60°\sim120°$ 区间，a 相电压为正、b 相电压为负、c 相电压为负，此时是晶闸管 1、6、2 导通（记为 6、1、2），以此类推。由于所有区间的任何时刻都有 3 只晶闸管导通，使得三相电路中正、反方向在任何时刻都能有电流流通，晶闸管的作用相当于二极管，这时的三相调压电路相当于一般三相交流电路，因为三相负载对称，所以各相电流相等，负载上的电压波形也对称，负载上得到的是全电压。

（2）$\alpha=30°$ 时的工作情况。当 $\alpha=30°$ 时，波形如图 6-9（b）所示。

在 $\omega t=30°$ 时触发导通晶闸管 VT_1，因晶闸管 VT_5 早已被触发，并承受 u_c 正半波电压而维持导通，对于晶闸管 VT_6，因其触发脉冲宽度大于 60°，u_b 为负半波，VT_6 也继续导通，此时电路正常工作。负载上的电压为相电压。到 $\omega t=60°$ 时，由于 u_c 电压过零，VT_5

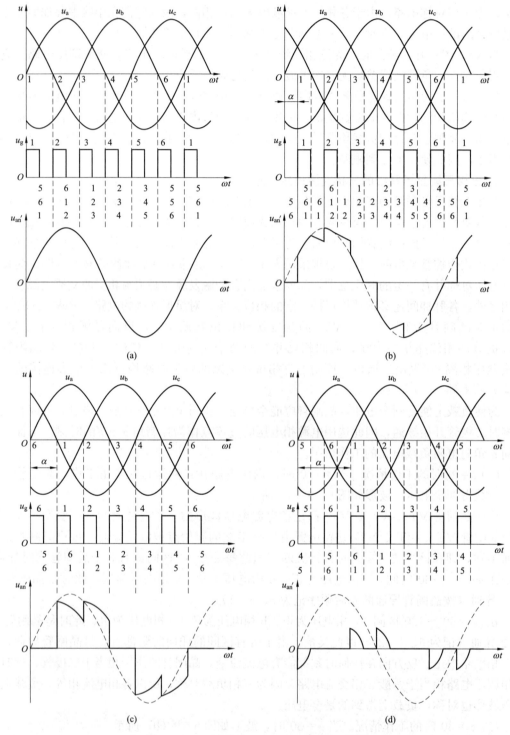

图 6-9 三相三线星形联结三相交流调压电路工作波形

（a）$\alpha=0°$波形；（b）$\alpha=30°$波形；（c）$\alpha=60°$波形；（d）$\alpha=120°$波形

自行关断，所以在 $\omega t = 60°\sim 90°$ 区间，VT_5 关断，VT_2 尚未加触发脉冲而不能导通，只有 VT_1、VT_6 导通。这时三相电路相当于 c 相开路，所以 a 相负载上的电压为 u_{ab} 线电压的一半。电流为

$$i_{ab} = i_a = -i_b = \frac{u_{ab}}{2R} \qquad (6-14)$$

在 $\omega t = 90°\sim 120°$ 区间，VT_2 被触发导通，此时有 VT_1、VT_2、VT_6（记为 6、1、2）导通。所以每一相负载上的电压为电源相电压。

在 $\omega t = 120°\sim 150°$ 区间，VT_6 又因 u_b 过零而关断，VT_3 尚未加触发脉冲而不能导通，只有 VT_1、VT_2 导通。这时三相电路相当于 b 相开路，所以 a 相负载上的电压为 u_{ac} 线电压的一半。

在 $\omega t = 150°\sim 180°$ 区间，VT_3 被触发导通，此时有 VT_1、VT_2、VT_3 导通。所以每一相负载上的电压为电源相电压。

在 $\omega t = 180°\sim 210°$ 区间，VT_1 又因 u_a 过零而关断，VT_4 尚未加触发脉冲而不能导通，只有 VT_2、VT_3 导通。这时三相电路相当于 a 相开路，所以 a 相负载上无电压电流。

依照上面的分析方法，可得 $\alpha = 60°$、$\alpha = 120°$ 时输出电压、电流波形如图 6-9 (c)、(d)所示。

由上述分析可知：当某个区间内 3 个晶闸管导通时，负载上的电压为电源相电压；当某个区间只有两个晶闸管导通时，负载上电压为两相导通时线电压的一半。调压过程中负载上的电压波形是不连续的，基波分量的幅值随控制角 α 的增加而减小，并在 $\alpha = 150°$ 时下降到零（电路的移相范围为 $0°\sim 150°$）；由于输出电压波形正、负半波对称，负载电流中不包含偶次谐波分量，此时电压波形中虽包含有较大的三次谐波分量，但由于电路无零线，故不能产生三次谐波电流，所含谐波次数为 $6k \pm 1$（$k = 1$，2，3…），谐波次数越低，含量越大。

根据任一时刻导通晶闸管个数以及半个周波内电流是否连续可将 $0°\sim 150°$ 的移相范围分为如下三段：

(1) $0° \leqslant \alpha < 60°$ 范围内，电路处于 3 个晶闸管导通与两个晶闸管导通的交替状态，每个晶闸管的导通角度为 $180° - \alpha$，但 $\alpha = 0°$ 时是一种特殊情况，一直是 3 个晶闸管导通。

(2) $60° \leqslant \alpha < 90°$ 范围内，任一时刻都是两个晶闸管导通，每个晶闸管的导通角度为 $120°$。

(3) $90° \leqslant \alpha < 150°$ 范围内，电路处于两个晶闸管导通与无晶闸管导通的交替状态，每个晶闸管的导通角度为 $300° - 2\alpha$，而且这个导通角度被分割为不连续的两部分，在半周波内形成两个断续的波头，各占 $150° - \alpha$。

阻感负载情况下的分析，可参照电阻负载和前述单相阻感负载时的分析方法，只是情况更为复杂。当 $\alpha = \varphi$ 时，负载电流最大且为正弦波，相当于晶闸管全部被短接时的情况。一般来说，电感大时，谐波电流的含量要小一些。

3. 支路控制三角联结电路

该电路由 3 个单相交流调压电路组成，分别在不同的线电压作用下工作。因此单相交流调压电路的分析方法和结论完全适用于该电路，在求取输入线电流（即电源电流）时，只要把与该线相连的两个负载相电流求和就可。

由于三相对称负载相电流中 3 的整数倍次谐波的相位和大小都相同，所以它们在三角形回路内流动，而不出现在线电流中。因此，与三相三线星形电路相同，线电流中所谐波次数为 $6k \pm 1$（k 为正整数），且在相同的负载和 α 角时，线电流中谐波含量少于三相三线星形电路。该电路的一个典型应用是晶闸管控制电抗器，将在第 9 章介绍。

6.3 其他交流电力控制电路

6.3.1 交流调功电路

交流调功电路（AC Power Controller）和相控交流调压电路的电路形式完全相同，只是控制方式不同。交流调功电路不是在每个交流电源周期都对输出电压波形进行控制，而是在设定的周期范围内，将电路接通几个周波，然后断开几个周波，通过改变在设定周期内通断周波的比值来调节负载两端交流电压或负载的功率。这种方式相当于相位控制的 $\alpha = 0°$，故也称"零触发"。由于晶闸管是在电源电压过零时被触发导通的，因此负载上得到完美的正弦波，不会对电网造成谐波污染。对感性负载，为了防止过大的暂态电流，有时也采用电流过零触发。

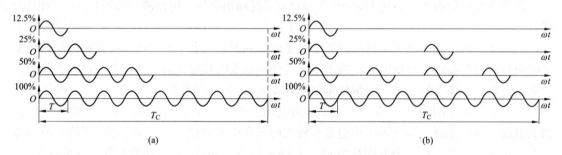

图 6-10　交流调功电路的两种工作方式

(a) 全周波连续式；(b) 全周波间隔式

过零触发有全周波连续式和全周波间隔式两种，如图 6-10（a）和（b）所示。图中给出了 4 种通断比的情况。T_C 为设定控制周期，它是电源周期 T 的整数倍，如在 T_C 内导通 m 个周波，关断 n 个周波，则电阻负载时调功的输出电压有效值为

$$U_o = \sqrt{\frac{1}{2(m+n)\pi} \int_0^{2m\pi} u^2 \mathrm{d}t} = \sqrt{\frac{m}{m+n}} U = \sqrt{D} U \qquad (6-15)$$

式中：U 为电源电压有效值；D 为周期占空比。

输出电流在一个通断周期的有效值为

$$I_o = \sqrt{D} I \qquad (6-16)$$

式中：I 为电源电流有效值。所以负载功率为

$$P_o = U_o I_o = D U I \qquad (6-17)$$

由式（6-17）可见，改变周期占空比 D 的大小就改变了负载功率。这种方式常用于控制有大的机械惯性和热惯性的负载功率，如电热炉等。

整个装置的功率因数 $\cos\varphi$ 可由负载在一个设定周期中的有功功率与输入的视在功率之比求得。由于输入电流等于输出电流，故

$$\cos\varphi = \frac{P_o}{UI} = D \tag{6-18}$$

参见图 6-1，流过晶闸管的电流为半波电流，所以平均电流为

$$I_{dVT} = \frac{m}{2\pi(m+n)}\int_0^\pi \sqrt{2}\,I\sin\omega t\,\mathrm{d}(\omega t) = \frac{\sqrt{2}\,DI}{\pi} = \frac{\sqrt{2}\,DU}{\pi R} \tag{6-19}$$

但在选择晶闸管电流定额时，由于管心热容量很小，导通 m 个周波管心已达稳定温升，故应以 $D=1$ 来选。

对于阻感负载，即使负载功率因数很低，晶闸管导通后也仅 3~4 个周波电流就趋于稳态值；在晶闸管关断时，电感电流滞后 φ 角到零才使晶闸管关断，这期间与 m 个周波相比可忽略，所以其输出电压和电流有效值均可用式（6-15）和式（6-16）近似计算。

6.3.2 交流电力电子开关

交流电力电子开关（AC Power Electronic Switch）主电路与相控交流调压主电路亦相同，控制方式和控制目的有所不同。交流调功电路也是控制电路的接通和断开，但它是以控制电路的平均输出功率为目的，其控制方式是改变晶闸管开关的导通周期数和关断周期数的比值；而交流电力电子开关并不去控制电路的平均输出功率，通常没有明确的控制周期，而只是根据负载需要去控制电路的接通和断开，从而使负载实现相应的功能。其控制方式也随负载的不同而有所变化，其开关频率通常也比交流调功电路低得多。

采用交流电力电子开关的主要目的是根据负载需要使电路接通和断开，从而代替传统电路中有触点的机械开关。

图 6-11（a）所示是一种简单的交流电力电子开关。电路中控制开关 S 闭合时，接通正向和反向两个晶闸管的门极电路，管子承受正向电压时，通过二极管和开关 S 接通门极，使该晶闸管导通。如流过该管的电流为零，它随即关断，与之反并联的另一晶闸管触发导通，电流反向。如 S 断开，晶闸管门极断开而不能导通，电力电子开关为阻断状态，相当于开关开路。通过对 S 的操作控制，实现以微小电流控制主电路的通断。

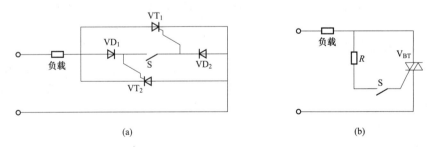

图 6-11 交流电力电子开关

交流电力电子开关多采用双向晶闸管 V_{BT}，如图 6-11（b）所示。在控制开关 S 闭合的情况下，电源正半周 V_{BT} 以 I_+ 方式触发导通，电源负半周以 III_- 方式触发导通，负载上获得交流电源电压，相当于开关导通。如 S 断开，门极开路，V_{BT} 不能导通，负载电压为零，

相当于开关断开。

在公用电网中，交流电力电容器的投入与切除是控制无功功率的重要手段。通过对无功功率的控制，可以提高功率因数，稳定电网电压，改善供电质量。采用交流电力电子开关技术的晶闸管投切电容器是一种性能优良的无功补偿装置，将在第9章作介绍。

与传统机械开关相比，交流电力电子开关作为一种无触点开关，具有响应速度快、寿命长、可以频繁控制通断、控制功率小、灵敏度高等优点，因此被广泛应用于各种交流电动机的频繁启动、正反转控制、软启动、可逆转换控制，以及电炉温度控制、功率因数改善、电容器的通断控制等各种场合。

6.4 交—交变频电路

变频（Frequency Conversion）是指将一种频率固定的电源变换成另一种频率或可调频率的电源。变频电路主要有两种，即交—交变频电路和交—直—交变频电路。本节主要介绍交—交变频电路。

6.4.1 交—交变频电路概述

1. 交—交变频电路的作用

交—交变频电路是把一种频率的交流电能直接变换成另一种频率或可调频率的交流电能，属于直接变频电路。与交—直—交变流器构成的间接变频电路相比，交—交变频电路由于没有直流环节，只经过一次能量转换，电能损耗小，因此其变换效率较高。

2. 交—交变频电路的类型

交—交变频电路可分为多种类型。按输入电源相数分，可分为单相与三相电路；按输出相数可分为单相输出与三相输出电路；按其工作形式可分为有环流运行方式及无环流运行方式。在三相交—交变频电路中，也可按整流单元的形式分为三相零式电路与三相桥式电路两种类型。

交—交变频电路除上述基本类型外，还有三倍倍频电路、负载换流的倍频电路、矩阵式交—交变频电路等。

交—交变频电路主要用于大功率、电压较高的场合，且可以采用自然换流方式，因而通常由相位控制的晶闸管构成。由交—交变频电路构成的变频器，有时也称为周期变频器或循环变频器。

3. 交—交变频电路原理

交—交变频电路的基本原理是通过正、反两组整流电路并联构成主电路，采用相位控制方式并按一定规律改变触发延迟角，从而得到交流输出电压，同时正、反两组整流电路按输出周期循环换组整流，从而得到交流输出电流。

6.4.2 单相交—交变频电路

1. 电路结构

单相交—交变频电路原理图如图6-12所示，电路由P组和N组两组反并联的晶闸管变流电路构成。变流器P和N都是相控整流电路。

2. 工作原理

P组变流器工作时，负载电流 i_o 为正；N组变流器工作时，负载电流 i_o 为负。让P、N

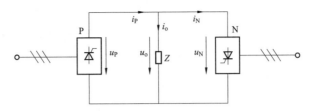

图 6-12　单相交—交变频电路原理图

两组变流器按一定的频率交替工作，负载就得到该频率的交流电。改变 P、N 两组变流器的切换频率，就可以改变输出交流电的频率 ω_o。

（1）矩形波交流电工作模式。在 P 组和 N 组变流器分别工作时，保持该两组变流器的控制角 α 相同且不变，那么负载上获得的交流电是矩形波交流电。改变 P、N 变流器工作时的控制角 α，就可以改变输出电压 u_o 的幅值。

（2）正弦波交流电工作模式。在 P 组和 N 组变流器分别工作时，保持该两组变流器的控制角 α 变化规律相同，使 α 按一定的规律由 $\pi/2 \rightarrow 0 \rightarrow \pi/2$ 变化，使输出电压 u_o 的幅值按正弦规律变化，那么负载上获得的交流电是正弦波交流电，如图 6-13 中虚线所示。

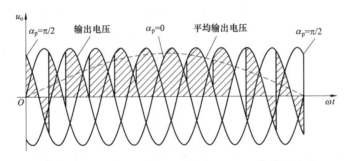

图 6-13　交—交变频电路正弦波交流电工作模式波形

图 6-13 所示的波形对应的是 P 组和 N 组变流器均采用三相半波可控整流电路时的波形，从图中可以看出，输出电压 u_o 的波形并不是理想的正弦波，而是由若干段电源电压拼接而成。在输出电压的一个周期内，所包含的电源电压段数越多，其波形就越接近正弦波，图 6-13 中的虚线表示的是输出电压的平均值。在 N 组工作的半个周期内采用同样的控制方法，就可以得到负半波的输出电压。

交—交变频电路的正反两组变流电路通常采用 6 脉波的三相桥式电路或 12 脉波的变流电路，这样，在电源电压的一个周期内，输出电压将由 6 段或 12 段电源电压组成。如采用三相半波电路，则电源电压一个周期内输出的电压只由 3 段电源相电压组成，波形变差，因此很少使用。从工作原理上看，也可采用单相整流电路，但这时波形更差，故一般不采用。

3. 单相交—交变频电路输出正弦波电压的控制方法

要使单相交—交变频电路输出电压 u_o 的波形接近正弦波，即使正、反两组变流电路输出电压平均值的变化规律为正弦波，通常采用的方法是余弦交点法。

设 U_{d0} 为触发延迟角 $\alpha = 0°$ 时整流电路的理想空载电压，则变流电路的输出电压为

$$\overline{u}_o = U_{d0}\cos\alpha \qquad\qquad (6-20)$$

若正、反两组变流电路均采用三相桥式全控整流电路，则器件每隔 60°换流，每次换流时，α 是变化的，式（6-20）中的 $\overline{u}_o$ 表示每次控制间隔内输出电压的平均值。

设希望得到的正弦波输出电压为

$$u_o = U_{om}\sin\omega_o t \qquad\qquad (6-21)$$

由式（6-20）和式（6-21）相等，得出

$$\cos\alpha = \frac{U_{om}}{U_{d0}}\sin\omega_o t = \gamma\sin\omega_o t \qquad\qquad (6-22)$$

式中：γ 称为输出电压比，$0 \leqslant \gamma \leqslant 1$。

因此

$$\alpha = \arccos(\gamma\sin\omega_o t) \qquad\qquad (6-23)$$

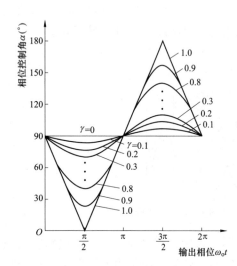

图 6-14 γ 不同时 α 随 $\omega_o t$ 变化情况

式（6-23）就是用余弦交点法求交—交变频电路控制角 α 的基本公式。在输出电压比 γ 不同的情况下，在输出电压的一个周期内，控制角 α 随 $\omega_o t$ 变化的情况如图 6-14 所示。

可以看出，当 γ 较小，即输出电压较低时，α 只在离 90°很近的范围内变化，电路的功率因数非常低。

式（6-23）可以用模拟电路来实现，但线路较为复杂，且不易实现准确控制，而通过微处理机可以很方便地实现准确计算和控制。

4. 单相交—交变频电路无环流的工作情况

交—交变频电路中如果正反两组变流器同时导通，将经过晶闸管形成环流。为避免这一情况，可在正反两组之间接入限制环流的电抗器，或者合理安排触发电路，当一组有电流时，另一组无触发脉冲而不工作。这就是有环流和无环流控制，直流可逆调速系统亦有这两种控制方式。

下面介绍无环流工作方式下，带阻感负载单相交—交变频电路的工作情况，其电路原理图如图 6-12 所示。

当负载阻抗角为 φ 时，在一个周期内输出电压、电流波形如图 6-15 所示。由于变流电路的单向导电性，每一组变流器的通断由输出电流 i_o 的方向决定，与输出电压 u_o 极性无关，在 i_o 方向不变时，u_o 改变极性之后必须继续导通。因此，i_o 正半周期正组工作；i_o 负半周反组工作。由于 i_o 与 u_o 有相位差，它们的瞬时极性有时相同，有时相反。当 u_o、i_o 极性相同时，如在 $0 \sim t_1$ 和 $t_2 \sim t_3$ 阶段，瞬时功率为正，分别对应正组或反组变流器工作在整流状态，功率从交流电网通过变流器送入负载；反之，u_o、i_o 极性相反，如在 $t_1 \sim t_2$ 和 $t_3 \sim t_4$ 阶段，瞬时功率为负，对应的正组或反组变流器工作在逆变状态，负载通过变流器将功率送回电网。因此，每组变流器工作在整流还是逆变状态，由输出电压和电流是同向或反向而定。

图 6 - 16 所示为考虑到无环流工作方式下负载
电流过零的死区时间，单相交—交变频电路输出电
压和电流的波形图。一周期的波形可分为 6 段，第
1 段 $i_o < 0$，$u_o > 0$，为反组逆变；第 2 段电流过零，
为切换死区；第 3 段 $i_o > 0$，$u_o > 0$，为正组整流；
第 4 段 $i_o > 0$，$u_o < 0$，为正组逆变；第 5 段又是切
换死区；第 6 段 $i_o < 0$，$u_o < 0$，为反组整流。

交—交变频电路也可以采用有环流控制方式。
这种方式和直流可逆调速系统中的有环流方式类
似，在正、反两组变流器之间设置环流电抗器。运
行时，两组变流器都施加触发脉冲，并且使正组控
制角 α_I 和反组控制角 α_{II} 保持 $\alpha_I + \alpha_{II} = 180°$ 的关
系。由于两组变流器之间流过环流，可以避免出现
电流断续现象并可消除电流死区，从而使变频电路
的输出特性得以改善，还可以提高输出上限的
频率。

有环流控制方式可以提高变频器的性能，在控
制上也比无环流方式简单。但是，在两组变流器之
间要设置环流电抗器，变压器二次侧一般也需双绕
组（类似直流可逆调速系统的交叉连接方式），因
此使设备成本增加。另外，在运行时，有环流方式
的输出功率比无环流方式略有增加，使效率有所降
低。因此，目前应用较多的还是无环流方式。

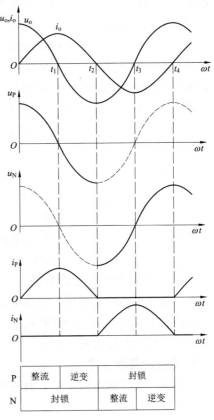

图 6 - 15 阻感负载单相交—交
变频电路的工作状态

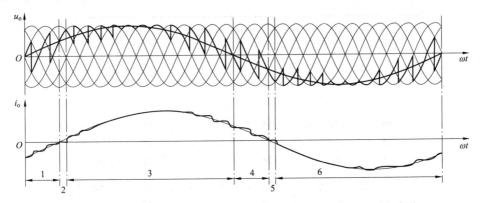

图 6 - 16 无环流工作方式单相交—交变频电路输出电压和电流波形

5. 单相交—交变频电路的输入输出特性

（1）输出上限频率。交—交变频电路的输出电压是由许多段电网电压拼接而成的。输出
电压一个周期内拼接的电网电压段数越多，就可使输出电压接近于正弦波。每段电网电压的
平均持续时间是由变流电路的脉波数决定的。因此，当输出频率增高时，输出电压一周期所
含电网电压段数减少，波形畸变严重，电压波形畸变及其导致的电流波形畸变和转矩脉动是

限制输出频率提高的主要因素。输出波形畸变和输出上限频率的关系，很难确定明确界限。当变流器采用 6 脉波三相桥式电路时，输出上限频率不高于电网频率的 $1/3 \sim 1/2$。电网频率为 50Hz 时，交—交变频电路的输出上限频率约为 20Hz。

（2）输入功率因数。交—交变频电路采用相位控制方式，其输入电流相位滞后于输入电压，需要电网提供无功功率；从图 6-14 可以看出，在输出电压的一周期内，α 角以 $90°$ 为中心变化；γ 越小，半周期内 α 的平均值越靠近 $90°$，位移因数越低。负载功率因数越低，输入功率因数也越低；不论负载功率因数是滞后的还是超前的，输入的无功电流总是滞后的。

（3）输出电压谐波。采用三相桥时，输出电压所含主要谐波频率为：$6f_i \pm f_o$，$6f_i \pm 3f_o$，$6f_i \pm 5f_o \cdots$；$12f_i \pm f_o$，$12f_i \pm 3f_o$，$12f_i \pm 5f_o \cdots$。采用无环流控制方式时，由于电流死区的影响，将增加 $5f_o$、$7f_o$ 等次谐波。

（4）输入电流谐波。输入电流波形和可控整流电路的输入波形类似，但其幅值和相位均按正弦规律被调制。采用三相桥式电路的交—交变频电路输入电流谐波频率：$f_{in} = |(6k \pm 1)f_i \pm 2lf_o|$ 和 $f_{in} = |f_i \pm 2kf_o|$，$k = 1，2，3\cdots$；$l = 0，1，2，3\cdots$。

6.4.3　三相交—交变频电路

交—交变频电路主要用于大功率的交流调速系统中，因此实际使用的主要是三相交—交变频电路。三相交—交变频电路是由三组输出电压互差 $120°$ 的单相交—交变频电路组成的，因此上述的分析和结论对三相交—交变频电路也是适用的。

1. 电路的接线方式

三相交—交变频电路主要有两种接线方式，即公共交流母线进线方式和输出星形连接方式。

（1）公共交流母线进线方式。公共交流母线进线方式的三相交—交变频电路原理图如图 6-17 所示，它由三组彼此独立、输出电压相位相差 $120°$ 的单相交—交变频电路组成，电源进线通过电抗器接在公共的交流母线上，因为电源进线端公用，所以三组单相交—交变频

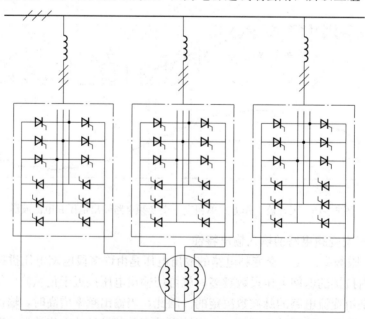

图 6-17　公共母线进线方式的三相交—交变频电路

电路的输出端必须隔离。为此，交流电动机的三个绕组必须拆开，共引用 6 根线。公共交流母线进线方式的三相交—交变频电路主要用于中等容量的交流调速系统。

（2）输出星形联结方式。输出星形联结方式的三相交—交变频电路原理图如图 6‑18 所示。三组单相交—交变频电路的输出端星形联结，交流电动机的三个绕组也是星形联结，交流电动机的中性点不和变频电路的中性点接在一起，交流电动机只引出 3 根线即可。图 6‑18 为三组单相交—交变频电路连接在一起，其电源进线就必须隔离，所以三相交—交变频电路分别采用 3 个变压器供电。

由于变频电路输出端中性点不和负载中性点连接，所以在构成三相变频电路的六组桥式电路中，至少要有不同输出相的两组桥中的 4 个晶闸管同时导通才能构成回路，从而形成电流。因此要求同一组桥内的两个晶闸管靠双脉冲保证同时导通，两组桥之间靠各自的触发脉冲有足够的脉冲宽度来保证同时导通。每组桥内各晶闸管触发脉冲的间隔约为 60°，如果每个脉冲的宽度大于 30°，那么无脉冲的间隔时间一定小于 30°，这样，尽管两组桥脉冲之间的相对位置是任意变化的，但在每个脉冲持续的时间里，总会在其前部或后部与另一组桥的脉冲重合，使 4 个晶闸管同时有脉冲，形成导通回路。

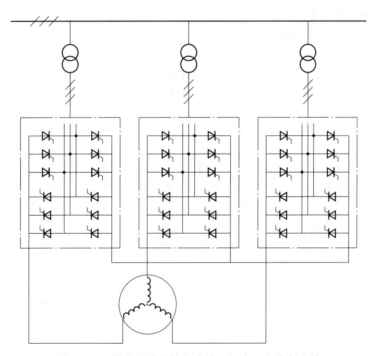

图 6‑18　输出星形联结方式的三相交—交变频电路

2. 输入输出特性

（1）输出上限频率、输出电压谐波和单相交—交变频电路的一致。

（2）输入电流。

总输入电流由三个单相交—交变频电路的同一相输入电流合成而得，有些谐波相互抵消，谐波种类有所减少，总的谐波幅值也有所降低。其谐波频率为 $f_{in}=|(6k\pm1)f_i\pm6lf_o|$ 和 $f_{in}=|f_i\pm6kf_o|$，$k=1，2，3\cdots;\ l=0，1，2，3\cdots$。

（3）输入功率因数。三相交—交变频电路总的有功功率为各相有功功率之和，但视在功率却不能简单相加，而应由总输入电流有效值和输入电压有效值来计算，比三相各自的视在功率之和要小。三相交—交变频电路总输入功率因数要高于单相交—交变频电路。

3. 交—交变频电路特点

交—交变频电路的优点是：交—交变频电路只经过一次变流，电路变换效率高；采用两组晶闸管整流装置，可方便地实现电机四象限工作；低频输出时输出的波形接近正弦波；缺点是：电路复杂，使用的晶闸管数量多，采用三相桥的三相交—交变频器至少要用 36 只晶闸管；受电网频率和变流电路脉波数的限制，输出频率较低，一般是电网频率的 $1/3 \sim 1/2$。由于采用相控方式，输入功率因数低，输入电路的谐波含量较高。

交—交变频电路主要应用于 500kW 或 1000kW 以上的大功率、转速在 600r/min 以下的低转速交流调速系统中。目前已在轧机主传动装置、鼓风机、矿石破碎机、球磨机、卷扬机等场合广泛应用。

6.5 交流—交流变换电路的 Matlab 仿真

6.5.1 调压电路仿真

1. 单相交流调压电路仿真

（1）仿真模型：电路原理图如图 6-1（a）所示，仿真模型如图 6-19 所示。

（2）模块参数设置。电源峰值 $u_1 = 200\text{V}$，50Hz，$R = 10\Omega$（电阻性负载），晶闸管参数为默认值，脉冲相位差 180°，脉冲幅值 10V，周期 0.02，宽度 5%，延迟分别为 0.0016666666 和 0.01166666666（控制角为 30°）。仿真时间设置为 0.04s，仿真结果如图 6-20 所示。

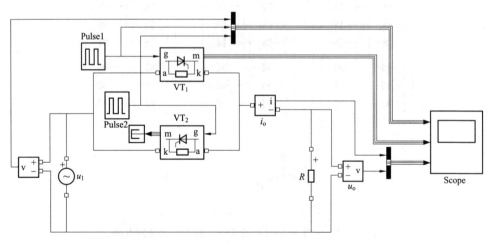

图 6-19 单相交流调压电路阻性负载电路仿真模型

三幅波形依次是输入交流电/驱动信号，晶闸管电压/晶闸管电流，负载电压和负载电流。

单相交流调压电路阻感性负载时，只需设置阻感性负载 $R = 5\Omega$，$L = 20\text{mH}$，脉冲宽度为 30%，脉冲延迟分别为 0.0033333333 和 0.0133333333（对应的控制角为 60°）。其余参数设置和阻性负载相同。

2. 三相交流调压电路仿真

（1）仿真模型：电路原理图如图 6-8（a）（开关断开）所示，仿真模型如图 6-21 所示。

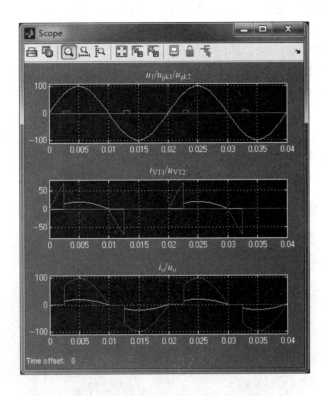

图 6‐20　单相交流调压电路阻性负载 $\alpha=30°$ 电路仿真波形

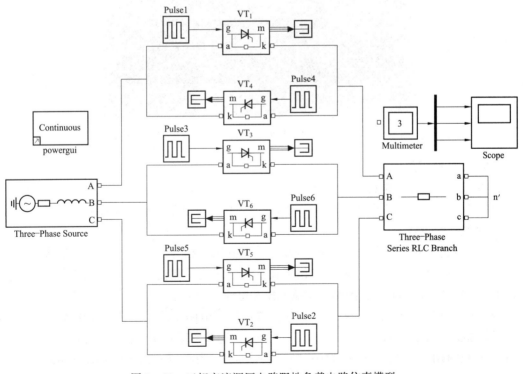

图 6‐21　三相交流调压电路阻性负载电路仿真模型

（2）模块参数设置。交流电压峰值为 200V，频率为 50Hz；阻性负载 $R=20\Omega$，选择测量支路电压；6 只晶闸管参数为默认值，驱动信号由 Pulse Generator 产生，相位相差 60°，脉冲幅值 10V，脉冲周期 0.02，脉冲宽度为 20%，脉冲延迟 VT_1 为 0.0025（其余管子的脉冲延迟在此基础上依次加上 0.0033333333，对应的控制角为 45°）。仿真时间为 0.08s，三相交流调压电路阻性负载 $\alpha=45°$ 时电路仿真波形如图 6-22 所示。

阻感负载电路仿真时 $R=10\Omega$，$L=10mH$，选择测量支路电压；脉冲宽度为 30%，脉冲延迟 VT_1 为 0.005（其余管子的脉冲延迟在此基础上依次加上 0.0033333333，控制角为 90°）。其余参数设置和电阻负载相同，读者可以改变触发角、负载等参数来观察电路波形变化情况。

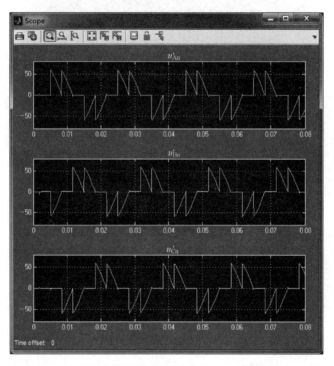

图 6-22　三相交流调压电路阻性负载 $\alpha=45°$ 电路仿真波形

6.5.2　变频电路仿真

1. 单相交—交变频电路仿真模型

单相交—交变频电路原理图如图 6-12 所示，仿真模型如图 6-25 所示。

2. 模块参数设置

（1）三相交流电压峰值均设置为 200V，A 相电压初相为 30°，B、C 初相依次为 −90°、−210°，频率均为 50Hz，采用两组三相桥式整流电路反并联构成，参数为默认值；阻感性负载 $R=1\Omega$，$L=0.01H$，选择测量支路电压和电流。

（2）正弦波发生器（Sine Wave）参数设置：控制电路中采用正弦波发生器产生电压参考信号，Sine type 栏选择 "Time based"；Time 栏选择 "Use simulation time"；Amplitude 设置为 0.8（输出电压比）；Bias 为 0；频率 Frequency 为 62.8；Phase 为 0；Sample time 为 0；Interpret vector parameter as 1-D 栏打 "√"；经函数 F_{cn} $\{F_{cn}=\text{acos}\ [u\ (1)\ ]\ *180/$

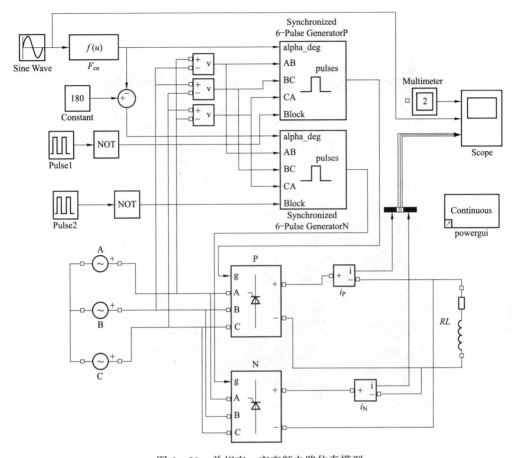

图 6-23　单相交—交变频电路仿真模型

pi，反余弦函数〉环节计算晶闸管整流器的触发延迟角分别控制正反组整流器。

（3）封锁信号设置：系统采用无环流工作方式，利用两个"Pulse Generator"环节产生两组整流桥的封锁信号，其中 Pulse 1 参数设置为：Pulse type 栏选择"Time based"；Time 栏选择"Use simulation time"；Amplitude 设置为 1；Period 为 0.1；Pulse Width 为 47；Phase delay 为 0.01；Interpret vector parameter as 1-D 栏打"√"；Pulse 2 参数设置为 Pulse type 栏选择"Time based"；Time 栏选择"Use simulation time"；Amplitude 设置为 1；Period 为 0.1；Pulse Width 为 47；Phase delay 为 0.06；Interpret vector parameter as 1-D 栏打"√"。

仿真时间设置为 0.2s，单相交—交变频电路仿真波形如图 6-24 所示。三幅波形依次是负载电压/负载电流，电压参考信号，正反两组整流器输出电流。读者可以改变正弦波发生器的输出幅值、频率或输出电压的频率来观察电路波形变化情况。

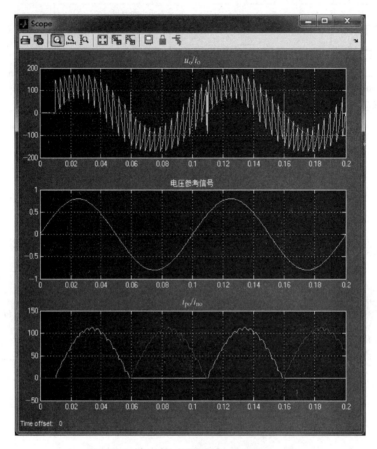

图 6-24　单相交—交变频电路仿真波形

习题

1. 一台 200V、10kW 的电炉，采用单相交流调压电路向其提供 5kW 的电能，试求电路的控制角、工作电流及电源侧功率因数。

2. 带阻感负载的单相交流调压电路，电源电压为 220V，$R=0.5$，$L=2\mathrm{mH}$。试求：控制角范围；负载电流的最大有效值；最大输出功率和此时的功率因数；当 $\alpha=60°$ 时晶闸管电流有效值、导通角和电源侧功率因数。

3. 一单相交流调压器，输入交流电压为 220V，50Hz，为阻感负载，其中 $R=8\Omega$，$X_\mathrm{L}=6\Omega$。试当 $\alpha=30°$ 和 $\alpha=60°$ 时的输出电压、电流有效值及输入功率因数。

4. 试分析电阻负载星形连接三相交流调压电路在 $\alpha=60°$ 时电路的工作情况。

5. 单相交流调压电路带电阻负载和带电感负载所产生的谐波有何异同？

6. 交流调压电路和交流调功电路有什么区别？二者适用于什么负载？为什么？

7. 单相交流调功电路，负载 $R=2\Omega$，设定周期为 15 个电源周期，在此期间内晶闸管导通 9 个周波，电源电压为 220V。求输出电压，电流有效值，负载功率，电路功率因数，并选择晶闸管。

8. 简述交流电力电子开关与交流调功电路的区别。

9. 画出单相交—交变频电路的基本原理图，并分析其基本工作原理。

10. 三相交—交变频电路有哪两种接线方式？它们有什么区别？

11. 交—交变频电路的主要优点和不足是什么？其主要用途是什么？

7

PWM 控 制 技 术

7.1 PWM 的基本工作原理

PWM（Pulse Width Modulation）控制就是对脉冲的宽度进行调制的技术，简称脉宽调制技术，即通过对一系列脉冲的宽度进行调制，来等效地获得所需要的波形（含形状和幅值）。

逆变电路、斩波电路和斩控式交流调压电路都用到了 PWM 技术。斩波电路把直流电压"斩"成一系列脉冲，改变脉冲的占空比来获得所需的输出电压。改变脉冲的占空比就是对脉冲宽度进行调制，只是因为输入电压和输出电压都是直流电压，因此脉冲既是等幅的，也是等宽的，仅仅是对脉冲的占空比进行控制，这是 PWM 控制中最简单的一种情况。斩控式交流调压电路的输入电压和输出电压都是正弦波交流电压，且二者频率相同，只是输出电压的幅值要根据需要来调节，因此，斩控后得到的 PWM 脉冲的幅值是按正弦波规律变化，而各脉冲的宽度是相等的，脉冲的占空比根据所需要的输出输入电压比来调节。

PWM 控制技术在逆变电路中的应用最为广泛，对逆变电路的影响也最为深刻，现在大量应用的逆变电路中，绝大部分都是 PWM 型逆变电路。可以说 PWM 控制技术正是有赖于在逆变电路中的应用，才发展得比较成熟，从而确定了它在电力电子技术中的重要地位。本章主要以逆变器为控制对象来介绍 PWM 技术。

7.1.1 PWM 的理论基础

1. 理论基础

在采样控制理论中有一个重要的结论：冲量相等而形状不同的窄脉冲加在具有惯性的环节上时，其效果基本相同。这里所指的冲量即窄脉冲的面积，效果基本相同是指环节输出的波形基本相同。图 7-1（a）、（b）、（c）、（d）所示分别为矩形窄脉冲、三角形窄脉冲、正弦半波窄脉冲和单位脉冲，它们的形状不同，但它们的面积（冲量）相同。上述原理也称面积等效原理。它是 PWM 控制技术的重要理论基础。

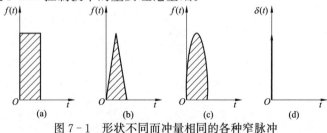

图 7-1　形状不同而冲量相同的各种窄脉冲

（a）矩形脉冲；（b）三角形脉冲；（c）正弦半波脉冲；（d）单位脉冲

2. 正弦半波和脉冲系列之间的等效

根据面积等效原理，可以用一系列等幅不等宽的脉冲来代替正弦波，如图 7 - 2 所示，将图 7 - 2 (a) 中的正弦半波分成 n 等份，可看成由 n 个彼此相连的脉冲组成这个正弦半波。这些脉冲宽度相等，都等于 π/n，但幅值不等，且脉冲顶部不是水平直线，而是曲线，各脉冲的幅值按正弦规律变化。如果把上述脉冲用相同数量的等幅而不等宽的矩形脉冲代替，使矩形脉冲的中点和对应的正弦波部分的中点重合，矩形脉冲与对应的正弦波部分面积（冲量）相等，就得到如图 7 - 2 (b) 所示的脉冲序列，这就是 PWM 波。可以看出，各脉冲波幅值相等，宽度按正弦规律变化。根据面积等效原理，此 PWM 波与图 7 - 2 (a) 的正弦半波是等效的。对于正弦半波的负半周，也可以用同样的方法得到 PWM 波形。像这种脉冲的幅值相同、宽度按正弦规律变化且和正弦波等效的 PWM 波形，也称 SPWM 波形。

要改变等效输出正弦波幅值，按同一比例改变各脉冲宽度即可。

7.1.2 PWM 波的产生

产生 PWM 波有两种方法，即计算法和调制法。

1. 计算法

根据逆变电路输出的正弦波频率、幅值和半个周期内的脉冲数，可准确计算出半个周期内 PWM 波的脉冲数、各脉冲宽度和间隔，按照计算结果，控制逆变电路中主开关器件的通断，就可得到所需要的 PWM 波形。此方法计算繁琐，另外，输出正弦波的频率、幅值变化时，计算结果都要随之变化。所以，此方法适用性较差。

2. 调制法

把希望输出的波形作为调制信号（u_r），把接受调制的信号作为载波（u_c），通过信号波的调制得到所期望的 PWM 波形，调制原理如图 7 - 3 所示。通常采用高频等腰三角波或锯齿波作为载波（u_c）；等腰三角波应用最多，因为等腰三角波上任一点水平宽度和高度成线性关系且左右对称；当它与任一平缓变化的调制信号波相交时，如果在交点时刻对电路中开关器件的通断进行控制，就得到宽度正比于信号波幅值的脉冲，符合 PWM 波的要求。

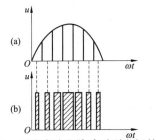

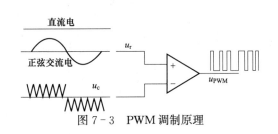

图 7 - 2　正弦半波和脉冲系列之间的等效　　　　图 7 - 3　PWM 调制原理
(a) 正弦半波；(b) 脉冲系列

调制法产生 PWM 波原理如图 7 - 4 所示。图 7 - 4 (a) 中调制信号为正弦交流电，输出电压 u_o 波形为 PWM 波，且和正弦波等效（虚线）是 SPWM 波；图 7 - 4 (b) 中调制信号为直流电（一条直线），输出电压 u_o 波形为 PWM 波，且和直流电等效（虚线）是 PWM 波。

7.1.3 PWM 波的分类

1. 等幅 PWM 波和不等幅 PWM 波

(1) 等幅 PWM 波。通常由直流电源产生的 PWM 波，由于直流电压幅值基本恒定，因此 PWM 波是等幅的，如斩波电路输出是等幅的 PWM 波，如图 7 - 4（b）所示。

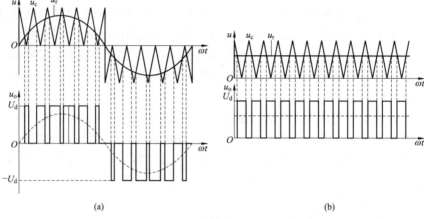

（a）　　　　　　　　　　　　　　　　　　　（b）

图 7 - 4　调制法产生 PWM 波

（a）调制信号为正弦波；（b）调制信号为直流

（2）不等幅 PWM 波。通常输入电源是交流，斩控式交流调压电路输出的不等幅 PWM 波，如图 7 - 5 所示。

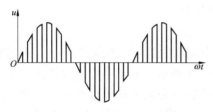

图 7 - 5　不等幅 PWM 波

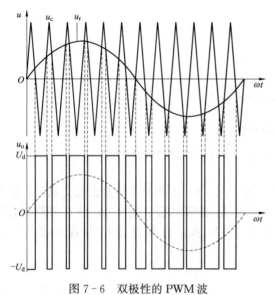

图 7 - 6　双极性的 PWM 波

2. PWM 电压波和 PWM 电流波

上面所列举的 PWM 波都是 PWM 电压波。除此之外，还有 PWM 电流波，如电流型逆变电路的直流侧是电流源，对其进行 PWM 控制，所得到的 PWM 波就是 PWM 电流波。

3. 单极性的 PWM 波和双极性的 PWM 波

（1）单极性的 PWM 波。在 u_r 的半个周期内，三角载波只在正极性或负极性一种极性范围内变化，所得到的 PWM 波形也只在单个极性范围内变化。这样的 PWM 波称为单极性的 PWM 波，如图 7 - 4（a）所示。对应的控制方式称为单极性的控制方式。

（2）双极性的 PWM 波。在 u_r 的半个周期内，三角载波不再是单极性的，而是有正有负，所得到的 PWM 波形也是有正有负。这样的 PWM 波称为双极性的 PWM 波，如图 7 - 6 所示。对应的控制方式称为双极性的控制方式。

7.1.4　PWM 波的调制方式

设载波电压 u_c 的频率为 f_c，调制波电压 u_r 的频率为 f_r，定义载波比为 N，$N = f_c /$

f_r，根据 f_c 和 f_r 变化是否同步以及 N 的变化情况，PWM 波的调制方式可分为同步调制和异步调制两种。

（1）同步调制。同步调制是指载波比 $N =$ 常数，即在变频时载波信号 u_c 的 f_c 和调制波信号 u_r 的 f_r 保持同步变化，使 N 在整个变频范围内都保持为一个常数。

在同步调制中，因 f_r 变化时 N 保持不变，信号波一周期内输出脉冲数固定。当 f_r 很低时，f_c 也很低，由调制带来的谐波不易滤除，当 f_r 很高时，f_c 会过高，使开关器件难以承受。

（2）异步调制。异步调制是指载波比 $N \neq$ 常数，变频时 f_c 和 f_r 变化不同步，这样在变频范围内 N 就不能保持为一个常数。

在异步调制方式中，通常保持 f_c 固定不变，当 f_r 变化时，载波比 N 是变化的。在信号波的半周期内，PWM 波的脉冲个数不固定，相位也不固定，正负半周期的脉冲不对称，半周期内前后 1/4 周期的脉冲也不对称。当 f_r 较低时，N 较大，一周期内脉冲数较多，正负半周脉冲不对称和半周期内前后 1/4 周期脉冲不对称产生的不利影响都较小，PWM 波形接近正弦波；当 f_r 增高时，N 减小，一周期内的脉冲数减少，PWM 脉冲不对称的影响就变大。有时信号的微小变化还会产生 PWM 脉冲跳动，使得输出 PWM 波和正弦波的差异变大。对于三相 PWM 型逆变电路来说，三相输出的对称性变差。因此，在采用异步调制方式时，希望采用较高的载波频率，以使在信号波频率较高时仍能保持较大的载波比。

为克服以上两种调制方式的不足，将两种调制方式结合起来，采用分段同步调制，有人称为混合调制，即把逆变器的变频范围划分为若干频段（异步调制），在每一频段内采用同步调制，保持 N 固定。不同频段，N 值不同，频率低时，取 N 值大些。

图 7-7 列举了一种分段同步调制方式，图中载波频率 f_c 在 1.4～2kHz 之间，当调制信号频率 f_r 由小到大变化，载波比 N 的变化范围在 201～21 之间。

采用分段同步调制时，为了防止载波频率在切换点附近来回跳动，在各频率切换点采用了滞后切换的方法，图中切换点处的实线表示输出频率增高时的切换频率，虚线表示输出频率降低时的切换频率，前者略高于后者而形成滞后切换。

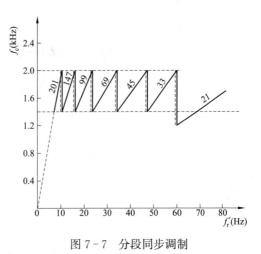

图 7-7 分段同步调制

直流斩波电路采用 PWM 控制得到的是 PWM 波，和直流电等效；逆变电路采用 PWM 控制得到的是 SPWM 波，和正弦波等效；这些都是应用十分广泛的 PWM 波。此外，PWM 波还可以等效成其他所需要的波形，其基本原理和 PWM 控制相同，也是基于面积等效原理。

7.2 SPWM 波的采样规则

采用调制法产生 SPWM 波的关键问题是如何得到每个 PWM 脉冲的起始和终止时刻，也就是采样方法，SPWM 波的采样方法有自然采样法和规则采用法。

7.2.1 自然采样法

由三角波和正弦波的自然交点产生 SPWM 波形，此种产生 SPWM 波形的方法称为自然采样法，如图 7-8 所示，用自然采样法所得到的 SPWM 波形很接近正弦波。

由图 7-8 可见，交点 A 是产生脉冲的起始点，对应的时刻为 t_A，交点 B 是脉冲的结束点，对应的时刻为 t_B。在 t_A、t_B 时刻控制功率开关器件的通断。A 点和 B 点之间的距离是脉冲宽度（δ）。脉冲前后沿到三角波中心线距离是间隙，由图可以看出，自然采样所得脉冲的中点和三角波一周期的中点（即负峰点）不重合，载波周期为 T_c，设图 7-8 中三角波的幅值为 u_{cm}，正弦波幅值为 u_{rm}。

u_{rm} 与 u_{cm} 之比 M 称为"调制深度"或"调制系数"，通常 M 在 0～1 之间变化。若取单位 1 表示 u_{cm}，设 ω_r 为 u_r 的角频率，正弦调制波可写成

$$u_r = M\sin\omega_r t \tag{7-1}$$

脉冲宽度 δ 可由下式计算

$$\delta = \frac{T_c}{2}\left[1 + \frac{M}{2}(\sin\omega_r t_A + \sin\omega_r t_B)\right] \tag{7-2}$$

式中：t_A 和 t_B 都是未知数，且是变化的。

这是一个超越方程，求解有一定困难，在工程实际中应用不多。

7.2.2 规则采样法

规则采样法是应用较广的工程实用方法，其效果接近自然采样法，计算量比自然采样法少。如图 7-9 所示，规则采样法是取三角波两个正峰值之间为一个采样周期 T_c，在三角波 u_c 的负峰值对应时刻 t_D，对正弦调制波 u_r 采样得到 D 点，过 D 点作水平线与三角载波 u_c 分别交于 A 和 B 两点，在 A 点时刻 t_A 和 B 点时刻 t_B 控制功率开关器件的通断。t_A 和 t_B 时刻到三角波中心波线距离相等，脉冲的中心与三角波的中心重合，脉冲以三角波的中心线对称。

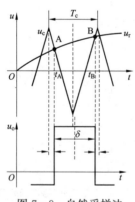 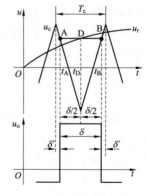

图 7-8 自然采样法　　　　图 7-9 规则采样法

从图 7-9 中找到两个相似的直角三角形，有如下关系

$$\frac{1 + M\sin\omega_r t_D}{\delta/2} = \frac{2}{T_c/2} \tag{7-3}$$

因此可得

$$\delta = \frac{T_c}{2}(1 + M\sin\omega_r t_D) \tag{7-4}$$

式中只有一个未知数 t_D，不但计算简单，实时应用也容易实现。

在三角波的一个周期内，脉冲两边的间隙 δ' 为

$$\delta' = \frac{1}{2}(T_c - \delta) = \frac{T_c}{4}(1 - M\sin\omega_r t_D) \qquad (7-5)$$

对于三相桥式逆变电路来说，应该形成三相 SPWM 波形。通常三相的三角载波是公用的，三相正弦调制波的相位依次相差 120°。设在同一三角波周期内三相的脉冲宽度分别为 δ_U、δ_V 和 δ_W，脉冲两边的间隙宽度分别为 δ'_U、δ'_V 和 δ'_W，由式（7-4）可得

$$\delta_U + \delta_V + \delta_W = \frac{3T_c}{2} \qquad (7-6)$$

由式（7-5）可得

$$\delta'_U + \delta'_V + \delta'_W = \frac{3T_c}{4} \qquad (7-7)$$

利用式（7-6）、式（7-7）可以简化生成三相 SPWM 波形时的计算。

7.3　PWM 逆变电路

7.3.1　单相桥式 PWM 逆变电路

采用调制法的单相桥式 PWM 逆变电路原理图如图 7-10 所示。设电路带阻感性负载，控制方法有单极性和双极性两种。

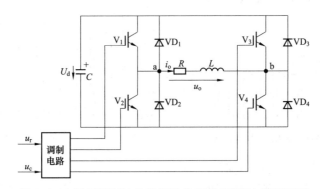

图 7-10　采用调制法的单相桥式 PWM 逆变电路原理图

1. 单极性 PWM 控制方式

单极性 PWM 控制方式时，V_1 和 V_2 的通断状态互补，V_3 和 V_4 的通断状态也互补，在 u_r 和 u_c 的交点时刻控制开关器件（IGBT）的通断，对逆变桥 $V_1 \sim V_4$ 的控制方法是：

在调制信号波 u_r 的正半周，保持 V_1 为通态，V_2 为断态；V_3 和 V_4 交替导通。在调制波与三角载波的交点处控制 V_4 的通断。当 $u_r > u_c$ 时，控制 V_4 导通，V_3 关断，输出电压 $u_o = U_d$；当 $u_r < u_c$ 时，控制 V_4 关断，V_3 导通，输出电压 $u_o = 0$；在负载电流为正的区间，V_1 和 V_4 导通，负载电压 $u_o = U_d$；V_4 关断时，负载电流通过 V_1 和 VD_3 续流，$u_o = 0$。在负载电流为负的区间，i_o 实际上从 VD_1 和 VD_4 流过，仍有 $u_o = U_d$。

在调制信号波 u_r 的负半周，保持 V_2 为通态，V_1 为断态；V_3 和 V_4 交替导通；在调制波与三角载波的交点处控制 V_3 的通断。当 $u_r < u_c$ 时，控制 V_3 导通，输出电压 $u_o = -U_d$；

当 $u_r > u_c$ 时，控制 V_3 关断，输出电压 $u_o = 0$；在负载电流为负的区间，V_2 和 V_3 导通，负载电压 $u_o = -U_d$；V_3 关断时，此时负载电流可经过 VD_4 与 V_2 续流，$u_o = 0$。在负载电流为正的区间，i_o 实际上从 VD_2 和 VD_3 流过，仍有 $u_o = -U_d$；

逆变电路输出 u_o 的波形为 SPWM 波，有 $\pm U_d$ 和 0 三种电平，单极性 PWM 控制波形如图 7-11 所示，u_{of} 为 u_o 的基波分量。

2. 双极性 PWM 控制方式

双极性 PWM 控制方式时，仍然在 u_r 和 u_c 的交点时刻控制开关器件（IGBT）的通断：

在 u_r 的正负半周，对各开关器件的控制规律相同。当 $u_r > u_c$ 时，控制 V_1、V_4 导通，V_2、V_3 关断，这时若 $i_o > 0$，V_1、V_4 通，若 $i_o < 0$，VD_1、VD_4 通，不管哪种情况，输出电压都是 $u_o = U_d$；当 $u_r < u_c$ 时，控制 V_1、V_4 关断，V_2、V_3 导通，这时若 $i_o < 0$，V_2、V_3 通，若 $i_o > 0$，VD_2、VD_3 通，不管哪种情况，输出电压都是 $u_o = -U_d$。

逆变电路输出 u_o 的波形为 SPWM 波，有 $\pm U_d$ 两种电平，如图 7-12 所示。

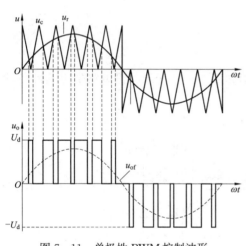

图 7-11 单极性 PWM 控制波形

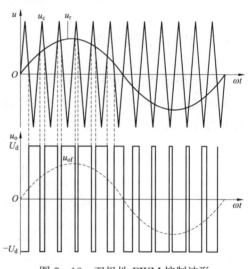

图 7-12 双极性 PWM 控制波形

7.3.2 三相桥式 PWM 逆变电路

三相桥式 PWM 逆变电路原理图如图 7-13 所示，该电路带阻感性负载，只能采用双极性的控制方式，三相调制信号 u_{rU}、u_{rV} 和 u_{rW} 的相位依次相差 $120°$，共用一个三角载波 u_c，三相桥式 PWM 逆变电路输出波形如图 7-14 所示。

U、V 和 W 各相开关器件的控制规律相同，以 U 相为例来说明：

当 $u_{rU} > u_c$ 时，给 V_1 导通信号，给 V_4 关断信号，则 U 相对直流电源假想中点 N' 的输出电压 $u_{UN'} = U_d/2$；当 $u_{rU} < u_c$ 时，给 V_4 导通信号，给 V_1 关断信号，则 $u_{UN'} = -U_d/2$；V_1 和 V_4 的控制信号始终互补，当给 V_1（V_4）加导通信号时，可能是 V_1（V_4）导通，也可能是 VD_1（VD_4）续流导通，依据阻感负载中电流的方向来定，这和单相桥式 PWM 逆变电路在双极性控制时的情况相同。如图 7-14 所示，$u_{UN'}$、$u_{VN'}$ 和 $u_{WN'}$ 的 PWM 波形只有 $\pm U_d/2$ 两种电平，u_{UV} 波形可由 $u_{UN'} - u_{VN'}$ 得出，当 1 和 6 通时，$u_{UV} = U_d$，当 3 和 4 通时，$u_{UV} = -U_d$，当 1 和 3 或 4 和 6 通时，$u_{UV} = 0$。输出线电压 PWM 波由 $\pm U_d$ 和 0 三种电平组成，负载相电压 PWM 波由 $(\pm 2/3)U_d$、$(\pm 1/3)U_d$ 和 0 共五种电平组成。

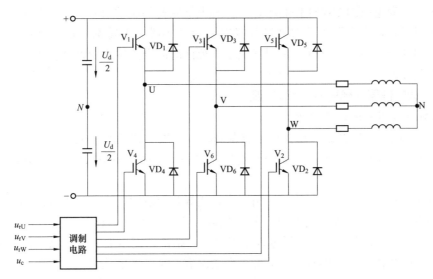

图 7‑13 三相桥式 PWM 逆变电路

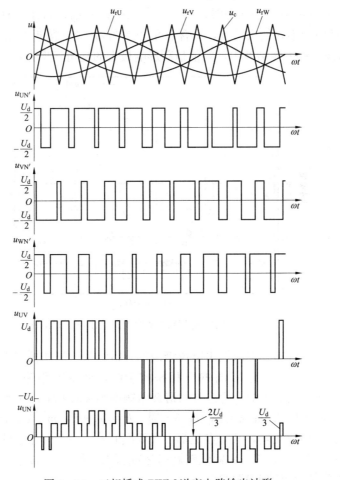

图 7‑14 三相桥式 PWM 逆变电路输出波形

在电压型逆变电路的 PWM 控制中，同一相上下两臂的驱动信号互补，为防止上下两个桥臂直通造成短路，在上下两桥臂通断切换时要留一小段上下臂都施加关断信号的死区时间。死区时间的长短主要由器件关断时间决定。死区时间会给输出 PWM 波带来影响，使其稍稍偏离正弦波。

7.3.3 调制信号为梯形波的 PWM 波

1. PWM 逆变电路的谐波分析

PWM 逆变电路使用载波对正弦信号波调制时，产生了和载波有关的谐波分量。谐波频率和幅值是衡量 PWM 逆变电路性能的重要指标之一。下面分析双极性 SPWM 波形，只分析异步调制方式。

同步调制可看成是异步调制的特殊情况。采用异步调制时，不同信号波周期的 PWM 波不同，无法直接以信号波周期为基准分析。以载波周期为基础，再利用贝塞尔函数推导出 PWM 波的傅里叶级数表达式，分析过程相当复杂，结论却简单而直观。因此，这里只给出典型分析结果的频谱图，从中对其谐波的分布情况有一个基本的认识。

(1) 单相桥式 PWM 逆变电路输出电压谐波的分析结果。不同调制度 M 时的单相桥式 PWM 逆变电路在双极性调制方式下输出电压的频谱图如图 7-15 所示。其中所包含的谐波角频率为 $n\omega_c \pm k\omega_r$（$n=1$，3，5…时，$k=0$，2，4…；$n=2$，4，6…时，$k=1$，3，5…）。可以看出，PWM 波中不含低次谐波，只含有角频率为 ω_c 及其附近的谐波，以及 $2\omega_c$、$3\omega_c$ 等及其附近的谐波。在上述谐波中，幅值最高影响最大的是角频率为 ω_c 的谐波分量。

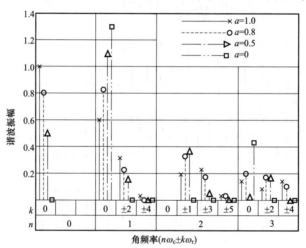

图 7-15 单相桥式 PWM 逆变电路输出电压频谱图

(2) 三相桥式 PWM 逆变电路输出电压谐波的分析结果。三相桥式 PWM 逆变电路采用公用载波信号时，不同调制度 M 时的三相桥式 PWM 逆变电路输出线电压的频谱图如图 7-16 所示。在输出线电压中，所包含的谐波角频率为 $n\omega_c \pm k\omega_r$ [$n=1$，3，5…时，$k=3(2m-1)\pm1$，$m=1$，2…；$n=2$，4，6…时，$k=6m+1$，$m=0$，1…，同时 $k=6m-1$，$m=1$，2…]。和单相比较，共同点是都不含低次谐波，一个较显著的区别是载波角频率 ω_c 整数倍的谐波被消去了，谐波中幅值较高的是 $\omega_c \pm 2\omega_r$ 和 $2\omega_c \pm \omega_r$。

2. 调制信号为梯形波的 PWM 波

从谐波分析可知，用正弦信号波对三角载波进行调制时，只要载波比足够高，所得到的

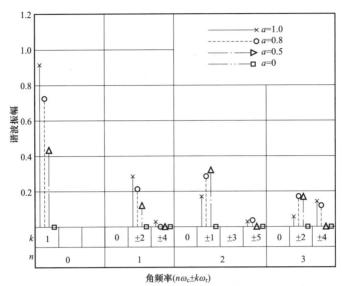

图 7-16 三相桥式 PWM 逆变电路输出电压频谱图

PWM 波中不含低次谐波，只含和载波频率有关的高次谐波。输出波形中所含谐波的多少是衡量 PWM 波控制方法优劣的基本标志，但不是唯一标志。提高逆变器的直流电压利用率也很重要。直流电压利用率是指逆变器所能输出的交流电压中基波电压最大幅值 U_{1m} 和直流电压 U_d 之比，提高直流电压利用率可以提高逆变器的输出能力。

对于用正弦波作为调制信号的三相逆变器，当调制深度 M 为最大值 1 时，其输出线电压基波幅值为 $0.866U_d$，即直流电压利用率为 86.6%，这个直流电压的利用率是比较低的，其原因是正弦波调制信号的幅值不能超过三角波的幅值。实际电路工作时，因功率器件的开通和关断都需要时间，调制深度 M 很难达到 1。因此，采用正弦波为调制信号的调制方法时，实际能得到的直流电压利用率比 86.6% 还要低。

不用正弦波，而采用梯形波作为调制信号，即梯形波脉宽调制 TPWM（Trapezoidal - PWM），可以有效地提高直流电压的利用率。对于三相逆变器，当 $M=1$ 时，其输出电压中基波的幅值可高达 $1.03U_d$，即直流电压利用率为 103%。其原因是梯形波幅值和载波三角波的幅值相等时，梯形波所含的基波幅值已超过了三角波幅值。采用梯形波调制，决定功率开关器件通断的方法和用正弦波作为调制信号时完全相同。

梯形波是由三角波经削波后得到，设 U_S 是三角波的幅值，U_T 是以横轴为底时梯形波的高，对梯形波的形状用三角化率 $\sigma = U_T/U_S = 0 \sim 1$ 来描述，当 $\sigma = 0$ 时梯形波变为方波，当 $\sigma = 1$ 时梯形波变为三角波。由于梯形波中含有低次谐波，故调制后逆变器输出的 PWM 波会含有同样的低次谐波，这是梯形波调制的缺点。实际使用时，当输出电压较低时用正弦波作为调制信号，使输出电压不含低次谐波；当正弦波调制不能满足输出电压要求时，改用梯形波调制，以提高直流电压利用率。载波为三角波的梯形波调制后产生的 PWM 波形如图 7-17 所示，用梯形波与三角波进行比较，在梯形波大于三角波的部分产生 PWM 波的正脉冲，小于部分产生负脉冲。

7.3.4 PWM 逆变电路多重化

大容量 PWM 逆变电路也可和一般逆变电路一样采用多重化技术来减少谐波。采用 SP-

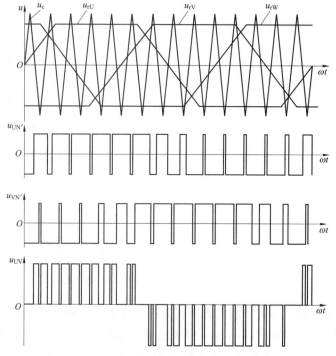

图 7 – 17　梯形波为调制信号的 PWM 控制

WM 技术理论上不产生低次谐波，因此，PWM 多重化逆变电路，一般不再以减少低次谐波为目的，而是为了提高等效开关频率，减少开关损耗，减少和载波有关的谐波分量。

　　PWM 逆变电路多重化连接方式有电抗器方式和变压器方式，图 7 – 18 所示是电抗器连

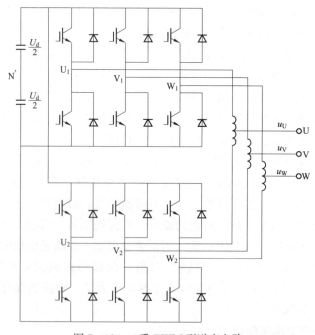

图 7 – 18　二重 PWM 型逆变电路

接的二重 PWM 逆变电路。电路的输出从电抗器的中心抽头引出。两个逆变单元电路的载波信号 u_{c1} 和 u_{c2} 相位互差 180°，所得到的输出电压波形如图 7 - 19 所示，图中输出电压相对于直流电源中点 N′的 $u_{UN'} = (u_{U1N'} + u_{U2N'}) /2$，已变为单极性 PWM 波，输出线电压 u_{UV} 共有 0、$(\pm 1/2) U_d$、$\pm U_d$ 的五个电平，谐波比非重化时有所减少。

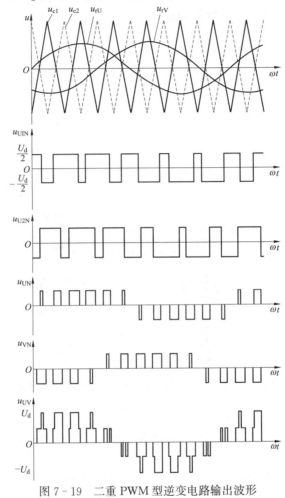

图 7 - 19　二重 PWM 型逆变电路输出波形

对于电路中合成波形用的电抗器，电感量与所加的电压频率成反比，即电压频率越高，所需的电感量就越小。一般多重化电路中电抗器所加电压频率为输出电压频率，因此所需要的电抗器较大。而在多重 PWM 逆变电路中，电抗器上所加电压的频率为载波频率，比输出电压频率高很多，因此电抗器比较小。

二重化后，输出电压中所含谐波的角频率仍可表示为 $n\omega_c \pm k\omega_r$，但其中当 n 为奇数时的谐波已全部被除去，谐波的最低频率在 $2\omega_c$ 附近，相当于电路的等效载波频率提高了一倍。

7.4　PWM 逆变电路的 Matlab 仿真

7.4.1　单相桥式 PWM 逆变电路仿真

单相桥式 PWM 型逆变电路原理图如图 7 - 10 所示。

1. 单相桥式单极性调制 PWM 型逆变电路

（1）仿真模型：单相桥式单极性调制 PWM 型逆变电路仿真模型如图 7-20 所示。模型中模块的查找路径为 Repeating Sequence 和 Sine wave：Simulink/Sources/；Sign 和 Product：Simulink/Math Operations/；Relational Operator：Simulink/Commonly Used Blocks/；Logical Operator：Simulink/Logic and Bit Operations；

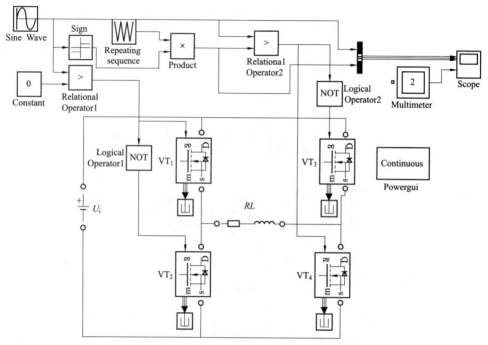

图 7-20　单相桥式单极性调制 PWM 型逆变电路仿真模型

（2）模块参数设置。

1）直流电源电压设置为 $U_i=200V$；负载 $R=0.5\Omega$，$L=20mH$，设置测量支路电压和电流；

2）模型由 4 只 MOSFET 构成逆变桥，控制电路采用"Sine Wave"环节生成调制信号，参数设置为：Sine type 栏选择"Time based"；Time 栏选择"Use simulation time"；Amplitude 设置为 0.7（输出电压比）；Bias 为 0；频率 Frequency 为 314；Phase 为 0；Sample time 为 0；Interpret vector parameter as 1-D 栏打"√"；

3）调制信号一路与零电平比较产生 VT_1 和 VT_2 的驱动信号，另一路与锯齿波发生器"Repeating Sequence"环节比较产生单极性三角波（频率为 1000Hz），（Repeating Sequence 参数设置为：Time values 栏设置为 [0 0.0005 0.001]，Output value 栏设置为 [0 0 1]）产生 VT_3 和 VT_4 的驱动信号，为产生与调制信号极性一致的三角波，采用"Sign"环节将信号波的极性检出并与三角波相乘。仿真时间为 0.04s，仿真波形如图 7-21 所示。

2. 单相桥式双极性调制 PWM 型逆变电路

（1）仿真模型：单相桥式双极性调制 PWM 型逆变电路仿真模型如图 7-22 所示。

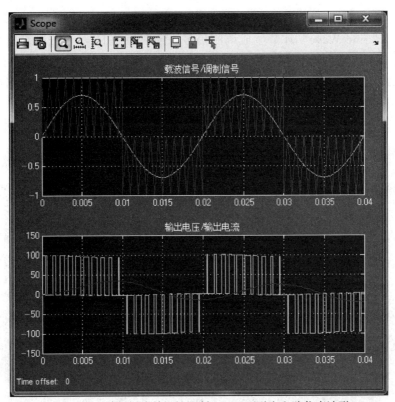

图 7 - 21　单相桥式单极性调制 PWM 型逆变电路仿真波形

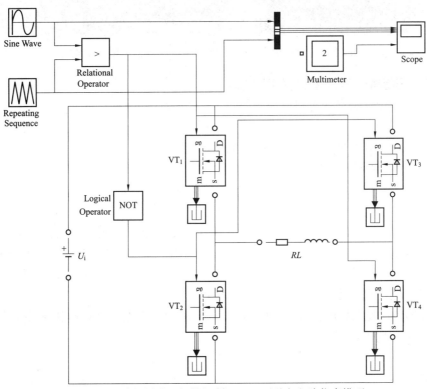

图 7 - 22　单相桥式双极性调制 PWM 型逆变电路仿真模型

（2）模块参数设置。$U_i = 200\text{V}$，负载 $R = 2\Omega$，$L = 20\text{mH}$，设置测量支路电压和电流；控制电路采用"Sine Wave"环节生成调制信号，频率为 50Hz，正弦调制信号幅值为 0.9（即调制度为 0.9）；调制信号与锯齿波发生器"Repeating Sequence"环节产生的双极性三角波（频率为 1000Hz）比较产生驱动信号，一路连接到 VT_1 和 VT_4，另一路经反相后连接到 VT_2 和 VT_3。

仿真时间为 0.04s，仿真结果如图 7 - 23 所示。读者可改变调制比观察波形的变化情况。

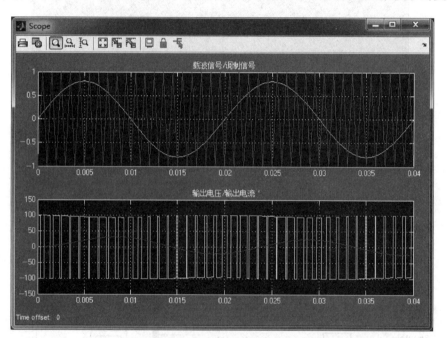

图 7 - 23　单相桥式双极性调制 PWM 型逆变电路仿真结果

7.4.2　三相桥式 PWM 型逆变电路仿真

三相桥式 PWM 型逆变电路原理图如图 7 - 13 所示。

1. 仿真模型

三相桥式 PWM 型逆变电路仿真模型如图 7 - 24 所示。

2. 模块参数设置

直流电源电压设置为 $U_i = 200\text{V}$；阻感性负载 $R = 2\Omega$，$L = 5\text{mH}$，设置测量支路电压；由 6 只 MOSFET 构成逆变桥，控制电路采用 3 个"Sine Wave"环节生成调制信号，频率为 50Hz，正弦调制信号幅值为 0.7（即调制度为 0.7）；调制信号与锯齿波发生器"Repeating Sequence"环节产生的三角波（频率为 1000Hz）比较产生三路驱动信号分别连接到 VT_1、VT_3 和 VT_5，同时三路驱动经反相后连接到 VT_2、VT_4 和 VT_6。仿真时间为 0.04s，三相桥式 PWM 型逆变电路仿真波形如图 7 - 25 所示。

6 幅波形依次是三相调制波/载波、各相与电源中性点电压、相电压和线电压波形。读者可以改变调制比来观察电路波形的变化情况。

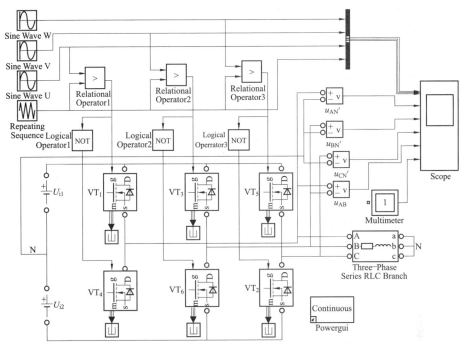

图 7 - 24　三相桥式 PWM 型逆变电路仿真模型

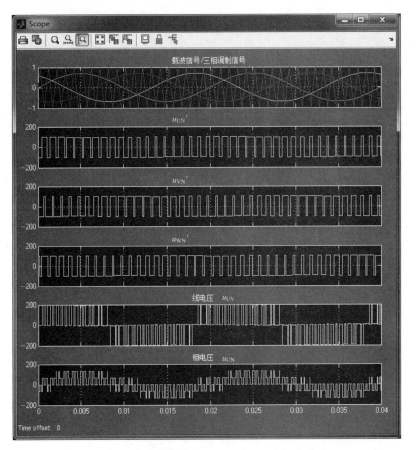

图 7 - 25　三相桥式 PWM 型逆变电路仿真波形

习题

1. PWM 控制的基本原理是什么？

2. 什么情况下 PWM 波可以和正弦波等效？

3. 单极性和双极性 PWM 调制有何区别？

4. 什么是 PWM 波的同步调制？什么是异步调制？两者有何缺点？怎样克服这些缺点？

5. 什么是规则采样法？有何特点？

6. 在三相桥式 PWM 逆变电路中输出相电压和线电压的波形各有几种电平？线电压中含有哪些谐波成分？

7. 如何提高 PWM 逆变路中直流电压的利用率？

8

软 开 关 技 术

电力电子装置的发展越来越小型化、轻量化，同时对装置的效率和减少电磁干扰的要求也越来越高。通常，滤波电感、电容和变压器在电力电子装置的体积和质量中占很大的比例，而提高开关频率可以减小滤波器的参数，并使变压器小型化，可降低装置的体积和重量，但在提高开关频率的同时，开关损耗也随之增加，电路效率严重下降，电磁干扰也增大，针对这些问题出现了软开关技术，采用该技术可解决电路中的开关损耗和开关噪声问题，即在电压过零或电流过零时开通或关断主开关器件，其功耗接近零，这样可提高开关频率、减少体积，达到高效和小型化。

8.1 软开关基本工作原理

8.1.1 软开关的基本概念

1. 硬开关

开关过程中电压、电流均不为零，出现重叠，开关损耗显著，且电压和电流变化速度很快，波形出现了明显的过冲，有开关噪声，这样的开关过程称为硬开关，具有这样开关过程的开关电路称为硬开关电路。硬开关过程的电压、电流和功率损耗如图 8-1 所示。

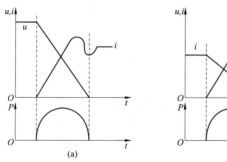

图 8-1 硬开关过程的电压、电流和功率损耗
(a) 开通过程；(b) 关断过程

降压、升压、升降压斩波电路和半桥、全桥、推挽等直流—直流变换电路都是硬开关电路，PWM 逆变电路也是硬开关电路。

2. 软开关

通过在开关过程前后引入谐振，使开关开通前电压先降到零，关断前电流先降到零，就可以消除开关过程中电压、电流的重叠，降低它们的变化率，从而大大减小甚至消除开关损耗。同时，谐振过程限制了开关过程中电压和电流的变化率，这使得开关噪声也显著减小，这样的开关过程称为软开关，具有这样开关过程的开关电路称为软开关电路。软开关过程的电压电流波形如图 8 - 2 所示。

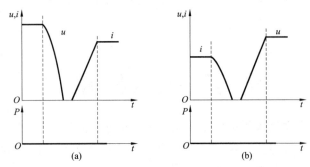

图 8 - 2　软开关过程的电压、电流和功率损耗
(a) 开通过程；(b) 关断过程

软开关和硬开关电路示意图如图 8 - 3 所示。(a) 图是硬开关，(b) 图是并联谐振软开关，图中的 C_r、L_r 组成并联谐振电路（L_r 包括电路中可能有的杂散电感和变压器漏电感，C_r 包括开关管的结电容）。当开关管 S 导通时，C_r、L_r 中电流按正弦规律变化，电流振荡过零时，即令 S 关断。(c) 图是串联谐振软开关，当开关管 S 关断时，C_r、L_r 串联谐振，C_r 上电压按正弦规律变化，当电压过零时，触发 S 开通，可见上述两种电路可达到软开关的目的。

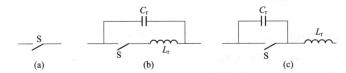

图 8 - 3　软开关和硬开关电路示意图
(a) 硬开关；(b) 并联谐振软开关；(c) 串联谐振软开关

3. 软开关分类

(1) 零电压开关：使开关开通前其两端电压为零，则开关开通时就不会产生损耗和噪声，这种开通方式称为零电压开通（Zero Voltage Switching，ZVS），简称零电压开关。

(2) 零电流开关：使开关关断前其电流为零，则开关关断时也不会产生损耗和噪声，这种关断方式称为零电流关断（Zero Current Switching，ZCS），简称零电流开关。

零电压开通和零电流关断要靠电路中的谐振来实现。

与开关并联的电容能使开关关断后电压上升延缓，从而降低关断损耗，有时称这种关断过程为零电压关断。

与开关串联的电感能使开关开通后电流上升延缓，降低了开通损耗，有时称之为零电流开通。

8.1.2　软开关电路的类型

根据软开关技术的发展历程，可将软开关电路分为准谐振电路、零开关 PWM 电路和零转换 PWM 电路。

1. 准谐振电路

准谐振电路是最早出现的软开关电路。准谐振电路中电压或电流的波形为正弦半波，故称准谐振。准谐振电路可以分为零电压开关准谐振电路（Zero Voltage Switching Quasi Resonant Converter，ZVSQRC）、零电流开关准谐振电路（Zero Current Switching Quasi Resonant Converter，ZCSQRC）、零电压开关多谐振电路（Zero Voltage Switching Multi Resonant Converter，ZVSMRC）和谐振直流环电路（Resonant DC Link）。

图 8-4 以降压型电路为例给出了前 3 种软开关电路。谐振直流环电路将在 8.2.1 中介绍。

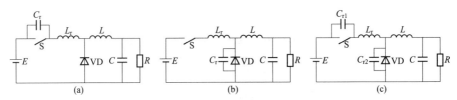

图 8-4　带准谐振电路的降压斩波电路

（a）零电压开关准谐振电路；（b）零电流开关准谐振电路；（c）零电压开关多谐振电路

谐振的引入使得电路的开关损耗和开关噪声都大大下降，但也带来一些负面问题：谐振电压峰值很高，要求器件耐压必须提高；谐振电流的有效值很大，电路中存在大量的无功功率交换，造成电路导通损耗加大；谐振周期随输入电压、负载的变化而改变，因此电路只能采用脉冲频率调制方式（PFM）来控制，而变化的开关频率给电路设计带来困难。

2. 零开关 PWM 电路

零开关 PWM 电路中引入了辅助开关来控制谐振的开始时刻，使谐振仅发生于开关过程前后。零开关 PWM 电路可以分为零电压开关 PWM 电路（Zero Voltage Switching PWM Converter，ZVSPWM）和零电流开关 PWM 电路（Zero Current Switching PWM Converter，ZCSPWM）。这两种电路的基本开关单元如图 8-5 所示。

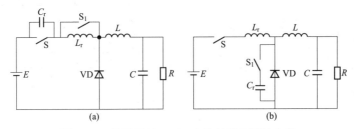

图 8-5　带零开关 PWM 电路的降压斩波电路

（a）零电压开关 PWM 电路；（b）零电流开关 PWM 电路

同准谐振电路相比，这类电路有明显的优势：电压和电流基本上是方波，只是上升沿和下降沿较缓，开关承受的电压明显降低，电路可以采用开关频率固定的 PWM 控制方式。

3. 零转换 PWM 电路

零转换 PWM 电路也是采用辅助开关控制谐振的开始时刻，所不同的是，谐振电路是与主开关并联的，因此输入电压和负载电流对电路的谐振过程影响很小，电路在很宽的输入电压范围内和从零负载到满负载都能工作在软开关状态。而且电路中无功功率的交换被削减到最小，这使得电路效率有了进一步提高。

零转换 PWM 电路可以分为零电压转换 PWM 电路（Zero Voltage Transition PWM Converter，ZVTPWM）。零电流转换 PWM 电路（Zero Current Transition PWM Converter，ZCTPWM）。这两

种电路的基本开关单元如图 8-6 所示。

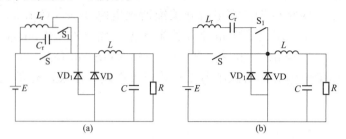

图 8-6 带零转换 PWM 电路的降压斩波电路

（a）零电压转换 PWM 电路；（b）零电流转换 PWM 电路

8.2 基本的软开关电路

8.2.1 准谐振电路

1. 零电压开关准谐振电路

以降压斩波电路为例，说明零电压开关准谐振电路的工作特点，电路原理图如图 8-7（a）所示，和降压斩波电路比较，零电压开关准谐振电路在开关器件部分增加了小电感 L_r，小电容 C_r 等谐振元件，并反并联一个二极管 VD_r。假设开关 S、二极管 VD_r 为理想条件，针对图 8-7（b）的波形详细分析该电路的工作过程。

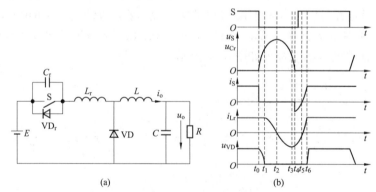

图 8-7 降压斩波电路的零电压开关准谐振电路及工作波形

（a）电路原理图；（b）工作波形

（1）$t_0 \sim t_1$ 阶段：t_0 时刻之前，开关 S 为通态，二极管 VD 为断态，$u_{Cr}=0$，$i_{Lr}=I_L=I_o$，t_0 时刻 S 关断，由于 S 上有并联电容 C_r，所以 S 两端电压不能突变，缓慢上升，从而使 S 的开关损耗减小。S 关断后，VD 尚未导通。电感 L_r 和 L 向 C_r 充电，u_{Cr} 线性上升，同时 VD 两端电压 u_{VD} 逐渐下降，直到 t_1 时刻，$u_{VD}=0$，VD 导通。

（2）$t_1 \sim t_2$ 阶段：t_1 时刻二极管 VD 导通，电感 L 通过 VD 续流，C_r、L_r 和 E 形成谐振回路。谐振过程中，L_r 对 C_r 充电，u_{Cr} 不断上升，i_{Lr} 不断下降，到 t_2 时刻，i_{Lr} 下降到零，u_{Cr} 达到谐振峰值。

（3）$t_2 \sim t_3$ 阶段：t_2 时刻后，C_r 向 L_r 放电，i_{Lr} 改变方向，电压 u_{Cr} 逐渐减小，直到 t_3 时刻，$u_{Cr}=E$，i_{Lr} 达到反向谐振峰值。

（4）$t_3 \sim t_4$ 阶段：t_3 时刻以后，L_r 向 C_r 反向充电，u_{Cr} 继续下降，直到 t_4 时刻 $u_{Cr}=0$。

（5）$t_4 \sim t_5$ 阶段：VD_r 导通，u_{Cr} 被钳位于零，i_{Lr} 线性衰减，直到 t_5 时刻，由于这一时段开关 S 两端电压为零，所以必须在这一时段使开关 S 开通，才不会产生开通损耗。

（6）$t_5 \sim t_6$ 阶段：S 为通态，i_{Lr} 线性上升，直到 t_6 时刻，$i_{Lr}=I_L$，VD 关断。

零电压准谐振电路实现软开关的条件为

$$\sqrt{\frac{L_r}{C_r}} I_L \geqslant E \tag{8-1}$$

从以上分析可知，谐振过程是软开关电路工作过程的重要部分。开关 S 关断后，L_r 与 C_r 发生谐振，电压波形为正弦半波。谐振缓解了开关过程中电压、电流的变化，而且使 S 两端的电压在其开通前降为零，从而保证开关器件的零电压开通。但是谐振电压峰值将高于输入电压 E 的 2 倍，增加了对开关器件耐压的要求。

2. 谐振直流环

谐振直流环电路是应用于交流—直流—交流变换电路的中间直流环节（DC-Link）。通过在直流环节中引入谐振，使电路中的整流或逆变环节工作在软开关的条件下。

用于电压型逆变电路的谐振直流环电路原理图如图 8-8（a）所示，它用一个辅助开关 S 就可以使逆变桥中所有的开关工作在零电压开通的条件下。由于电压型逆变电路的负载通常为感性，而且在谐振过程中逆变电路的开关状态是不变的，因此，可等效为图 8-8（b）所示的电路来分析，理想化工作过程的波形图如图 8-8（c）所示。

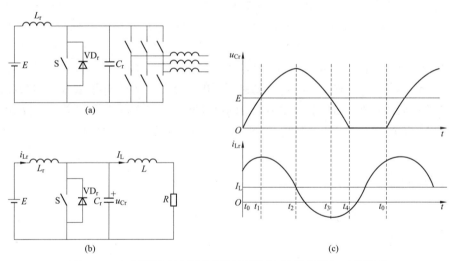

图 8-8 电压型逆变电路的谐振直流环电路原理图和工作波形
（a）电压型逆变电路谐振直流环电路原理图；（b）等效电路；（c）工作波形

（1）$t_0 \sim t_1$ 阶段：t_0 时刻之前，$i_{Lr}>I_L$，开关 S 处于通态，t_0 时刻 S 关断，电路中发生谐振。因 $i_{Lr}>I_L$，L_r 对 C_r 充电，u_{Cr} 不断上升，t_1 时刻，$u_{Cr}=E$。

（2）$t_1 \sim t_2$ 阶段：由于 t_1 时刻 $u_{Cr}=E$，L_r 两端电压差为零，因此谐振电流 i_{Lr} 达到峰值。t_1 时刻以后，L_r 继续向 C_r 充电，i_{Lr} 不断减小，直到 t_2 时刻 $i_{Lr}=I_L$，u_{Cr} 达到谐振峰值。

（3）$t_2 \sim t_3$ 阶段：t_2 时刻以后，C_r 向 L_r 和 L 放电，i_{Lr} 继续降低，降到零后反向，C_r

继续向 L_r 和 L 放电，i_{Lr} 反向增加，直到 t_3 时刻 $u_{Cr}=E$。

（4）$t_3 \sim t_4$ 阶段：t_3 时刻 $u_{Cr}=E$，i_{Lr} 达到反向谐振峰值后开始衰减，u_{Cr} 继续下降，到 t_4 时刻，$u_{Cr}=0$，S 的反并联二极管 VD_r 导通，u_{Cr} 被箝位于零。

（5）$t_4 \sim t_0$ 阶段：S 导通，电流 i_{Lr} 线性上升，直到 t_0 时刻，S 再次关断。

8.2.2 零开关 PWM 电路

1. 降压型零电压开关 PWM 电路

降压型零电压开关 PWM 电路原理图如图 8-9 所示，图中 S 为主开关管，S_1 为辅助开关管。电路工作波形如图 8-10 所示，下面分析其工作过程。

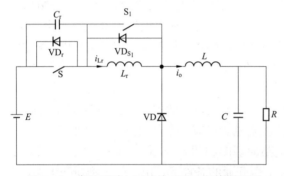
图 8-9 降压型零电压开关 PWM 电路原理图

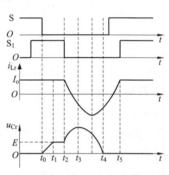
图 8-10 工作波形

（1）$t_0 \sim t_1$ 阶段：在 t_0 时刻之前，S、S_1 处于导通状态，$i_o=I_o$；在 t_0 时刻，关断 S，S_1 仍导通，等效电路如图 8-11（a）所示。这时 C_r 恒流充电，$u_{Cr}=E$，VD 压降为零而导通。

（2）$t_1 \sim t_2$ 阶段：此阶段由于 VD 导通而续流，i_o 保持为 I_o。等效电路如图 8-11（b）所示。

（3）$t_2 \sim t_4$ 阶段：在 t_2 时刻令 S_1 关断，C_r 和 L_r 发生谐振，L_r 中能量释放，对 C_r 充电，u_{Cr} 上升；到 t_3 时刻达到峰值；此后 C_r 释放能量，u_{Cr} 按准谐振规律下降，i_{Lr} 电流向负方向谐振增长；到 t_4 时刻，$u_{Cr}=0$，创造了零电压条件，等效电路如图 8-11（c）所示。

（4）$t_4 \sim t_5$ 阶段：在 t_4 时刻，$u_{Cr}=0$，S 的反并联二极管 VD_r 导通，等效电路如图 8-11（d）所示。L_r 储能，i_{Lr} 上升，VD 电流下降，t_5 时刻其关断，此时可令 S 导通（零电压开通）。

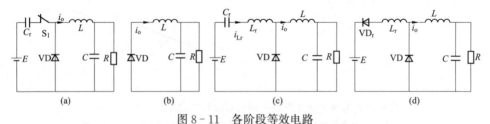
图 8-11 各阶段等效电路
（a）$t_0 \sim t_1$ 阶段；（b）$t_1 \sim t_2$ 阶段；（c）$t_2 \sim t_4$ 阶段；（d）$t_4 \sim t_5$ 阶段

2. 降压型零电流开关 PWM 电路

降压型零电流开关 PWM 电路原理图如图 8-12 所示，图中 S 为主开关管，S_1 为辅助开关管。电路工作波形如图 8-13 所示。下面分析其工作过程。

（1）$t_0 \sim t_1$ 阶段：在 t_0 时刻之前，S、S_1 处于关断状态；在 t_0 时刻，令 S 导通，等效电路如图 8-14（a）所示，i_{Lr} 电流上升，$u_{Cr}=0$。

（2）$t_1 \sim t_2$ 阶段：在 t_1 时刻，VD 截止，S_1 的反并联二极管 VD_{S1} 导通，L_r、C_r 发生串联谐振，L_r 中能量释放，对 C_r 充电；t_2 时刻，$u_{Cr}=2E$，随后 VD_{S1} 截止，等效电路如图 8-14（b）所示。

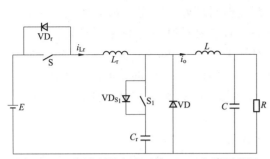

图 8-12 降压型零电流开关 PWM 电路原理图

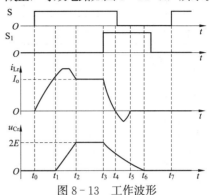

图 8-13 工作波形

（3）$t_2 \sim t_3$ 阶段：此阶段为恒流阶段，C_r 不通电，$i_{Lr}=I_o$，$u_{Cr}=2E$。

（4）$t_3 \sim t_5$ 阶段：在 t_3 时刻，令 S_1 导通，L_r、C_r 谐振，等效电路如图 8-14（c）所示。C_r 对 L_r 放电，i_{Lr} 下降，直到 t_4 时刻 $i_{Lr}=0$，创造了零电流条件，此时令 S 关断。

（5）$t_5 \sim t_6$ 阶段：S 关断后，L_r 与 U_d 断开，如图 8-14（d）所示。I_o 对 C_r 反向充电，u_{Cr} 继续下降；到 t_6 时刻，$u_{Cr}=0$，VD 导通续流，等效电路 8-14（e）所示。t_6 时刻后可关断 S_1（零电压下关断）。

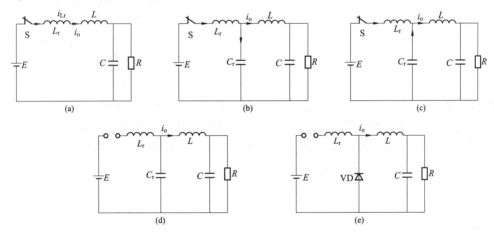

图 8-14 各阶段等效电路

（a）$t_0 \sim t_1$ 阶段；（b）$t_1 \sim t_2$ 阶段；（c）$t_2 \sim t_3$ 阶段；（d）$t_4 \sim t_5$ 阶段；（e）$t_5 \sim t_6$ 阶段

3. 移相全桥型零电压开关 PWM

移相全桥电路是目前应用最广泛的软开关电路，它的特点是电路简单，如图 8-15 所示。

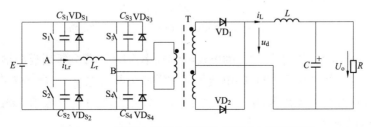

图 8-15 移相全桥零电压开关 PWM 电路原理图

223

工作波形如图 8-16 所示，控制方式的特点为：谐振电感 L_r 使 4 个开关均为零电压开通；在开关周期 T_S 内，每个开关导通时间都略小于 $T_S/2$，而关断时间都略大于 $T_S/2$；同一半桥中两个开关不同时处于通态，每个开关关断到另一个开关开通都要经过一定的死区时间。互为对角的两对开关 S_1、S_4 和 S_2、S_3，S_1 的波形比 S_4 超前 $0 \sim T_S/2$ 时间，而 S_2 的波形比 S_3 超前 $0 \sim T_S/2$ 时间，因此称 S_1 和 S_2 为超前的桥臂，而称 S_3 和 S_4 为滞后的桥臂。

工作过程：

（1）$t_0 \sim t_1$ 阶段：S_1 和 S_4 导通，直到 t_1 时刻 S_1 关断。

（2）$t_1 \sim t_2$ 阶段：t_1 时刻开关 S_1 关断后，电容 C_{S_1}、C_{S_2} 与电感 L_r、L 构成谐振回路，如图 8-17（a）所示，谐振开始时 $u_A(t_1) = E$，在谐振过程中，u_A 不断下降，直到 $u_A = 0$，VD_{S_2} 导通，电流 i_{Lr} 通过 VD_{S_2} 续流。

（3）$t_2 \sim t_3$ 阶段：t_2 时刻开关 S_2 开通，由于此时其反并联二极管 VD_{S_2} 正处于导通状态，因此 S_2 为零电压开通。S_2 开通后，电路状态也不会改变，继续保持到 t_3 时刻 S_4 关断。

（4）$t_3 \sim t_4$ 阶段：t_3 时刻开关 S_4 关断后，电路如图 8-17（b）所示，变压器二次侧 VD_1 和 VD_2 同时导通，变压器一次侧和二次侧电压均为零，相当于短路，因此 C_{S_3}、C_{S_4} 与 L_r 构成谐振回路，L_r 的电流不断减小，B 点电压不断上升，直到 S_3 的反并联二极管 VD_{S_3} 导通。这种状态维持到 t_4 时刻 S_3 开通。S_3 开通前 VD_{S_3} 导通，因此 S_3 为零电压开通。

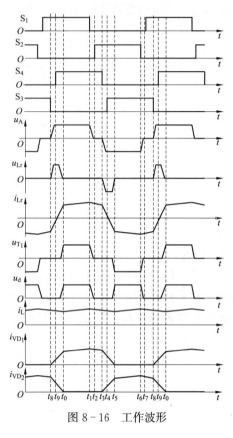

图 8-16　工作波形

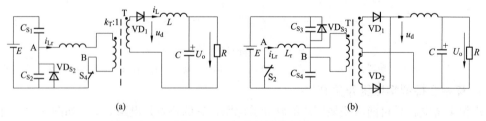

图 8-17　各阶段等效电路

（a）$t_1 \sim t_2$ 阶段等效电路；（b）$t_3 \sim t_4$ 阶段等效电路

（5）$t_4 \sim t_5$ 阶段：S_3 开通后，L_r 的电流继续减小。i_{Lr} 下降到零后反向增大，直到 t_5 时刻 $i_{Lr} = I_L/k_T$，变压器二次侧 VD_1 的电流下降到零而关断，电流 I_L 全部转移到 VD_2 中。

$t_0 \sim t_5$ 阶段正好是开关周期的一半，而在另一半开关周期 $t_5 \sim t_0$ 阶段中，电路的工作过程与 $t_0 \sim t_5$ 阶段对称。

8.2.3 零转换 PWM 电路

1. 零电压转换 PWM 电路

零电压转换 PWM 电路，广泛用于功率因数校正电路、直流—直流的变流电路中，具有电路简单、效率高的优点。升压型零电压转换 PWM 电路原理图如图 8-18 所示。辅助开关 S_1 超前于主开关 S 开通，而 S 开通后 S_1 就关断了，主要的谐振过程都集中在 S 开关前后。设电感 L 足够大，可忽略电流波动；电容 C 也很大，输出电压的波动也可忽略，分析时忽略元件与线路中的损耗。

工作过程波形如图 8-19 所示。

（1）$t_0 \sim t_1$ 阶段：S_1 导通，VD 处于通态，电感 L_r 两端电压为 U_o，电流 i_{Lr} 线性增长，VD 中的电流以同样的速率下降。到 t_1 时刻，$i_{Lr} = I_L$，VD 的电流下降到零而关断。

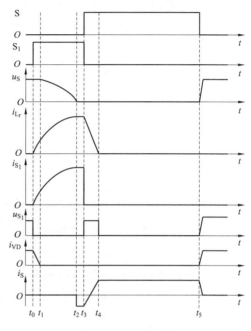

图 8-19 工作波形

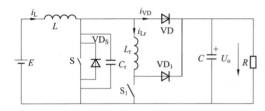

图 8-18 升压型零电压转换 PWM 电路原理图

（2）$t_1 \sim t_2$ 阶段：电路可等效为图 8-20。L_r 与 C_r 构成谐振回路，谐振过程中，L_r 的电流增加而 C_r 的电压下降，t_2 时刻 $u_{Cr} = 0$，VD_S 导通，u_{Cr} 被箝位于零，而电流 i_{Lr} 保持不变。谐振过程中由于 L 很大，其电流基本不变，对谐振影响小可以忽略。

（3）$t_2 \sim t_3$ 阶段：u_{Cr} 被箝位于零，而电流 i_{Lr} 保持不变，这种状态一直保持到 t_3 时刻 S 开通、S_1 关断。

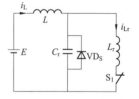

图 8-20 $t_1 \sim t_2$ 阶段等效电路

（4）$t_3 \sim t_4$ 阶段：t_3 时刻 S 开通时，为零电压开通。S 开通的同时 S_1 关断，L_r 中的能量通过 VD_1 向负载侧输送，其电流线性下降，主开关 S 中的电流线性上升。t_4 时刻 $i_{Lr} = 0$，VD_1 关断，主开关 S 中的电流 $i_S = I_L$，电路进入正常导通状态。

（5）$t_4 \sim t_5$ 阶段：t_5 时刻 S 关断。C_r 限制了 S 电压的上升率，降低了 S 的关断损耗。

2. 零电流转换 PWM 电路

升压型零电流转换 PWM 电路原理图如图 8-21所示。图中，S 为主开关，S_1 为辅助开关。工作过程波形如图 8-22所示。各阶段的等效电路如图 8-23所示。

工作过程：

（1）$t_0 \sim t_1$ 阶段：t_0 时刻之前，S 导通，S_1 关断，在 t_0 时刻，令 S_1 导通，二极管 VD、VD_1 截止，C_r、L_r 谐振，等效电路如图 8-23（a）所示。电流 i_{Lr} 线性增长，C_r 充电，u_{Cr} 上升，主开关管电流 i_S 下降；到 t_1 时刻，i_S 过零变负（S 的反并联二极管导通），此时

令 S 关断，

达到零电流关断的条件。

（2）$t_1 \sim t_2$ 阶段：S 关断后不久，在 t_2 时刻关断 S_1，VD、VD_1 导通，C_r、L_r 网络闭环谐振，电路可等效为图 8-23（b）。谐振过程中，L_r 的电流下降到 $i_{Lr}=0$，C_r 的电压上升为 $u_{Cr}=E$。

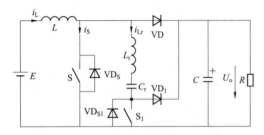

图 8-21　升压型零电流转换 PWM 电路原理图

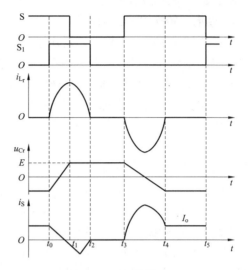

图 8-22　工作波形

（3）$t_2 \sim t_3$ 阶段：C_r、L_r 谐振结束，VD、VD_1 截止，S、S_1 均处于截止，$i_S=0$，$i_{Lr}=0$，$u_{Cr}=E$，电路可等效为图 8-23（c）。

（4）$t_3 \sim t_4$ 阶段：t_3 时刻，令 S 开通，为零电流开通。L_r、C_r、S 和 S_1 的反并联二极管 VD_{S1} 组成谐振，C_r 对 L_r 放电，谐振按准谐振规律变化。等效电路为图 8-23（d）。

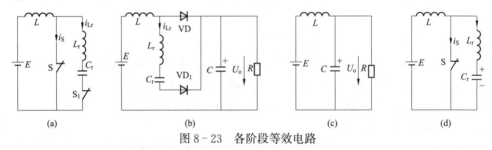

图 8-23　各阶段等效电路

（a）$t_0 \sim t_1$ 阶段；（b）$t_1 \sim t_2$ 阶段；（c）$t_2 \sim t_3$ 阶段；（d）$t_3 \sim t_4$ 阶段

（5）$t_4 \sim t_5$ 阶段：在 t_4 时刻，S_1 的反并联二极管 VD_{S1} 关断。电感 L 储能；到 t_5 时刻，令 S_1 开通，进入下一个开关周期工作。

8.3　软开关电路的 Matlab 仿真

8.3.1　准谐振电路仿真

1. 零电压开关准谐振电路

（1）仿真模型。电路原理图如图 8-7（a）所示，仿真模型如图 8-24 所示。

（2）模块参数设置。$U=100V$；$R=2\Omega$，$L=0.1mH$；MOSFET 驱动信号由 "Pulse Generator" 产生，幅值为 1，周期为 $10^{-5}s$，脉冲宽度为 60%。谐振电感为 $2\mu H$，谐振电容为 $0.3\mu F$。

仿真时间为 $0.0002s$，零电压开关准谐振电路仿真波形如图 8-25 所示。读者可改变负

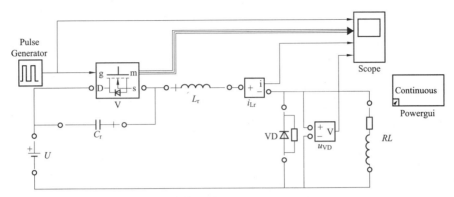

图 8 - 24　零电压开关准谐振电路仿真模型

载参数观察波形情况。

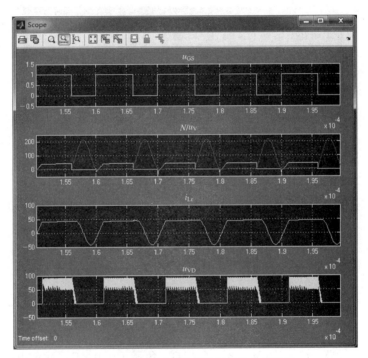

图 8 - 25　零电压开关准谐振电路仿真波形

2. 谐振直流环电路

（1）仿真模型。原理图如图 8 - 8（b）所示，仿真模型如图 8 - 26 所示。

（2）模块参数设置。直流电源电压设置为 $U=100\text{V}$；$R=1\Omega$，$L=1\text{mH}$；由一只 MOS-FET 构成，其驱动信号由"Pulse Generator"产生，幅值为 1，周期为 $20\mu\text{s}$，脉冲宽度为 20%。谐振电感为 $10\mu\text{H}$，谐振电容为 $1\mu\text{F}$。

仿真时间设置为 0.0001s，揩振直流环电路仿真波形如图 8 - 27 所示。

8.3.2 零开关 PWM 电路仿真

（1）仿真模型。移相全桥零电压开关电路原理图如图 8 - 15 所示。移相全桥零电压开关电路仿真模型如图 8 - 28 所示。

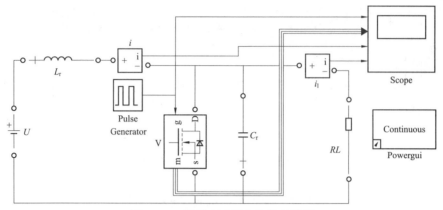

图 8-26 谐振直流环电路仿真模型

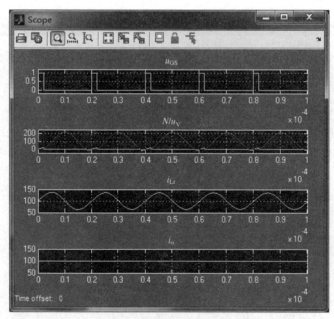

图 8-27 谐振直流环电路仿真波形

(2) 模块参数设置。$U_i=100V$，$R_i=0.01\Omega$；负载 $R=0.4\Omega$，滤波电感 $L=50\mu H$，滤波电容 $C=100\mu F$；4 只开关的驱动由 "Pulse Generator" 产生，幅值为 1，周期为 $50\mu s$，脉宽为 47%，其中 S_1 与 S_2 管、S_3 与 S_4 管驱动脉冲反向，死区时间为 3% 的开关周期，S_1 与 S_4 的脉冲差 5ms（1、2、3、4 管的脉冲延迟分别是 0、$25\mu s$、$30\mu s$、$5\mu s$）。与开关管并联的谐振电容为 $0.1\mu F$。变压器参数设置：Units 选 pu.、Nominal power and frequency 栏设置 $P_n=500$，$f_n=20e^4$，Winding 1 parameters 栏设置 $V_1=100$，$R_1=0.002$，$L_1=0.02$；Winding 2 parameters 栏设置 $V_2=50$，$R_2=0.002$，$L_2=0.02$；Three windings transformer 栏打 "√"，$V_3=50$，$R_2=0.002$，$L_2=0.02$；Magnetization resistance and inductance 栏设置 $R_m=500$，$L_m=20$；Measurements 栏选择 All voltages and currents。仿真时间为 0.001s，仿真结果如图 8-29 所示。

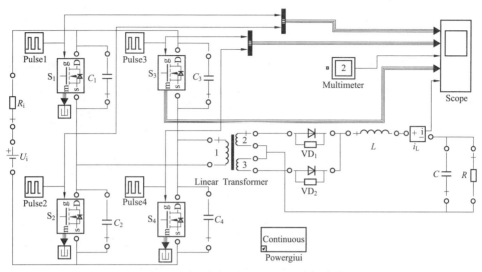

图 8-28　移相全桥零电压开关电路仿真模型

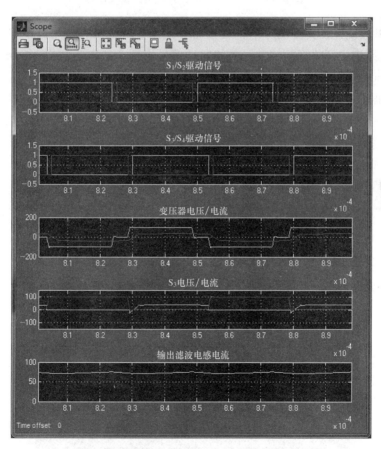

图 8-29　移相全桥零电压开关电路仿真波形

8.3.3　零电压转换 PWM 电路仿真

（1）仿真模型。升压型零电压转换电路原理图如图 8-18 所示，仿真模型如图 8-30 所示。

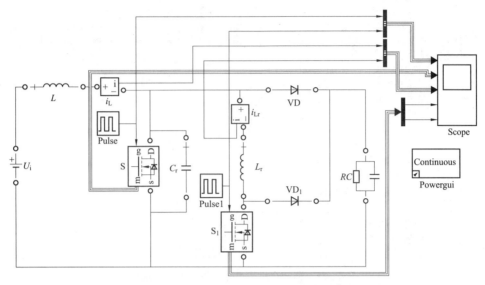

图 8-30　升压型零电压转换电路仿真模型

（2）模块参数设置。直流电源电压设置为 $U_i=100\mathrm{V}$；负载 $R=10\Omega$，$C=10\mu\mathrm{F}$；电感 $L=0.1\mathrm{mH}$；电路中主开关管及辅助开关的驱动信号由两个"Pulse Generator"产生，幅值为 1，周期为 $20\mu\mathrm{s}$，脉冲宽度为 30%，其中 S 与 S_1 管的脉冲延迟分别是 0，$19\mu\mathrm{s}$；与开关管 S 并联的谐振电容为 $0.05\mu\mathrm{F}$。

仿真时间为 0.5ms，升压型零电压转换电路仿真波形如图 8-31 所示。改变电路中的元件参数，可观察电路波形的变化情况。其他软开关电路的仿真，读者可在以上仿真模型的基础上修改设计完成。

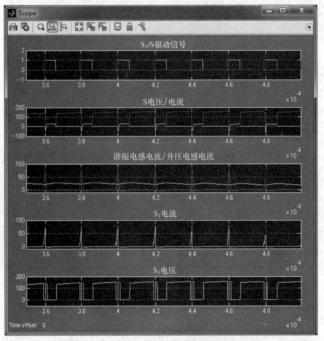

图 8-31　升压型零电压转换电路仿真波形

习题

1. 软开关电路的含义是什么?
2. 软开关可以分为哪几类? 其典型的拓扑结构分别有哪些?
3. 准谐振的含义是什么?
4. 零电压和零电流开关各有什么特点?
5. 零转换 PWM 软开关电路有何优点?

电力电子技术应用

随着电力电子技术的飞速发展，它在许多与电能相关的领域得到广泛的应用。作为电气专业的一门专业基础课，其地位也越来越重要，本章列举了一些典型的应用加以介绍。

9.1 一般工业

9.1.1 直流调速系统

直流电动机具有良好的启动、制动性能，广泛用于许多需要调速或快速正反转的电力拖动领域中。而调节直流电动机的转速可以有三种方法，即调节电枢供电电压、减弱励磁磁通和改变电枢回路电阻，常用调节电枢供电电压的方式，可使直流电动机实现一定范围内无级平滑调速，称为变压调速。变压调速所需的可调直流电压主要由可控整流电源或直流斩波电源提供。

1. 可控直流电源供电的直流调速系统

也称为晶闸管—电动机调速系统（简称 V‑M 系统），其原理图如图 9‑1 所示。

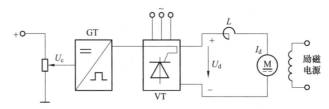

图 9‑1　晶闸管—电动机调速系统原理图

图中 GT 是触发装置，其作用是产生触发脉冲去控制晶闸管的导通时刻，触发脉冲的相位 α 由控制电压 U_c 调节，VT 是晶闸管可控整流电路（可以是单相桥式、三相半波、三相桥式或 12 脉波整流电路），L 是平波电抗器，起滤波作用，M 是控制对象直流电动机。调速原理是调节电位器的滑动端，增大控制电压 U_c，使触发装置 GT 产生的触发脉冲的相位角 α 减小，晶闸管可控整流电路 VT 输出直流平均电压 U_d 增大，加在直流电动机电枢两端的电压增大，电机的转速增加，反之转速减小。

该系统的优点是：晶闸管整流装置比较经济、可靠，其功率放大倍数在 10^4 以上。门极电流可以直接用电子电路控制；响应速度较快，是毫秒级，具有快速的控制作用，运行损耗小，效率高；理想情况下 $U_d = K_s U_c$（K_s 是常数）。缺点是：由于晶闸管的单向导电性，它不允许电流反向，给系统的可逆运行造成困难，由半控整流电路构成的 V‑M 系统只允许单象限运行；采用可实现有源逆变的全控整流电路，允许电机工作在反转制动状态，能获得第 1 和第 4 象限运行；要实现四象限运行，必须采用正反两组全控整流电路，所用变流设备要增加一倍；另外晶闸管对过电压、过电流和过高的 $\mathrm{d}u/\mathrm{d}t$ 与 $\mathrm{d}i/\mathrm{d}t$ 都十分敏感，其中任一指标超过允许值都可能在很短的时间内损坏器件，因此，必须有可靠的保护电路和散热条件，而且在选择器件时还应留有适当的裕量。

2. 直流斩波电源供电的直流调速系统

降压斩波电路可实现直流电机的第 1 象限电动运行，升压斩波电路可实现直流电机的第 2 象限回馈制动运行，采用两个降压斩波电路和两个升压斩波电路可实现直流电机的 4 个象限运行，即桥式（或称 H 形）可逆脉冲宽度调制（简称 PWM）变换器调速系统，简称桥式可逆直流 PWM 调速系统，其主电路原理图如图 9 - 2 所示。图中，PWM 变换器的直流电源由交流电网经二极管构成的三相桥式不可控整流电路输出，并采用大电容 C 滤波，以获得恒定的直流电压 U_d，由于电容较大，突加电源时相当于短路，势必产生很大的充电电流，容易损坏整流二极管，为了限制充电电流，在整流器和滤波电容之间串入限流电阻 R_0，合上电源后，用延时开关 K 将 R_0 短路，以免在运行中造成附加损耗。当电机制动时，由于二极管的单向导电性，不可能回馈电能，电机制动时回馈的电能只能由滤波电容吸收，这将使电容两端的电压升高，称做"泵升电压"。电力电子器件的耐压限制了最高泵升电压，所以在大容量或负载有较大惯量的系统中，不能只靠电容来限制泵升电压，而是由图中的镇流电阻 R_b 来消耗掉部分能量，R_b 的分流靠开关器件 $\mathrm{VT_b}$ 在泵升达到允许数值时接通。

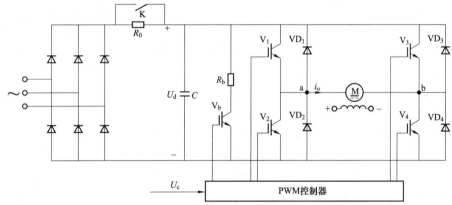

图 9 - 2　桥式可逆直流脉宽调速系统主电路原理图

由 $\mathrm{VT_1 \sim VT_4}$ 共 4 个 IGBT 构成的桥式可逆直流脉宽变换器，通过 PWM 的控制方式，把恒定不变的直流电 U_d 变为连续可调的直流电加在直流电机的电枢端，通过改变脉冲的占空比来改变输出直流电压的平均值，达到调速的目的。

该电路的优点是：主电路简单，需用的电力电子器件少；开关频率高，电流容易连续，谐波少，电机损耗及发热都较小；低速性能好，稳速精度高，调速范围宽，可达 1：10000 左右；若与快速响应的电动机配合，则系统频带宽，动态响应快，抗扰能力强；装置损耗小，效率高，电网功率因数比相控整流电路高。直流 PWM 调速系统的应用日益广泛，特别在中、小容量的高动态性能系统中，已经完全取代了 V - M 系统。

9.1.2　交流调速系统

随着电力电子变频技术的迅速发展，使得交流电机的调速性能可与直流电机相媲美，交流调速技术获得大量的应用并逐渐取代直流调速系统。交流电机分异步电机和同步电机。异步电机采用电力电子装置实现调速的方法有变压调速、串级调速和变频调速。从能量转换的角度分，变压调速属于转差功率消耗型的调速系统，串级调速属于转差功率馈送型的调速系统，变频调速属于转差功率不变型的调速系统；而同步电机因没有转差，其转差功率恒等于0，因此其调速系统只能是转差功率不变型的变频调速。

1. 变压调速

变压调速是利用异步电动机的电磁转矩 T_e 与定子电压 U_s 的平方成正比的函数关系，通过改变定子外加电压就可改变机械特性的函数关系，从而改变电动机在一定负载转矩下的转速。其主电路原理图如图 9-3 所示。图中晶闸管 1~6 控制电机正转运行，反转时，可由晶闸管 1、4 和 7~10 提供逆相序电源，同时也可用于反接制动（反并联的两只晶闸管也可用双向晶闸管替代）。当需要能耗制动时，可以根据制动电路的要求选择某几个晶闸管不对称地工作。例如让 1、2、6 三个器件导通，其余均关断，就可使定子绕组中流过半波直流电流，对旋转着的电动机转子产生制动作用。

调压调速的特点是：调速范围有限，若带风机、泵类负载运行，调速范围可以稍大一些；效率低，越到低速时效率越低，它是以增加转差功率的消耗来换取转速降低的（恒转矩负载时）。但是，相对来说，这类系统结构简单，设备成本低，主要适用于调速范围不高（小于 10），需短时间低速和长时间高速运行的生产机械，如电梯、起重机和纺织机械等。

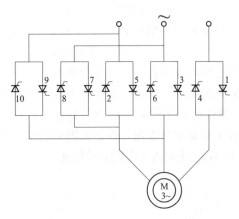

图 9-3　采用晶闸管反并联的异步电动机可逆和制动电路

2. 串级调速

串级调速是异步电动机定子侧与交流电网直接连接，转子侧与交流电源或外接电动势相连，从电路拓扑结构上看，可认为是在转子绕组回路中串入一个附加交流电动势，通过控制附加电动势的幅值实现绕线转子异步电动机的调速，同时还要实现转差功率的回馈利用，比较方便的办法是将异步电动机的转子电压先整流成直流电压，然后在引入一个附加的直流电动势，控制此直流附加电动势的幅值，就可以调节异步电动机的转速。电气串级调速系统主电路原理图如图 9-4 所示。

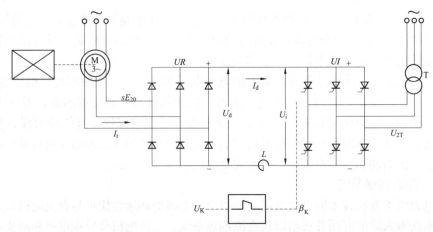

图 9-4　电气串级调速系统主电路原理图

图中，M 为三相绕线转子异步电动机，其转子相电动势 sE_{r0} 经三相不可控整流装置 UR 整流，输出直流电压 U_d。工作于有源逆变状态的三相可控整流装置 UI 除提供可调的直流电压 U_i 作为电动机调速所需的附加电动势外，还可将经 UR 整流后输出的异步电动机转差功率变换成交流功率回馈到电网。L 为平波电抗器，T 为逆变变压器。

串级调速系统是转差功率馈送型的调速系统，这类系统的效率高，但需额外增加一些设备，由于串级调速装置容量的限制，串级调速系统主要用于有限调速范围（1.5～2.0）的场合，很少用于从零速到额定转速全范围调速的系统。

3. 变压变频调速

变压变频调速是在保持气隙磁通为恒值的情况下，通过改变定子侧交流电的电压和频率的方式来改变电机的转速。变频调速可以构成高动态性能的交流调速系统取代直流调速系统，但在电子电路中须配备与电机容量相当的变压变频器，相比之下设备成本高一些。

变频器有交—交变频器和交—直—交变频器，交—交变频器在第 6 章已做介绍，这里主要介绍交—直—交变频器，其原理图如图 9-5 所示。具体的整流和逆变电路很多，当前应用最广的是由二极管组成的不可控整流器和由全控型器件组成的 PWM 逆变器，简称 PWM 变压变频器。PWM 变压变频器主电路原理图如图 9-6 所示。

图 9-5 交—直—交变频器原理图

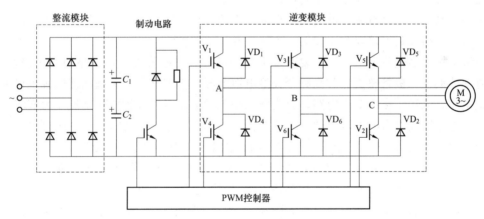

图 9-6 PWM 变压变频器主电路原理图

PWM 变压变频器的优点是：在整流和逆变两个模块中，只有逆变模块可控，通过它同时调节电压和频率，结构十分简单，动态响应快；采用全控型的功率开关器件（IGBT、GTO、GTR、POWER MOSFET）通过驱动电压脉冲进行控制，驱动电路简单，效率高；输出电压波形虽然是一系列的 PWM 波，但由于采用了 PWM 控制技术，正弦基波的比重大，影响电动机运行的低次谐波受到很大的抑制，因而转矩脉动小，提高了系统的调速范围和稳态性能；采用不可控的二极管整流器，电源侧功率因数较高，且不受逆变器输出电压大小的影响。

9.1.3 电解电源、电镀电源

1. 电解电源

工业电解用直流电源是一种 AC-DC 的变流设备，它将电网工频电压变换为恒定的直流电，用于铝、镁等有色金属电解，水、食盐等化工电解。电源的特点是大容量、大电流、中低电压。实际上每个电解槽所需仅数伏电压，为提高电源效率，工业上都采用多个电解槽串联供电的方法。电解电源输出电压一般在数百伏，铝电解电源一般为 460～1250V，食盐电解电源在 100～315V 之间，输出电流在数百安到数万安培，甚至数十万安培。

电解电源的结构主要有二极管整流器和晶闸管整流器两种。小容量电源采用 6 脉波双星形带相间变压器（平衡电抗器）式整流器或三相桥式整流器。大容量电解电源多采用多重并联式 12 脉波、24 脉波、36 脉波等高脉波数整流电路以提高电源电流容量，减少电流谐波。12 脉波整流器常采用电源变压器的星形和三角形接法形成 30°电压相位移，更高脉波数的整流器在星形和三角形接法变压器的基础上，还需采用移相变压器实现电源的相位移。

二极管整流器输出电压的调节采用变压器抽头、自耦变压器带有载分接开关、感应调压器等方式或者上述方式的组合来实现，也有采用晶闸管调压器调节变压器一次侧电压实现对输出直流电压的调节。

晶闸管整流器采用相控方式调节输出电压。其优点是调节速度快、精度高、无级无触点、效率高。相位控制的调压方式在深调控状态时功率因数低，谐波电流大，可结合在整流变压器网侧采用有载有级或无载有级调压的方法以避免晶闸管整流器工作在深调控状态。

2. 电镀电源

电镀电源用于金属表面涂覆工艺，以增加被镀工件表面硬度、防腐蚀性能或者增加表面的美观性，其特点是大电流、低电压。根据镀件的大小、数量和电镀液种类的不同，电镀电源额定电流一般在数安培至数千安培，电压在 6～30V 之间。

电镀电源大多是直流电源，主要有以下几种形式：二极管整流器、晶闸管相控整流器、晶闸管交流调压二极管整流器和高频开关型电镀电源。其中高频开关型电镀电源也称为逆变式电镀电源，采用了多级变流电路，首先将三相工频电压经二极管桥式整流变为直流，再经由 IGBT 等全控型电力电子器件构成的逆变器变换为数千赫兹到数十千赫兹的高频交流电，经高频变压器降压后再由二极管整流和滤波输出到负载，即经过 AC—DC→DC—AC→AC—DC 的三级变流过程。其特点是由于采用高频变压器替代传统电镀电源中的工频变压器，大大减小了电源的体积、质量和损耗，同时提高了控制精度。

典型的晶闸管直流电镀电源结构如图 9-7 所示，图中利用晶闸管在工频变压器一次侧

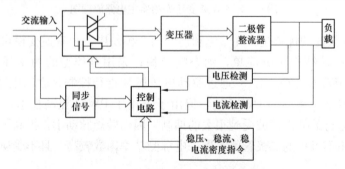

图 9-7 典型的晶闸管直流电镀电源结构

进行调压，然后在变压器二次侧进行二极管多相整流，这种结构的电镀电源具有体积小、质量轻、效率高等优点，能方便地实现各种保护功能和稳电压、稳电流、稳电流密度的功能。

9.1.4 感应加热电源、弧焊电源

1. 感应加热电源

感应加热电源是利用电磁感应原理把电能转化为热能的设备。感应加热系统的基本组成包括感应加热线圈、交流电源和被加热工件。根据加热对象的不同，可以把感应线圈制作成不同的形状。线圈和电源相连，电源为线圈提供交变电流，流过线圈的交变电流产生通过加热工件的交变磁场，该磁场使加热工件产生涡流来加热。感应加热电源与传统的加热设备相比具有诸多优点，如加热效率高、速度快、可控性好及易于实现机械化和自动化等，是目前常用的、最有效的热加工工艺，在工业中有着广泛的应用，主要在机械制造、冶金及国防等领域用于淬火、透热、熔炼、钎焊以及烧结等。此外，随着感应加热理论和装置的不断发展，其应用领域也越来越广，目前在家用电器如热水器、电磁炉等产品中也得到了应用。

感应加热电源根据工作频率不同可分为工频感应加热电源（50、60Hz）、中频感应加热电源（几百 Hz 到 10kHz）和高频感应加热电源（10kHz 到几百 kHz 以上）。不同频率的感应加热电源具有不同的特点和应用场合。

感应加热电源将工频电网交流电变换为向感应加热负载供电的单相交流电，一般采用交—直—交变换结构，即先由整流电路将工频交流电整流成直流，再通过逆变电路将其变换为所要求频率 f 的交流电。根据感应加热负载和逆变电路的不同。感应加热电源结构分为并联式逆变电路、串联式逆变电路和倍频式逆变电路。

下面主要介绍并联式逆变电路感应加热电源主电路。其电路原理图如图 9-8 所示。由于负载电路采用并联电容补偿，所以称为并联式逆变电路。图中三相桥式可控整流电路将工频交流电整流成脉动的直流电 U_d，L_d 为滤波电感，用于将直流电流滤波成平滑的直流电流 I_d，由 4 只晶闸管构成的单相桥式逆变电路将直流电流 I_d 逆变成频率为 f 的交流方波电流 i_a，并输出到负载电路，L 和 R 为负载等效电路。

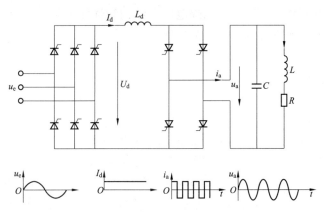

图 9-8　并联式逆变电路感应加热电源主电路原理图

逆变电路可以采用晶闸管来实现，因为在一定的工作条件下，负载谐振电路可以为逆变器晶闸管器件的关断提供反向电压。如采用 IGBT，则可以由负载谐振提供零电压关断条件，IGBT 并联式逆变电路感应加热电源可以工作于几十 kHz 的高频范围。

2. 弧焊电源

电焊机是一种用电能产生热量加热金属而实现焊接的一种设备，按其焊接热源原理的不同有电弧焊机和电阻焊机两种基本类型。电弧焊机是通过电弧产生热量熔化金属结合处而实现焊接，电阻焊机则是将强大的电流通过被焊金属结合处，利用接触电阻产生热量将金属塑熔并加压而实现焊接，这两类焊机应用最广。

电弧焊接是接在焊接电源上的两个电极（焊条或焊丝为一极，工件为另一极）之间产生电气介质强烈放电现象。弧焊电源是电弧焊机中的主要部分，是对焊接电弧提供电能的一种装置。弧焊电源可分为直流弧焊电源、脉冲弧焊电源、交流弧焊电源和逆变式弧焊电源四类。下面介绍直流弧焊电源中的开关电源型弧焊电源，常用的开关电源型弧焊电源的主回路有四种，即推挽变流器、全桥变流器、半桥变流器和正激变流器，其中全桥变流器开关电源型弧焊电源原理图如图 9-9 所示。图中，三相 50Hz（或 60Hz）的交流网路电压经二极管不可控整流电路整流得到较高电压的直流电之后，通过高频开关电源进行降压，得到所需要的安全电压。在开关电源型弧焊电源中常常具有高频变压器，将低压的直流输出与一次的高压直流隔离开，其中的功率器件可为晶闸管、晶体管、场效应管或 IGBT 等。

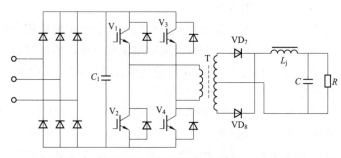

图 9-9　全桥变流器开关电源型弧焊电源原理图

全桥变流器开关电源型弧焊电源是将高频 AC/DC、DC/DC 变换电路应用于直流弧焊电源中，由于工作在高频状态下，给电弧焊电源在结构和性能上带来了突出的特点：高效能、体积小、质量轻，并具有良好的弧焊工艺特性。

9.2　交通运输

9.2.1　电力机车

200km/h 交流传动电力机车辅助变流柜也是采用电力电子装置，主要由辅助电源、充电机、辅助负载和相应的控制电路等组成，除辅助负载外，其余部分都被设计集成安装在辅助变流柜中。辅助电源包括 AC380V 电源和单相 AC220V 电源。辅助负载有 3 种：三相交流 380V 负载、单相交流 220V 负载和直流 110V 负载。辅助变流器采用 AC-DC-AC 的变换模式实现电源的变换输出，其输入电源取自牵引变压器的辅助绕组 AC340V。每台辅助变流柜有两组辅助变流装置，分为两组变流模式，一组为变频变压型（VVVF），一组为定频定压型（CVCF），互为冗余，当其中任意一组故障时，另一组为所有的辅助负载提供电源，以确保机车能够满功率运行。

充电机采用 DC-AC-DC 的变换模式，输入电路取自辅助变流器的中间直流环节。充电机具有快速充电和浮充电及蓄电池温度补偿功能，能够根据蓄电池的温度变换调节充电电流，使蓄电池的性能和使用寿命达到最佳。每台辅助变流柜具有两台充电机，供电时只启动其中一台为蓄电池充电和为 DC110V 负载提供电源，2 台充电机互为冗余，任意一台充电机故障时，由另一台充电机为蓄电池充电和为整车的 DC110V 负载提供电源。控制系统采用数字控制技术通过 FIP 网络与外设进行数据交换，实现辅助系统的系统控制、状态检测和故障信息的存储传输。辅助变流器具有完善的电气保护和防火保护功能；各功率模块具有过电流、过电压、接地、散热器过热等保护功能；各辅助负载具有过载和短路保护功能，电气线路具有防火保护功能，一旦发生线路过热或火灾能够自动采取措施切断机车电源，并通知司乘人员进行故障处理。

200km/h 机车辅助变流柜主电路主要由辅助变流器供电电路、中间直流环节、三相负载电路、单相负载电路和库内动车辅助电路组成。辅助变流器的输入由牵引变压器的辅助绕组提供，库内动车辅助电路输入通过 380V 三相插座引入，将库用接触器吸合后可由库内电源供电。辅助电源电气原理图如图 9 - 10（a）所示。

200km/h 电力机车每台机车的辅助电源由两组辅助变流器、一组充电机电路和一组 AC220V 电路组成。其中辅助变流器一组为定频输出，另一组为变频输出。定频输出为泵类等不需要变频功能的负载供电，输出为 AC380V/50Hz。变频输出为风机类需要变频功能的负载供电。3 种输出方式为 AC380V/50Hz、AC210V/40Hz 和 AC190V/25Hz。两组变流器在电路和器件参数上完全相同，主要由输入电路、中间直流环节和输出电路组成。

图 9 - 10（a）中牵引变压器辅助绕组 AC340V 作为辅助变流器的输入，经快速熔断器、预充电接触器或输入接触器和电流传感器送入四象限整流模块。其中预充电电路用于减少对支撑电容的电流冲击，快速熔断器的作用是当主电路发生短路故障时保护前端供电部件，防止故障进一步扩大，浪涌抑制器用来抑制输入的过电压，保护四象限整流模块。四象限整流模块将输入的 AC340V 整流为 DC600V，为三相逆变模块和蓄电池充电机模块提供电源。接地检测用于检测辅助绕组、辅助电机、中间直流环节的接地故障。高压指示用于指示中间直流环节的电压，防止在中间直流环节电压高于 50V 时接触带电部分造成触电事故。三相逆变模块将 DC600V 逆变为三相 AC380V 为辅助三相负载提供电源。输出电抗器抑制电源输出的 du/dt 和短路电流，输出电流传感器用来测量变流器的输出电流。其中 AC380V 电路主要包括辅助变流器、风机类负载、泵类负载和接触器等。AC220 电路主要包括 380V/220V 变压器、滤波电容、生活设施和窗加热设备等。DC600V 电路主要包括相控整流电路，滤波电抗器和滤波电容器等。蓄电池充电电路主要包括单相逆变模块、高频变压器和半桥整流模块。

蓄电池充电机主电路图如图 9 - 10（b）所示。在正常工况下，故障切换接触器不吸合，输出接触器吸合，两组逆变器同时工作为整车的辅助负载提供电源。在故障情况下，故障逆变器的输出接触器不吸合，另一个输出接触器和故障切换接触器吸合，此时由另一组逆变器为整车辅助负载提供电源。蓄电池充电机电气原理图如图 9 - 10（b）所示，其输入来自辅助变流器的中间直流环节，通过相应的控制将 DC600V 逆变为交流电源，开关频率为 10kHz，通过高频变压器隔离变压，再经过全波整流电路和滤波电路输出 DC110V 电源，提供给整车上 DC110V 负载和蓄电池充电。

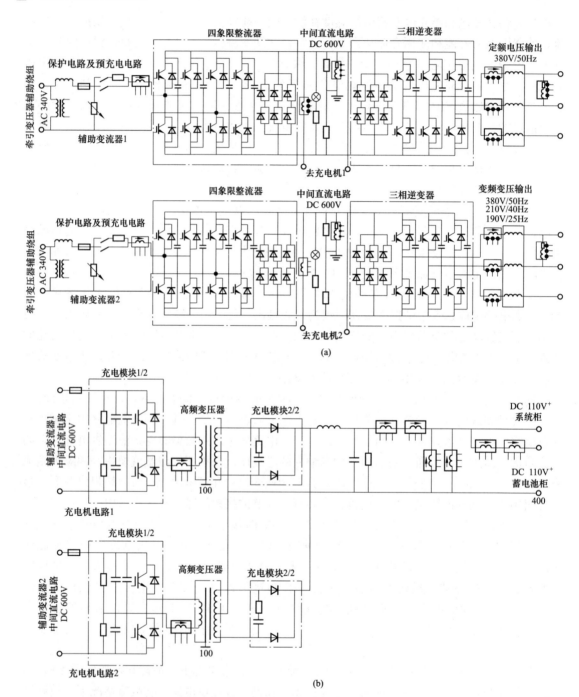

图 9-10　电力机车辅助变流柜电气原理图

（a）辅助电源电气原理图；（b）蓄电池充电机主电路原理图

9.2.2　混合动力电动汽车

1. 混合动力汽车的工作方式及整车电气系统结构

混合动力电动汽车是同时采用电动机和发电机作为动力装置，用先进的控制系统使两种动力装置有机协调配合，实现最佳能量分配，达到低能耗、低污染、高度自动化的新型汽车。

下面以作为混合动力电动汽车研发前沿的丰田汽车公司为例，所开发的混合动力电动汽车已达到实用化水平，丰田 Prius 系列混合动力系统采用的混联工作方式，也称串并联式，它可以最大限度地发挥串联式与并联式的各自优点。工作时，利用动力分配器分配发电机的动力：一方面直接驱动车轮；另一方面自主地控制发电。由于要利用电能驱动电动机，所以与并联式相比，电动机的使用比率增大了，混合动力汽车的混联工作方式如图 9 - 11（a）所示。

丰田新一代混合动力系统 THS II 的整车电气驱动系统，如图 9 - 11（b）所示。主要由采用 AtkinSon 循环的高效发动机、永磁交流同步电动机、发电机、动力分配装置、高性能镍金属氢化物（NI - MH）电池、控制管理单元以及各相关逆变器和 DC - DC 变换器等部件组成。

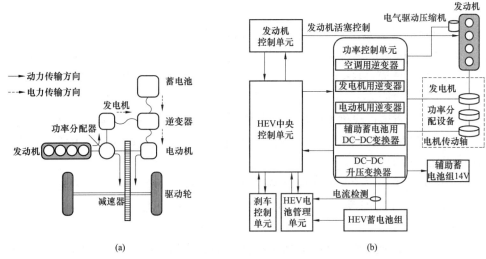

图 9 - 11　混合动力汽车的混联工作方式及整车电气系统结构图
（a）混联工作方式；（b）Prius THS II 整车电气系统结构

高压电源电路、各种逆变器和 14V 蓄电池用辅助 DC - DC 变换器组成了功率控制单元，该单元集成了 DSP 控制器、驱动和保护电路、直流稳压电容、半导体、绝缘体、传感器、液体冷却回路以及和汽车通信的 CAN 总线接口。

2. 混合动力汽车功率控制单元的结构组成和主要作用

（1）电动机/发电机用逆变器单元。在 Prius THS II 主驱动系统中，电动机和发电机所用三相电压型逆变器（功率分别为 50kW 和 30kW）被集成在一个模块上，功率主回路结构图如图 9 - 12（a）所示，直流母线最大供电电压被设定为 500V。功率器件选用带有反并联续流二极管的商用 IGBT（850V/200A），该功率等级的 IGBT 具有足以承受最大 500V 反压的能力，以及其他诸如雪崩击穿、瞬时短路的能力。

电动机用逆变器的每个桥臂都并联有两个 IGBT 模块和二极管模块，而发电机用逆变器的每个桥臂只包含有一个 IGBT 模块和二极管模块。

图 9 - 12（b）所示为 Prius THS II 可变压系统回路结构图，图中发动机的功率为 30kW，蓄电池组的瞬时功率为 20kW，两者联合起来为 50kW 的电动机提供能量。图中升压变换器的容量也被设计为 20kW。

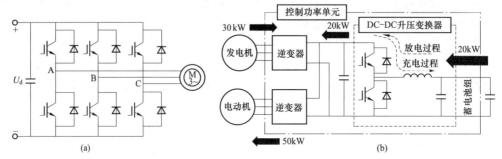

图 9-12 功率主回路结构图和 Prius THS Ⅱ可变压系统电路结构图

(a) 功率主回路结构图；(b) Prius THS Ⅱ可变压系统电路结构图

这种系统具有以下优点：

1）由于电机的最大输出功率能力是与直流母线电压成正比的，因此与原 THS 系统相比，在不增加驱动电流的情况下，THS Ⅱ系统中电机在 500V 供电时，其最大输出功率及转矩的输出能力是原 THS 系统的 2.5 倍；此外相同体积的电机，还能够输出更高的功率。

2）由于使用了直流母线供电电压可变系统，因此 THS Ⅱ可以根据电动机和发电机的实际需要，自由调节直流母线供电电压，从而选择最优的供电电压，达到减少逆变器开关损耗以及电动机铜损的节能目的。

3）对于供电电压一定的蓄电池组来说，由于可以通过调整升压变压器输出电压的方式来满足电动机和发电机的实际需要，因此从某种程度上讲，可以减少蓄电池的使用数量，降低整车质量。

图 9-12（b）所示的 DC-DC 升压变换器每个支路都并联有两个 IGBT 模板和续流二极管模块。由于 DC-DC 升压变换器的作用，而使主电容器上的系统电压（System Voltage）不同于蓄电池组的输出电压，从而在保证电动机和发电机高电压工作的同时，而不受蓄电池组低电压输出能力的限制。

目前，电动汽车普遍采用 PWM 控制的电压型逆变器。除传统的 PWM 控制技术外，最近出现了谐振直流环变换器和高频谐振交流环变换器。采用零电压或零电流软开关技术的谐振变换器具有开关损耗小、电磁干扰小、低噪声、高功率密度和高可靠性等优点，引起研究人员广泛的兴趣。

（2）DC-DC 升压变换器单元。在 THS 中，蓄电池组通过逆变器直接与电动机和发电机相连；而在 THS Ⅱ中，蓄电池组输出的电压首先通过 DC-DC 升压变换器进行升压操作，然后再与逆变器相连，因此逆变器的直流母线电压从原 THS 的 202V 提升为现在的 500V。

（3）DC-DC 降压变换器单元。通常汽车中各种用电设备由 14V 蓄电池组供电（额定电压为 12V），Prius 也选用了 14V 蓄电池组作为诸如控制计算机、车灯、制动器等车载电气设备的供电电源，而对该蓄电池的充电工作则由直流 202V 通过一个 DC-DC 降压变换器来完成，变换器的容量为 1.4kW（100A/14V），功率器件选用压控型商用 MOSFET（500V/20A）。

9.3 电力系统

9.3.1 高压直流输电（HVDC）

高压直流输电（High Voltage DC Transmission，HVDC）是电力电子技术在电力系统中最早开始应用的领域。20 世纪 50 年代以来，当电力电子技术的发展带来了可靠的高压大功率交直流转换技术之后，高压直流输电越来越受到人们的关注。高压直流输电是指将发电厂发出的交流电通过换流器转换为直流电（整流），然后通过输电线路把直流电送入受电端，再把直流电转变为交流电（逆变）供用户使用。

高压直流输电工程的系统结构可分为两端直流输电工程和多端直流输电工程两大类。两端直流输电系统与交流系统只有两个连接端口，一个整流站和一个逆变站，即只有一个送端和一个受端。多端直流输电系统与交流系统有三个或三个以上的连接端口。目前世界上已运行的直流输电工程大多为两端直流输电系统。

双极高压直流输电系统典型结构原理图如图 9-13 所示。送端交流系统的电能由发电厂中的交流发电机提供，由变压器（这里称之为换流变压器）将电压升高后送到晶闸管整流器。由晶闸管整流器将高压交流变为高压直流，经直流输电线路输送到电能的接受端。在受端电能又经过晶闸管逆变器由直流变回交流，再经变压器降压后配送到各个用户。这里的整流器和逆变器一般都称为换流器（12 脉波换流器）。为了能承受高电压，换流器中每个晶闸管符号实际上往往都代表多个晶闸管器件串联，称之为晶闸管阀。

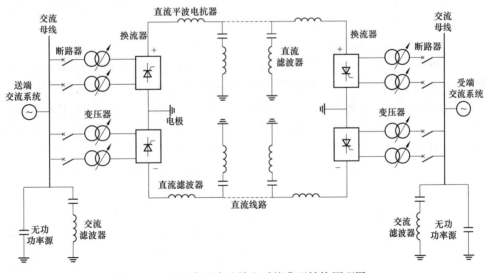

图 9-13 双极高压直流输电系统典型结构原理图

双极是指其输电线路两端的每端都由两个额定电压相等的换流器串联连接，具有两根传输导线，分别为正极和负极，每端两个换流器的串联连接点接地。这样线路的两极相当于各自独立运行，正常时以相同的电流工作，接地点之间电流为两极电流之差，正常时地中仅有很小的不平衡电流流过。当一极停止运行时，另一极以大地作回路还可以带一半的负载，这样就提高了运行的可靠性，也有利于分期建设和运行维护。单极高压直流输电系统只用一根传输导线（一般为负极），以大地或海水作为回路。

与高压交流输电相比，高压直流输电具有如下优势：

（1）直流输电架空线路的造价低、损耗小。直流架空线路一般采用双极性中性点接地方式，因此仅需 2 根导线，三相交流架空线路则需 3 根导线。由于高压直流输电架空线路比交流输电少一根，且直流电缆的造价远低于交流电缆，因此直流输电线路的单位长度造价比交流线路有较大幅度的降低，且有功损耗小、线路占地面积也较小。

（2）高压直流输电不存在交流输电的稳定性问题，直流电缆中不存在电容电流，因此有利于远距离大容量送电。

（3）高压直流输电有利于电网联络。因为交流的联网需要解决同步、稳定性等复杂问题，而通过直流进行两个交流系统之间的连接则比较简单，还可以实现不同频率交流系统的联络。甚至有些高压直流输电工程的目的主要不是传输电能，而是实现两个交流系统的联网，这就是所谓的"背靠背"直流工程，即整流器和逆变器直接相连，中间没有直流输电线路。

（4）易于实现海底或地下电缆输电。直流输电线导体没有集肤效应问题，相同输电容量下直流输电线路的占地面积也小。综合考虑各种因素后，在短距离进行地下或海底电能输送中，直流输电的优势也很明显。此外，短距离送电往往对容量和电压要求不是很高，这使得采用基于全控型电力电子器件的电压型变流器（包括电压型整流器和电压型逆变器）成为可能，其性能全面优于晶闸管换流器，许多人称之为轻型高压直流输电。

（5）易于系统控制。这主要是由电力电子器件和换流器的快速可控性带来的好处。通过对换流器的有效控制可以实现对传输的有功功率快速而准确的控制，还能阻尼功率振荡、改善系统的稳定性、限制短路电流。

9.3.2 有源电力滤波器

电力系统中的非线性负载，尤其是近年来不断增加的电力电子设备会向电网注入谐波电流，从而对电网电能质量产生严重影响。传统的由电容电感组成的无源滤波器结构简单、价格低，能在一定程度上解决上述问题。有源电力滤波器 APF 是一种新型的用于电网谐波补偿的电力电子装置，其基本工作原理是用电力电子变流器产生与电网谐波电流（或谐波电压）相反的谐波电流（或谐波电压）并注入到电网，从而实现对电网谐波的补偿。

APF 可以实现对电网中大小和频率不断变化的谐波进行补偿，能消除电感电容滤波器与电网阻抗之间产生谐振的危险，并且有体积小、质量小的优点，但 APF 结构和控制复杂、价格高。实际应用中常常将无源 LC 电力滤波器和 APF 并联混合使用。

APF 中的变流器可以是电压型变流器，也可以是电流型变流器，相应称之为电压型 APF 和电流型 APF。APF 可分为并联和串联两种基本类型，分别对电流源型和电压源型负载产生的谐波电流有较好的抑制效果。并联 APF 是应用最广的基本结构，原理图如图 9-14 所示，主电路包括 PWM 功率变换器、输出滤波器、直流环节以及可能的变压器；控制器由信号采集、控制算法处理、脉冲发生与脉冲驱动等部分组成。

图中 u_s 表示交流电网电压，i_s 为电源电流，i_L 为负载电流，i_C 为有源滤波器输出补偿电流。其工作原理是通过检测电路检测负载电流得到 i_L，通过算法提取谐波分量 i_{Lh}，由控制算法单元形成补偿电流指令信号 i_C^*，由电压型变流器产生补偿电流 i_C，从而使流入电网的电流 i_s 只含有基波分量 i_{Lf}，达到抑制电源电流中谐波的目的。

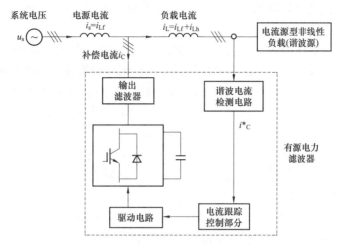

图 9-14　并联有源电力滤波器结构原理图

　　三相三线制并联 APF 主电路变流器结构原理图如图 9-15 所示，对于没有中性线的三相负载，采用三相三线制的有源电力滤波器可以补偿非线性负荷的谐波电流。许多工业设备均是三相三线制，如工业变频调速器，因而三相三线制结构的有源电力滤波器也是目前应用最普遍的。与 LC 无源滤波器相比，有源电力滤波器具有明显的优越性能，能对变化的谐波进行迅速地动态跟踪补偿，而且补偿特性不受电网频率和阻抗的影响，因而受到相当的重视。

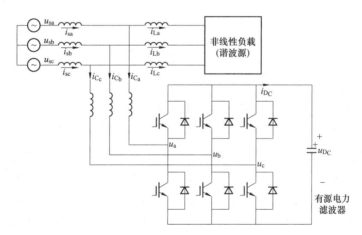

图 9-15　三相三线制并联 APF 主电路变流器结构原理图

9.3.3　静止无功补偿器

　　在电力系统中，对无功功率的控制是非常重要的。通过对无功功率的控制，可以提高功率因数，稳定电网电压，改善供电质量。传统的无功补偿装置是无功补偿电容器，其阻抗是固定的，不能跟踪负荷无功需求的变化，也就是不能实现对无功功率的动态补偿。

　　而随着电力系统的发展，对无功功率进行快速动态补偿的需求越来越大。传统的无功功率动态补偿装置是同步调相机。由于它是旋转电机，因此损耗和噪声都较大，运行维护复杂，而且响应速度慢，在很多情况下已无法适应快速无功功率控制的要求。所以 20 世纪 70

年代以来，同步调相机开始逐渐被静止无功补偿装置（Static Var Compensator，SVC）所取代。

由于使用晶闸管器件的 SVC 具有优良的性能，已占据了静止无功补偿装置的主导地位。因此静止无功补偿装置（SVC）这个词往往是专指使用晶闸管器件的静补装置，包括晶闸管控制电抗器（Thyristor Controlled Reactor，TCR）和晶闸管投切电容器（Thyristor Switched Capacitor，TSC）以及这两者的混合装置（TCR＋TSC），或者晶闸管控制电抗器与固定电容器（Fixed Capacitor，FC）或机械投切电容器（Mechanically Switched Capacitor，MSC）混合使用的装置（如 TCR＋FC、TCR＋MSC 等）。

下面就主要介绍晶闸管控制电抗器（TCR）和晶闸管投切电容器（TSC）装置。

1. 晶闸管控制电抗器（TCR）

TCR 的基本原理图如图 9 - 16（a）所示，其单相基本结构是两个反并联的晶闸管与一个电抗器相串联。由于目前晶闸管的关断能力通常在 3～9kV、3～6kA 左右，实际应用中，往往采用多个（10～20）晶闸管串联使用，串联的晶闸管要求同时触发导通。这样的电路并联到电网上，相当于电感负载的交流调压结构。

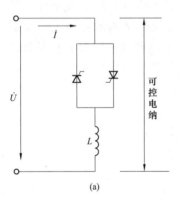
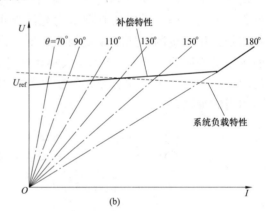

图 9 - 16　TCR 基本原理
(a) 单相等效电路；(b) 电压电流特性

通过改变晶闸管的控制角 α，可以改变电抗器电流的大小，即可以达到连续调整电抗器的基波无功功率的目的。由于电感的存在，在 $\alpha<90°$ 时，触发晶闸管会产生含有直流分量的不对称电流。因此 TCR 型晶闸管的控制角 α 的有效范围在 90°～180°。$\alpha=90°$ 时，晶闸管完全导通，与晶闸管串联的电抗相当于直接接到电网上，这时其吸收的基波电流和无功功率最大。当控制角 α 在 90°～180°之间时，晶闸管为部分区间导通。增大控制角的效果就是减少电流中的基波分量，相当于增大补偿器的等效感抗，或者说减小其等效电纳，因而减少了其吸收的无功功率，当控制角 $\alpha=180°$ 时，TCR 不吸收无功功率，其对电力系统不起任何作用。

TCR 的基波伏安特性如图 9 - 16（b）所示，图中 U_{ref} 为电网电压参考值，可以看出，TCR 电压—电流特性实际上是一种稳态特性（图中实线所表示的补偿），特性上的每一点都是 TCR 在导通角 θ 为某一角度时的等效感抗的伏安特性上的一点。TCR 之所以能从其电压—电流特性上的某一稳态工作点转移到另一稳态工作点，都是控制系统不断调节 α 的结果。

TCR 的三相接线形式大都采用三角形联结，也就是支路控制三角形联结三相交流调压电路的形式，如图 9-17 所示，这种接线形式的优点是比其他接线形式的线电流中谐波含量要小。工程实际中常常把每一相的电抗分成两部分，分别接在晶闸管对的两端。这样可以使晶闸管在电抗器损坏时能得到有效的保护。这种每相只有一个晶闸管对的接线形式被称为 6 脉波 TCR。对其输出电流波形进行傅里叶分析可知，其线电流所含谐波成分为 $6k\pm1$ 次（k 为正整数）。实际系统中，电抗器不会完全相同，电压也可能不平衡，尤其当电抗器正负半周投切不对称时，电抗器电流将包含包括直流分量在内的所有频谱的谐波，直流分量可能使变压器饱和，增大谐波含量。

2. 晶闸管投切电容器（TSC）

交流电力电子开关的典型应用之一是晶闸管投切电容器。电力系统中绝大部分负载均为感性负载，电感负载在工作时要消耗系统的无功功率，造成系统功率因数低。为此，系统需要对电网进行无功补偿。传统的无功补偿装置是采用机械触点开关投入和切除电容器，这种采用机械开关的补偿装置反应速度慢，在负载变换快速的场合，电容器投切的速度跟不上负载的变换。采用晶闸管投切电容器的补偿方式，可以快速跟踪负载的变化，从而稳定电网电压，并改善供电质量。

晶闸管投切电容器基本原理如图 9-18 所示，其中图 9-18（a）为基本电路单元，两个反并联晶闸管与无功补偿电容 C 串联，根据功率因数的要求将电容 C 接入电网或从电网断开。该支路中还串联着一个小电感 L，其作用是抑制电容器投入电网时可能产生的电流冲击，有时也与电容 C 一起构成谐波滤波器，用来减小或消除电网中某一特定频率的低次谐波电流，在简化电路图中通常不画出该电感。在实际应用中，为了提高对电网无功功率的控制精度，同时为了避免大容量的电容器组同时投入或切除对电网造成较大的冲击，一般将电容器分成几组，如图 9-18（b）所示。

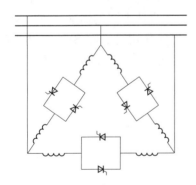

图 9-17　TCR 的三相接线形式

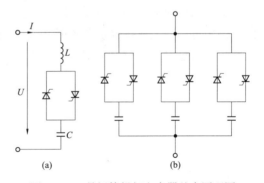

图 9-18　晶闸管投切电容器基本原理图
（a）基本电路单元；（b）分组投切简图

TSC 运行时选择晶闸管投入时刻的原则是，该时刻交流电源电压应和电容器预先充电的电压相等。这样，电容器电压不会产生跃变，也就不会产生冲击电流。一般来说，理想情况下，希望电容器预先充电电压为电源电压峰值，这时电源电压的变化率为零，因此在投入时刻 i_C 为零，之后才按正弦规律上升。这样，电容投入过程不但没有冲击电流，电流也没有阶跃变化。图 9-19 给出了 TSC 理想投入时刻的原理说明。

图 9-19 中，在本次导通开始前，电容器的端电压 u_C 已由上次导通时段最后导通的

电力电子技术基础

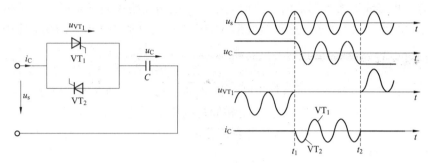

图 9-19　TSC 理想投入时刻的原理说明

VT$_1$ 充电至电源电压 u_s 的正峰值。本次导通开始时刻取为 u_s 和 u_C 相等的时刻 t_1，给 VT$_2$ 触发脉冲使之开通，电容电流 i_C 开始流通。以后每半个周波轮流触发 VT$_1$ 和 VT$_2$，电路继续导通。需要切除这条电容支路时，如在 t_2 时刻 i_C 已降为零，VT$_2$ 关断，这时撤除触发脉冲，VT$_1$ 就不会导通，u_C 保持在 VT$_2$ 导通结束时的电源电压负峰值，为下一次投入电容器做了准备。

9.3.4　静止无功发生器

随着电力电子技术的进一步发展，20 世纪 80 年代以来，一种更为先进的静止型无功补偿装置出现了，这就是采用自换相变流电路的静止无功补偿装置，本书称之为静止无功发生器（Static Var Generator，SVG），也有人简称为静止补偿器（Static Compensator，STATCOM）。SVG 的基本原理是将自换相桥式电路通过电抗器并联在电网上，适当地调节桥式电路交流测输出电压的相位和幅值，或者直接控制其交流测电流，使该电路吸收或者发出满足要求的无功电流，实现动态无功补偿。

SVG 分为采用电压型桥式电路和电流型桥式电路两种类型。其电路基本结构分别如图 9-20（a）和（b）所示，直流侧分别采用电容和电感这两种不同的储能元件。对电压型桥式电路，还需再串联上连接电抗器才能并入电网，电感的作用是滤除 SVG 投入时产生的谐波给电网带来的过电压；对电流型桥式电路，需在交流侧并联上吸收换相产生的过电压的电容器。

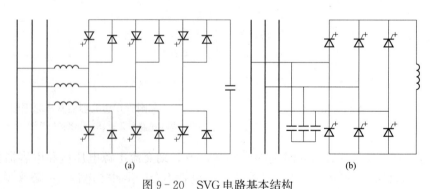

图 9-20　SVG 电路基本结构

（a）电压型桥式电路；（b）电流型桥式电路

实际上，由于运行效率的原因，迄今投入使用的 SVG 大都采用电压型桥式电路，因此 SVG 往往专指采用自换相的电压型桥式电路作动态无功补偿的装置。其工作原理可以用如

248

图 9-21（a）所示的单相等效电路图来说明。由于 SVG 正常工作时，就是通过电力半导体开关的通断将直流侧电压转换成交流侧与电网同频率的输出电压，就像一个电压型逆变器，只不过其交流侧输出接的不是无源负载，而是电网。因此，当仅考虑基波频率时，SVG 可以等效地被视为幅值和相位均可以控制的一个与电网同频率的交流电压源。它通过交流电抗器连接到电网上。

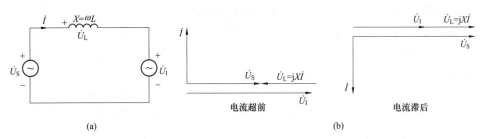

图 9-21　SVG 等效电路及工作原理
（a）单相等效电路；（b）工作相量图

设电网电压和 SVG 输出的交流电压分别用相量 $\dot{U}_\text{S}$ 和 $\dot{U}_\text{I}$ 表示，则连接电抗 X 上的电压 $\dot{U}_\text{L}$ 即为 $\dot{U}_\text{S}$ 和 $\dot{U}_\text{I}$ 的相量差，而连接电抗的电流可以由其电压来控制。这个电流就是 SVG 从电网吸收的电流 $\dot{I}$。因此，改变 SVG 交流侧输出电压 $\dot{U}_\text{I}$ 的幅值及其相对于 $\dot{U}_\text{S}$ 的相位，就可以改变连接在电抗上的电压。从而控制 SVG 从电网吸收电流的相位和幅值，也就控制了 SVG 所吸收的无功功率的性质和大小。

可以看出，当电网电压下降时，SVG 可以调整其变流器交流侧电压的幅值及相位，以使其所能提供的最大无功电流维持不变，仅受电力半导体器件的电流容量限制。而对传统的以 TCR 为代表的 SVC，由于其所能提供的最大电流分别受并联电抗器和并联电容器的阻抗特性限制，因而随着电压的降低而减小。因此 SVG 的运行范围比传统的 SVC 大。其次，SVG 的调节速度更快，而且在采取多重化或 PWM 技术等措施后可大大减少补偿电流中谐波的含量。更重要的是，SVG 使用的电抗器和电容元件远比 SVC 中使用的电抗器和电容要小，这将大大缩小装置的体积和成本。此外，对于那些以输电系统补偿为目的的 SVG 来讲，如果直流侧采用较大的储能电容，或者其他直流电源（如蓄电池组，采用电流型变流器时直流侧用超导储能装置等），则 SVG 还可以在必要时短时间内向电网提供一定量的有功功率，这对于电力系统来说是非常有益的，而且是传统的 SVC 装置所望尘莫及的。SVG 具有如此优越的性能，显示了动态无功补偿装置的发展方向。

9.3.5　柔性交流输电系统（FACTS）

由于电力电子技术对电力系统的深刻影响，美国科学家 N. G. Hingorani 博士于 1986 年提出了著名的 FACTS 概念。FACTS（Flexible AC Transmission System—灵活交流输电系统或柔性交流输电系统），就是在输电系统的重要部位，采用具有单独或综合功能的电力电子装置，对输电系统的主要参数（电压、相位差、电抗等）进行调整控制，使输电系统更加可靠，具有更大的可控性和传输能力。

由于电力系统输电能力受静态稳定、动态稳定、暂态稳定、电压稳定、热稳定等诸多因素的制约，长期以来为解决这些问题、提高电网输电能力，多采用传统电工手段，如并联电容、电抗、电气制动电阻、移相设备等元件，用机械投切、分接头、转换开关来改善系统运行性能。但这些电磁装置只能用于静态和缓变状态下系统潮流控制，缺乏对系统动态过程的控制能力。然而随着电力系统的迅速发展和对供电质量的高要求，电力工业需要采用高技术实现改造。与此同时，电力电子器件与技术的发展与成熟。为FACTS技术的出现奠定了基础。前面讨论的高压直流输电（HVDC）、静止无功补偿（SVC）、静止无功发生器（SVG）、有源电力滤波器（APF）等都属于FACTS的技术范畴；此外20世纪90年代开始投入运行的晶闸管控制串联电容装置（TCSC、CSC、ASC）、次同步振荡阻尼器、晶闸管控制相角调节器（TCPAR、PST）、静止调相机（STACON）、晶闸管控制动态制动器（TCDB）、统一潮流控制器（UPFC）等也都是FACTS技术内容。

FACTS是电力电子技术在电力系统中应用的技术成果总称，具有明显优势：

（1）采用功率电子开关操作，没有机械磨损，大大提高系统的可靠性和灵活性。

（2）响应时间短（ms级），控制快速，有利于暂态稳定性的提高。

（3）被控参数既可断续调节、也可连续调节，十分有利于系统动态稳定性的改善。

（4）可通过快速平滑调节，方便迅速地改变系统潮流分布，对提高现有网络的传输能力，防止事故下因连锁引发的跳闸十分有利。

（5）有助于建立统一的实时网络控制中心，大幅度提高电力系统的安全性及经济性。

随着电力电子技术的发展和在电力系统中的应用，FACTS内容和技术将会更加丰富。

9.4 装置电源

9.4.1 开关电源

广义地说，开关电源就是采用电力电子器件作为开关，通过控制开关器件的导通比实现对电能形式的变换和控制的变流装置。但一般来说，开关电源是指上述变流装置中的直流电源。开关电源中的电力电子器件工作在开关状态，其控制一般采用开关电源专用的集成电路。

开关电源的前身是线性稳压电源。由于开关电源具有效率高、稳压范围宽、体积小、质量小等特点，目前除了对直流输出电压的纹波要求极高的场合外，开关电源正在全面取代线性稳压电源。串联线性稳压电源原理图如图9-22所示，它是由一个工作在线性区的晶体管与负载串联构成，晶体管相当于一个可变电阻。采样电压环节对输出电压进行采样并输出到误差放大器与基准电压进行比较，经放大后驱动串联的功率晶体管，这种电压负反馈控制在

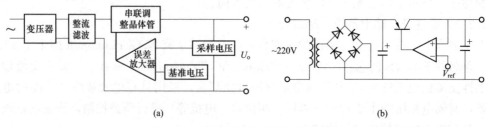

图9-22 串联型线性稳压电源原理图

(a)串联型线性稳压电源原理示意图；(b)串联型线性稳压电源电路原理图

输出电压由于输入电压或输出负载的变化而变化时，可以通过调整串联晶体管的等效电阻，使输出电压保持不变。这种线性稳压电源难以满足现代电子装置工作电源效率高、体积小、质量轻的发展趋势。首先得到应用发展的是晶体管串联开关稳压电源，其原理示意图如图 9-23 所示。快速功率晶体管串于输入与输出之间，工作于开关状态，采样得到输出电压的变化量，与基准电压经误差放大器比较放大后，通过电压、脉冲转换器，调整开关晶体管的导通关断时间从而控制输出直流电压的平均值。

半导体技术与大功率开关器件的发展，为取消稳压电源中的工频变压器，发展高频开关电源创造了条件，如图 9-24 所示为无工频变压器开关电源原理框图。其基本工作原理是：交流输入电压经输入滤波和输入整流滤波得到一个直流电压，通过功率变换电路将直流电压逆变成高频交流电压，经高频变压器隔离，输出所需的高频交流电压，最后经输出整流器滤波得到稳定可靠的直流电压。

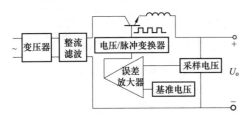

图 9-23　晶体管串联开关稳压电源原理示意图

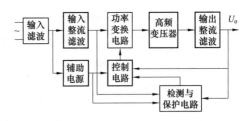

图 9-24　无工频变压器开关电源原理框图

图 9-25 所示为半桥型开关电源电路原理图，采用先整流滤波、后经高频逆变得到交流电压，然后由高频变压器降压、再整流滤波获得所需直流电压。

开关电源广泛用于各种电子设备、仪器以及家电中，如台式电脑和笔记本电脑的电源，电视机、播放机的电源以

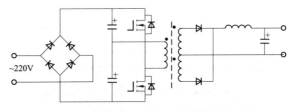

图 9-25　半桥型开关电源电路原理图

及家用空调器、电冰箱的电脑控制电路的电源等，这些电源功率通常仅有几十瓦至几百瓦。手机等移动电子设备的充电器也是开关电源，但功率仅有几瓦。通信交换机、巨型计算机等大型设备的电源也是开关电源，但功率较大，可达数千瓦至数百千瓦。工业上也大量应用开关电源，如数控机床、自动化流水线中，采用各种规格的开关电源为其控制电路供电。开关电源还可以用于蓄电池充电，电火花加工，电镀、电解等化学过程等，功率可达几十至几百千瓦。在 X 光机、微波发射机、雷达等设备中，大量使用的是高压、小电流输出的开关电源。

9.4.2　UPS 电源

不间断电源（Uninterruptible Power Supply，UPS）是当交流输入电源（习惯称为市电）发生异常或断电时，还能继续向负载供电，并能保证供电质量，使负载供电不受影响的装置。广义的说，UPS 包括输出为直流和输出为交流两种情况，目前通常是指输出为交流的情况。UPS 是恒压恒频（CVCF）电源中的主要产品之一。

UPS 最基本的结构原理如图 9-26（a）所示。其基本工作原理是，当市电正常时，市电经整流器整流为直流给蓄电池充电，可保证蓄电池的电量充足。一旦市电异常乃至停电，

即由蓄电池向逆变器供电，蓄电池的直流电经逆变器变换为恒频恒压交流电继续向负载供电，因此从负载侧看，供电不受市电停电的影响。在市电正常时，负载也可以由逆变器供电，此时负载得到的交流电压比市电电压质量高，即使市电发生质量问题（如电压波动、频率波动、波形畸变和瞬时停电）时，也能获得正常的恒压恒频的正弦波交流输出，并且具有稳压，稳频的性能，因此也称为稳压稳频电源。

为保证市电异常或逆变器故障时负载供电的切换，实际的 UPS 产品中多数都设置了旁路开关，如图 9 - 26（b）所示。市电与逆变器提供的 CVCF 电源由转换开关 S 切换，若逆变器发生故障，可由开关自动切换为市电旁路电源供电。只有市电和逆变器同时发生故障时，负载供电才会中断。还需注意的是，在市电旁路电源与 CVCF 电源之间切换时，必须保证两个电压的相位一致，通常采用锁相同步的方法。

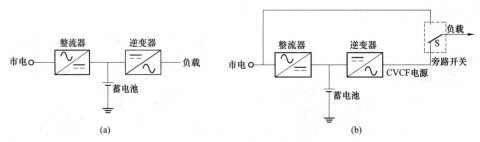

图 9 - 26 UPS 结构原理图

(a) UPS 基本结构原理图；(b) 具有旁路开关的 UPS

下面针对两个具体的例子，介绍 UPS 的主电路结构。

图 9 - 27（a）给出了容量较小的 UPS 主电路。整流部分使用二极管整流器和直流斩波器（用作 PFC），可获得较高的交流输入功率因数。与此同时，由于逆变器部分使用 IGBT 并采用 PWM 控制，可获得良好的控制性能。

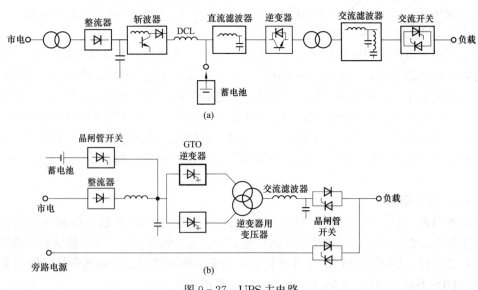

图 9 - 27 UPS 主电路

(a) 小容量 UPS 主电路；(b) 大容量 UPS 主电路

图 9-27（b）所示为使用 GTO 的大容量 UPS 主电路。逆变器部分采用 PWM 控制，具有调节电压的功能，同时具有改善波形的功能。为减小 GTO 的开关损耗，采用较低的开关频率，为了减少输出电压中所含的低次谐波，逆变器的 PWM 控制采取消除 3 次谐波的方式。而且将电角度相差 30°的两台逆变器用多绕组输出变压器合成，消除了 5 次、7 次谐波。此时输出电压中所含的最低次谐波为 11 次，从而使交流滤波器小型化。

UPS 电源用于为重要的用电设备提供不间断的高质量电力供应。在通信、计算机、自动化生产设备、航空、航天、金融、网络等领域中，许多关键性设备一旦停电将会造成巨大的损失，即使瞬时的供电中断也会造成不堪设想的后果，UPS 能够在电网供电中断或者电网电能质量较差的情况下保证用电设备不间断的正常供电。

UPS 电源可向用户提供输出稳压精度高、工作频率稳定、输出失真度小的电压正弦波。不论市电电网供电正常与否，在长期运行过程中，可能产生的任何瞬间供电中断时间控制在小于 5～10ms 的范围内，对于要求严格的场合，上述瞬间供电中断时间可控制在 3ms 之内。

UPS 电源品种包括单相输入/单相输出方式，三相输入/单相输出方式及三相输入/三相输出方式。其供电系统输出功率覆盖范围极宽。目前 UPS 的单机容量从几百伏安到 1500kVA，如采用多机冗余配置方案，可向用户提供 6000～7000kVA 的 UPS 供电系统。

9.4.3 交流电源

交流电源的作用是将工频电网等提供的固定频率、固定电压的电能，变换成所需要的各种电压、频率、相位、波形的交流电能形式，以满足各种交流用电设备的供电要求，根据变换参数的不同，交流电源可分为交流稳压电源、恒压恒频电源和交流调压电源等。

1. 交流稳压电源

交流稳压电源能在交流电网电压波动的情况下，为负载提供稳定的电压，并具有遏制电网电磁干扰的功能。传统的交流稳压电源电路简单，功率范围大，但响应速度慢，稳压精度差。开关型交流稳压电源采用高频开关型电力电子变流器实现对输出电压的控制，具有体积小、质量轻、精度高、动态性能好等优点，近年来得到快速的发展，并在中小型交流稳压电源中得到应用。

开关型交流稳压电源可分为全功率变换型和部分功率补偿型两种。全功率变换型将输入交流电压整流为直流，再通过全控型器件 IGBT 等构成的逆变器逆变为工频交流输出。逆变器采用正弦波脉宽调制（SPWM）技术，通过电压反馈控制逆变器以保持输出电压的稳定。

等脉宽调制（Equal Pulse Width Modulation，EPWM）斩波式交流稳压电源是一种新型部分功率补偿型交流稳压电源。其简化电路原理图如图 9-28 所示。主电路由 EPWM 桥式斩波电路 VT_1～VT_4 及其输出变压器 T_r、直流整流电路 VD_1～VD_4 和输出交流滤波器 L_fC_f 组成。桥式斩波器通过其输出变压器 T_r 的二次串联在市电电源与负载之间，以便对市电电压的波动进行正、负补偿。桥式斩波器输出电压中的谐波，由滤波器 L_fC_f 来滤除。桥式斩波器所需的直流电源，由稳压电源输出电压通过整流器 VD_1～VD_4 来供给。

斩波式交流稳压电源的控制电路是由市电输入电压整流检测电路、比较电路、EPWM 电路和桥式斩波器开关 VT_1～VT_4 工作状态的切换和触发电路组成。

这种稳压电源的优点是体积小、质量小、稳压精度高、反应速度快，是无级补偿、电路简单，适用于一切需要轻小和高稳定度的场合。

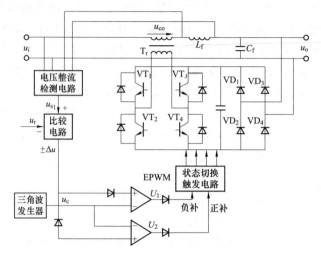

图 9-28　EPWM 斩波式交流稳压电源简化电路原理图

2. 恒压恒频电源

恒压恒频电源能够输出电压幅值、频率都稳定的正弦交流电压。恒压恒频电源由于其幅值和频率稳定度高，波形失真小，输出功率较大，在电子、机电、航空、航天、航海和精密加工等行业中得到广泛应用。

恒压恒频电源的供电系统一般由整流器、逆变器等组成。整流器将电网输入的交流电转换成直流电，整流器件一般采用晶闸管或高频开关整流器，通过对整流器件的控制实现对输出直流的调节。由于整流器对瞬时脉冲干扰不能消除，整流后的电压仍存在干扰脉冲，因此常需要接电容器或电感器滤波后，送入逆变器，由逆变器来完成直流电向交流电的转换。

3. 交流调压电源

交流调压电源输出频率固定、电压可调的交流电。由于电源的输出电压与输入电压的频率是相同的，因此不需要频率变换，只需对电压进行调节，电路结构和控制都比变频电源简单，通常称为交流调压器。实际应用中主要通过对负载电压的调节达到对输出功率的控制。

交流调压电源按结构和调压原理不同，可分为电机变压器类和电力电子变流器类两种。电机变压器类有感应调压器、抽头变压器、自耦变压器等。电力电子变流器类交流调压电源采用晶闸管、IGBT 等电力电子开关器件串入电源和负载间，通过控制电力电子开关器件的导通和关断实现对负载电压的调节。与电机变压器类交流调压电源相比，具有体积小、质量轻、控制灵活、动态性能好等优点。

9.5　照明

9.5.1　电子镇流器

人工照明所消耗的电能在总发电量中占有相当的比例，美国及其他发达国家约占 25%，我国约占 12%。据初步估计，照明节能率至少可以达到 20%，照明节能蕴藏着巨大的潜力。照明节能的途径主要包括 3 个方面：①采用和推广高效节能光源；②重视照明设计；③采取节能措施。目前在各种气体放电灯中采用电子镇流器已成为广泛采用的节能措施。

荧光灯和所有其他气体放电灯的启动和稳定工作都需要有适当的电路和控制装置—镇流器。用电感式镇流器并配之启辉器作为镇流和启动附件，具有可靠性高、使用寿命较长等优点。但是这种镇流器的体积和质量大，而且自身功耗大，有噪声。电子镇流器实质是在电网与气体放电灯之间安装的一个将低频交流电压转换为高频交流电压的电源变换器。电子镇流器工作在高频状态下，不仅减小了体积和质量，而且改变了灯的工作特性，能大幅提高光效，达到节能的目的，功率因数可高到接近 1 的水平。

由于气体放电灯的放电原理是负阻特性，因此，必须与镇流器配套使用才能使灯管正常工作，并处于最佳工作状态。传统的镇流器是电感式的，电感镇流器的构造本身就会产生涡流，发生功耗，加之使用的硅钢片的材料质量、制作工艺都会加剧这一功耗使镇流器发热，一般电感镇流器耗电大约是灯功率的 20% 左右。而电子镇流器的核心是高频变换电路。电子镇流器的基本结构框图如图 9-29 所示。

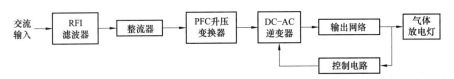

图 9-29 电子整流器结构框图

工频市电电压在整流之前，首先经过射频干扰（RFI）滤波器滤波。RFI 滤波器一般由电感和电容元件组成，用来阻止镇流器产生的高次谐波反馈到输入交流电网，以抑制对电网的污染和对电子设备的干扰，同时也可以防止来自电网的干扰侵入到电子镇流器。对于高品质的电子镇流器，在其整流器与大容量的滤波电解电容器之间，往往要设置一级功率因数校正（PFC）升压型变换电路。其作用就是获得低电流谐波畸变，实现高功率因数。DC-AC逆变器的功能是将直流电压变换成高频电压。逆变电路采用双极型功率管、场效应晶体管（MOSFET）等全控型开关器件，开关频率一般为 20~70kHz，主要有半桥式逆变电路和推挽式逆变电路两种形式。高频电子镇流器的输出级电路通常采用 LC 串联谐振网络。

为使电子镇流器安全可靠地工作，还要设计辅助电路。有的从镇流器输出到 DC-AC逆变电路引入反馈网络，通过控制电路以保证与高频发生器频率同步化。目前比较流行的异常状态保护电路，是将电子镇流器的输出信号采样，一旦出现灯开路或不能启动等异常状态，则通过控制电路使振荡器停镇，关断高频变换器输出，从而实现保护功能。

9.5.2 功率因数校正技术

开关电源的输入级采用二极管构成的不可控电容滤波整流电路，结构简单、成本低、可靠性高，但缺点是输入电流不是正弦波，解决这一问题的办法就是采用功率因数校正技术。

功率因数校正 PFC（Power Factor Corrector）技术就是通过一定措施，对电流脉冲的幅度进行抑制，使输入滤波电流连续，并尽可能接近于正弦波，或者也可认为使输入电流的谐波分量尽量小，提高功率因数。功率因数校正可分为无源功率因数校正和有源功率因数校正两种。

1. 无源功率因数校正技术

通过在二极管整流电路中增加电感、电容等无源元件和二极管元件，对电路中的电流脉冲进行抑制，以降低电流谐波含量，提高功率因数。在图 3-31 所示的整流电路输出端串入一个小电感，再和电容并联电阻的支路串联，可构成一种典型的无源功率因数校正电路。这种方法的优点是简单、可靠，无需进行控制；缺点是增加的无源元件体积大、成本较高，且功率因数仅能校正至 0.8 左右，谐波含量仅能降至 50% 左右，难以满足现行谐波标准的限制。

2. 有源功率因数校正技术

有源功率因数校正技术采用全控开关器件构成的开关电路对输入电流的波形进行控制，使之成为与电源电压同相的正弦波，总谐波含量可以降至 5% 以下，而功率因数能高达 0.995，彻底解决整流电路的谐波污染和功率因数低的问题，从而满足现行最严格的谐波标准，因此其应用越来越广泛。

（1）单相功率因数校正电路。开关电源中常用的单相有源 PFC 电路及主要波形如图 9-30 所示，这一电路实际上是二极管整流电路加上升压型斩波电路构成的，下面简单介绍该电路实现功率因数校正的原理。

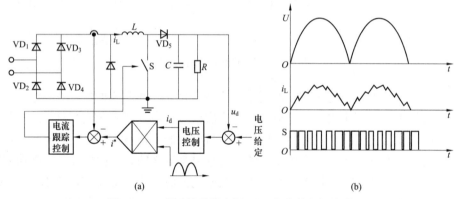

图 9-30　典型的单相有源 PFC 电路及主要波形

(a) 电路原理图；(b) 工作波形

直流电压给定信号 u_d^* 和实际的直流电压 u_d 比较后送入电压调节器，调节器的输出为一直流电流指令信号 i_d，i_d 和整流后的正弦电压相乘得到直流输入电流的波形指令信号 i^*，该指令信号和实际直流电感电流信号比较后，通过滞环对开关器件进行控制，便可使输入直流跟踪指令值，这样交流侧电流波形将近似成为与交流电压同相的正弦波，跟踪误差在由滞环环宽所决定的范围内。

由于采用升压斩波电路，只要输入电压不高于输出电压，电感 L 的电流就完全受开关 S 的通断控制。S 开通时，电感 L 的电流增长，S 关断时，电感 L 的电流下降。因此控制 S 的占空比按正弦绝对值规律变化，且与输入电压同相，就可以控制电感 L 的电流波形为正弦绝对值，从而使输入电流的波形为正弦波，且与输入电压同相，输入功率因数为 1。

单相有源功率因数校正电路较为简单，仅有一个全控开关器件。该电路容易实现，可靠性也较高，因此应用非常广泛，基本上已经成为功率在 0.5~3kW 范围内的单相输入开关电源的标准电路形式。

（2）三相功率因数校正电路。图 9-31（a）所示是单开关三相功率因数校正电路原理图，该电路是工作在电流不连续模式的升压斩波电路，连接三相输入的 3 个电感 $L_A \sim L_C$ 的电流在每个开关周期内都是不连续的，电路的输出电压应高于输入线间电压峰值方能正常工作。该电路的工作波形如图 9-31（b）所示。

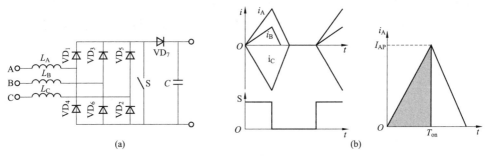

图 9-31　单开关三相 PFC 电路原理图及工作波形

(a) 电路原理图；(b) 工作波形

当 S 开通后，连接三相的电感电流值均从零开始线性上升（正向或负向），直到开关 S 关断；S 关断后，三相电感电流通过 VD_7 向负载侧流动，并迅速下降到零。

现以 A 相为例分析输入电流波形，在一个开关周期内，A 相输入电压 u_A 变化很小，变化量可以忽略，则在每一个开关周期中，电感电流是三角形或接近三角形的电流脉冲，其峰值与输入电压成正比。假设 S 关断后电流 i_A 下降很快，这样，在这一开关周期内电流 i_A 的平均值将主要取决于阴影部分的面积，其数值与输入电压成正比。因此，输入电流经滤波后将近似为正弦波。

在分析中略去了电流波形中非阴影部分，因此实际的电流波形同正弦波相比有些畸变。可以想象，如果输出直流电压很高，则开关 S 关断后电流下降就很快，被略去的电流面积就很小，则电流波形同正弦波的近似程度高，其波形畸变小。因此对于三相 380V 输入的单开关 PFC 电路，其输出电压通常选择为 800V 以上，此时输入功率因数可达 0.98 以上，输入电流谐波含量小于 20%，可以满足现行谐波标准的要求。

由于该电路工作于电流断续模式，电路中电流峰值高，开关器件的通态损耗和开关损耗都很大，因此适用于 3～6kW 的中小功率电源中。

3. 单级功率因数校正技术

前面所述的基于 boost 电路的有源功率因数校正技术具有输入电流畸变率较低的特点，若电路工作于电流连续模式，则开关器件的峰值电流较低。与常规的开关电源相比，采用上述结构的含有功率因数校正功能的电源由于增加了一级变换电路，主电路及控制电路结构较为复杂，使电源的成本和体积增加，由此产生了单级 PFC 技术。单级 PFC 变换拓扑是将功率因数校正电路中的开关元件与后级 DC-DC 变换器中的开关元件合并和复用，将两部分电路合二为一。因此单级变换器具有以下特点：①开关器件数减少，主电路体积及成本可以降低；②控制电路通常只有一个输出电压控制闭环，简化了控制电路；③有些单级变换器拓扑中部分输入能量可以直接传递到输出侧，不经过两级变换，所以效率可能高于两级变换器。由于上述特点，单级 PFC 变换器在小功率电源中的优势较为明显，因此成为研究的热点之一，产生了多种电路拓扑。

与两级变换器方案类似，单级 PFC 变换器拓扑根据输入电源的情况也分为单相变换器和三相变换器。由于单级 PFC 变换器适合于小功率电源，因此以单相变换器为主。对于单级 PFC 校正装置，主要性能指标包括效率、元件数量、输入电流畸变等，这些指标在很大程度上取决于电路的拓扑形式。

由于升压电路的峰值电流较小,目前应用的主要方案为单开关升压型 PFC 电路,DC-DC 部分为单管正激或反激电路。一种基本的单开关升压型单级 PFC 变换电路如图 9-32 所示。

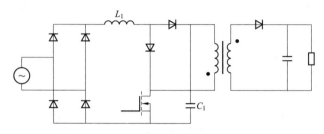

图 9-32 单开关升压型单级 PFC 变换电路原理图

其基本工作原理为:开关在一个开关周期中按照一定的占空比导通,开关导通时,输入电源通过开关给升压电路中的电感 L_1 储能,同时中间直流电容 C_1 通过开关给反激变压器储能,在开关关断期间,输入电源与 L_1 一起给 C_1 充电,反激变压器同时向二次侧电路释放能量。开关的占空比由输出电压调节器决定。在输入电压及负载一定的情况下,中间直流侧电容电压在工作过程中基本保持不变,开关的占空比也基本保持不变。输入功率中的 100Hz 波动由中间直流电容进行平滑滤波。

9.6 环境保护

9.6.1 粉尘治理

粉尘治理的主要方式是静电除尘,静电除尘是利用高压电场的静电力,使带电荷的粉尘产生定向运动而从气体中分离使气体得到净化的方法。随着电力电子技术的迅猛发展,具有控制方便、灵敏度和精度高等优点的电力电子技术将成为影响静电除尘器除尘效果的不可分割的必备技术。现代工业静电除尘器一般都是采用电晕放电的方法实现的,电力电子设备主要应用于高压静电除尘电源。静电除尘器的高压系统由升压变压器、高压整流器、控制元件、自动控制反馈 4 部分组成,如图 9-33 所示。

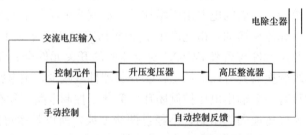

图 9-33 高压静电除尘系统结构图

工业上除尘用高压静电通常需要 50～150kV 的直流高压,随除尘器本体的大小和除尘功率的不同,电流一般在 5～100mA 之间,针对具体应用情况,电压、电流都是根据除尘环境及粉尘特点决定的。高压静电除尘电源分为工频升压整流型高压除尘电源和高频逆变类高压除尘电源。电容倍压整流电路与高频逆变技术的结合，组成了高频逆变静电高压电源。由于变压器采用高频软磁材料，工作频率可以达到数十千赫兹，从而使高压静电除尘系统具有体积小、质量轻、效率高的优点。

9.6.2 空气净化器

空气净化器又称"空气清洁器"、空气清新机、净化器，是指能够吸附、分解或转化各种空气污染物（一般包括 PM2.5、粉尘、花粉、异味、甲醛之类的装修污染、细菌、过敏源等），有效提高空气清洁度的家电产品，主要分为家用、商用、工业、楼宇。

空气净化器中有多种不同的技术和介质，使它能够向用户提供清洁和安全的空气。常用的空气净化技术有吸附技术、负（正）离子技术、催化技术、光触媒技术、超结构光矿化技术、HEPA 高效过滤技术、静电集尘技术等；材料技术主要有：光触媒、活性炭、极炭心滤芯技术、合成纤维、HEAP 高效材料、负离子发生器等。现有的空气净化器多采用复合型，即同时采用了多种净化技术和材料介质。空气净化器主要由马达、风扇、空气过滤网等系统组成，其工作原理为：机器内的马达和风扇使室内空气循环流动，污染的空气通过机内的空气过滤网后将各种污染物清除或吸附，将空气不断电离，产生大量负离子，被微风扇送出，形成负离子气流，达到清洁、净化空气的目的。空气净化器的直流高压电源部分也是采用电力电子装置实现。

9.7 新能源

9.7.1 太阳能发电

太阳能是一种重要的可再生能源。太阳能可以热利用、光化学利用和光伏利用。其中，太阳能发电包括热动力（水流或气流）发电和目前普遍应用的光伏发电。

光伏发电由太阳能电池实现。太阳能电池单元是光电转换的最小单元，它利用光电效应量子理论，在类似于二极管 PN 结的半导体上产生电能。光伏电池单元所能产生的电压较低（Si 电池约为 0.5V/25mA），一般须将电池单元进行串、并联并封装组成太阳能电池组件，如 36 个单元产生大约 16V 电压；众多太阳能电池组件一般还需再串并联后形成太阳能电池阵列，可输出较高的电压或电流，才能实际利用。

太阳能光伏发电系统结构如图 9-34（a）所示，该系统中的能量能进行双向传输。在有太阳能辐射时，由太阳能电池阵列向负载提供能量；当无太阳能辐射或太阳能电池阵列提供的能量不够时，由蓄电池向系统负载提供能量。该系统可为交流负载提供能量，也可为直流负载提供能量，当太阳能电池阵列能量过剩时，可以将过剩能量存储起来或把过剩能量送入电网。该系统功能全面，但是系统过于复杂，成本高，仅在大型的太阳能光伏发电系统中才使用这种结构，并具有上述全面的功能；而一般使用的中、小型系统仅具有该系统的部分功能。

光伏发电系统可分为独立和并网光伏发电系统。

（1）独立光伏发电系统：是指未与公共电网相连接的太阳能光伏发电系统，其输出功率提供给本地负载（交流负载或直流负载）的发电系统。其主要应用于远离公共电网的无电地区和一些特殊场所，如为公共电网难以覆盖的边远偏僻农村、海岛和牧区提供照明、看电视、听广播等基本生活用电，也可为通信中继站、气象台和边防哨所等特殊处所提供电源。

图 9-34（b）所示为一种常用的太阳能独立光伏发电系统结构示意图，该系统由太阳能电池阵列、DC-DC 变换器、蓄电池组、DC-AC 逆变器和交直流负载构成。DC-DC 变换器将太阳能电池阵列转换的电能传送给蓄电池组存储起来，供日照不足时使用。蓄电池组的能量直接接给直流负载供电或经 DC-AC 变换器给交流负载供电。该系统由于有蓄电池组，成本增加，但可在无日照或日照不足时为负载供电。

（2）并网光伏发电系统：与公共电网相连接的太阳能光伏发电系统称为并网光伏发电系统。并网光伏发电系统将太阳能电池阵列输出的直流电转化为与电网电压同幅、同频、同相的交流电，并实现与电网连接，向电网输送电能。它是太阳能光伏发电进入大规模商业化发电阶段、成为电力工业组成部分之一的发展方向，是当今世界太阳能光伏发电技术发展的主流趋势。图 9-34（c）所示为一种常用的并网光伏发电系统结构示意图，该系统包括太阳能电池阵列、DC/DC 变流器、并网逆变器、变压器，以及对应的控制器和驱动电路。

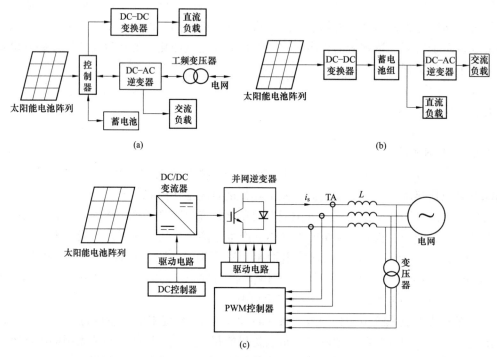

图 9-34 太阳能光伏发电系统结构图

（a）太阳能光伏发电系统；（b）独立光伏发电系统；（c）典型并网光伏发电系统

DC/DC 变流器在电池阵列与电网或负载之间建立一个缓冲直流环节，根据网压需求提升或降低光伏电压、维持直流电压稳定，同时还承担最大功率点跟踪控制（MPPT 控制）功能。并网逆变器产生合适的交流电能注入电网。控制器负责直流变流器和逆变器，负责 PWM 脉冲系列的产生、MPPT 算法、并网电流/电压波形。另继电保护部件可保证光伏发电系统和电网的安全。

（3）带双向变换器的独立光伏发电系统。以带双向变换器的太阳能独立光伏发电系统为例，简单介绍电力电子在太阳能独立光伏发电系统中的应用。带双向变换器的独立光伏发电系统结构框图如图 9 - 35（a）所示。图 9 - 35（b）所示该系统主要包括几个部分：太阳能电池阵列、BOOST 变换器（升压变换器）、负载、双向 BUCK - BOOST 变换器（升降压变换器）、蓄电池及控制电路。

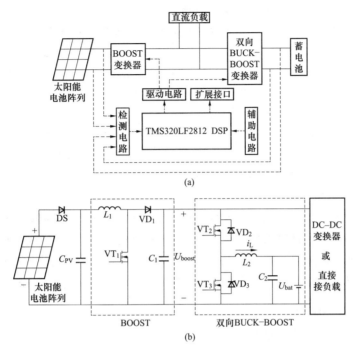

图 9 - 35　带双向变换器的独立光伏发电系统
（a）系统结构图；（b）系统电路原理图

该系统运行原理如下：

1）当日照较强，太阳能电池阵列输出功率大于负载功率时，太阳能电池阵列输出的电能经 BOOST 变换器给负载供电，多余的电能通过双向 BUCK - BOOST 变换器传输给蓄电池将能量储存起来。

2）当日照较弱，太阳能电池阵列输出功率小于负载功率时，由太阳能电池阵列和蓄电池共同给负载供电，太阳能电池阵列输出的电能经 BOOST 变换器给负载供电，不足的电能由蓄电池通过双向 BUCK - BOOST 变换器给负载供电。当无日照，光伏阵列输出功率为零时，由蓄电池单独给负载供电。

3）当有日照，太阳能电池阵列输出功率大于零且负载断开时，太阳能电池阵列输出的电能经 BOOST 变换器和双向 BUCK - BOOST 变换器后给蓄电池充电将能量储存起来。

另外，如果蓄电池放电至低于过放电压，或者蓄电池充电至超过过充电压时，双向变换器将被强行控制关断，以保护蓄电池不被损坏，延迟蓄电池的使用寿命。

独立光伏发电系统所有控制功能的实现均由控制电路完成，控制电路采用数字信号处理器 TMS320LF2812，由数字处理器 TMS320LF2812 采样所需要的电流、电压信号并对信号进行处理，输出 PWM 控制主电路功率开关管的通断。

9.7.2　风能发电

风能是非常重要并储量巨大的能源，它安全、清洁、充裕，能提供源源不绝、稳定的能源。目前，风力发电已成为风能利用的主要形式。风能作为一种清洁的可再生能源，越来越受到世界各国的重视。其蕴藏量巨大，我国陆上风能储量约为 2.5 亿 kW，海上风能储量至少 7.5 亿 kW，每年可供电量约为 2000 亿 kWh，主要分布在沿海、西北、东北和内蒙古等地区，我国风能资源丰富，风电产业发展较快。

风力发电有三种运行方式：一是独立运行方式，通常是一台小型风力发电机向一户或几户提供电力，它用蓄电池蓄能，以保证无风时的用电；二是风力发电与其他发电方式（如柴油机发电）相结合，向一个单位或一个村庄或一个海岛供电；三是风力发电并入常规电网运行，向大电网提供电力，常常是一处风电场安装几十台甚至几百台风力发电机，这是风力发电的主要发展方向。

风力发电按照风力发电机转速是否恒定分为定转速运行与可变速运行两种方式；按照发电机的结构分，有异步发电机、同步发电机、永磁式发电机、无刷双馈发电机和开关磁阻发电机等机型。下面介绍几类主要的风力发电系统。

1. 恒速恒频风力发电系统

早期的风力发电机组主要采用以笼型异步发电机为主的恒速恒频运行方式，其发电系统如图 9 - 36 所示。恒速恒频风力发电系统具有结构简单、运行可靠、成本相对较低等优点，采用直接并网方式。风力机一旦并网运行，其转速基本不变，为了限制并网冲击，可以采用软启动器进行入网控制，而软启动器就是一种电力电子装置（AC - AC 变化）。

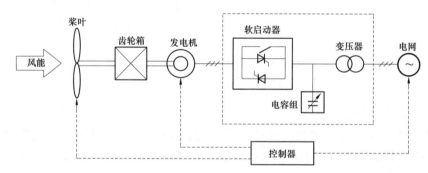

图 9 - 36　笼型异步发电机恒速恒频风力发电系统

2. 变频恒速风力发电系统

由于恒速恒频风力发电机系统的发电机转速固定，因此只能在某一特定风速下运行时才能达到最佳的功率运行点，当风速改变时，风力机就会偏离最佳功率运行点，导致发电量下降。另外异步风力发电机组输出的功率因数较低，一般需要电容器组进行无功补偿。为了最大限度地利用风能，提高风力发电机组性能，变速恒频风力发电机组得到了快速发展并成为风力发电的主流。在变频恒速风力发电系统中，由于风力机可在大范围的风速变化时保持高效运行，因此高性能的电力电子变换装置必不可少。目前，实现变速恒频风力发电的方案有异步感应发电机全功率系统、永磁同步直驱全功率系统以及异步双馈系统等，其发电系统如图 9 - 37 所示。

其中异步双馈系统由于可采用较小功率（30％风机功率）的电力电子变换器，目前已成为变速恒频风力发电的主流；而永磁同步直驱全功率系统由于采用高效发电机且省略了齿轮箱，因而是变速恒频风力发电系统的发展方向。变速恒频风力发电系统中的电力电子变换器

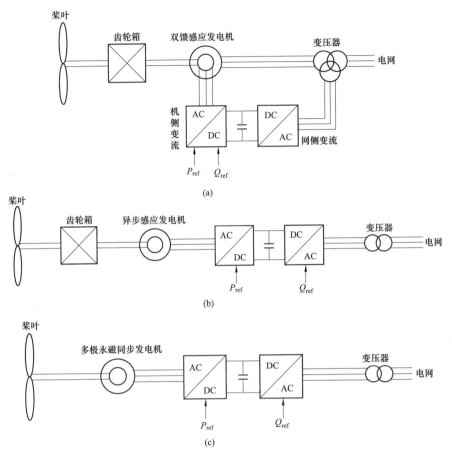

图 9-37　变频恒速风力发电系统

（a）双馈风力发电系统；（b）异步感应发电机的全功率

风力发电系统（有齿轮箱）；（c）永磁同步直驱风力发电系统（无齿轮箱）

大都采用了发电机侧变换器与电网侧变换器"背靠背"的运行模式。

3. 双馈风力发电系统并网变流器

变速恒频风力发电机常采用交流励磁双馈型发电机，它的结构类似绕线型感应电机，只是转子绕组上加有滑环和电刷，这样一来，转子的转速与励磁的频率有关，从而使得双馈型发电机的内部电磁关系既不同于异步发电机又不同于同步发电机，但它却具有异步机和同步机的某些特性。

双馈发电机的结构是在绕线转子异步电动机的转子回路中接入一个变频器实现交流励磁，采用双馈型感应发电机时，发电机定子绕组直接接到电网上，转子上的双向功率交流励磁变流器的另一端也接入电网，风力发电对双馈电机变流器的主要要求是：

（1）为了追踪最大风能利用率和减少量，发电机要在同步速左右（超同步和亚同步）运行，要求变流器具有能量双向流动的能力。

（2）转子与定子之间存在电磁耦合，转子侧的谐波电流会在定子侧得到感应甚至放大。为确保并网电能质量，要求励磁变流器具有良好的输出特性。

（3）大容量系统变流器容量也大，为了防止变流器作为电网的非线性负载对电网产生谐波污染和引起无功问题，要求变频器的输入特性好，即输入电流的谐波少。

（4）某些条件下，变流器还要具备产生无功功率的能力，为系统提供无功支持。

（5）广泛应用的风电系统还要求交流励磁变流器具有一定的对电网故障适应能力，且尽可能具有对双馈发电机的有效控制能力。

用于双馈发电机交流励磁要求的变流器主要有交—直—交电压型变流器，如图 9-38（a）所示，是两电平电压型双 PWM 变流器；交—交直接变流器，如图 9-38（b）所示采用相控变流器。

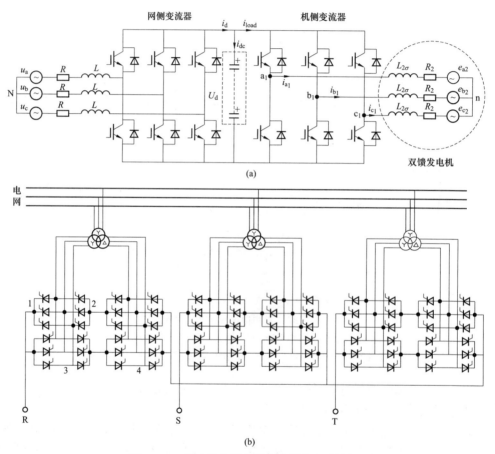

图 9-38　双馈发电机并网变流器主电路结构

（a）交—直—交双 PWM 变流器；（b）晶闸管相控交—交直接变流器

两电平电压型双 PWM 变流器的控制最简单、可靠，技术上最成熟。这也是双馈发电机应用较多的类型。交—直—交电压源动态响应较好，由于具有中间直流储能环节，对电网扰动具有一定的适应能力。如果采用电网电压定向矢量控制，电网频率的波动不会影响其性能；机网两侧电压幅值的波动可得到较好的抑制，从而对另一侧变流器的影响较小。

交—交直接变频器不需要直接储能元件，机网两侧直接耦合，动态响应较快，但所需的功率开关器件数较多，且输入功率因数及输入输出谐波畸变问题较为严重，实际上不适合风力发电系统。

交流励磁双馈变速恒频风力发电机不仅可以通过控制交流励磁的幅值、相位、频率来实现变速恒频，还可以实现有功、无功功率控制，对电网而言还能起无功补偿的作用。交流励磁变速恒频双馈发电机系统有如下优点：

（1）允许原动机在一定范围内变速运行，简化了调整装置，减少了调速时的机械应力。同时使机组控制更加灵活、方便，提高了机组运行效率。

（2）需要变频控制的功率仅是电机额定容量的一部分，使变频装置体积减小，成本降低，投资减少。

（3）调节励磁电流幅值，可调节发出的无功功率；调节励磁电流相位，可调节发出的有功功率。应用矢量控制可实现有、无功功率的独立调节。

参 考 文 献

[1] 王兆安，刘进军．电力电子技术［M］．5 版．北京：机械工业出版社，2009.

[2] 刘志刚，叶斌，梁晖．电力电子学［M］．北京：清华大学出版社，北京交通大学出版社，2004.

[3] 陈坚．电力电子学——电力电子变换和控制技术［M］．北京：高等教育出版社，2004.

[4] 龚素文，李图平．电力电子技术［M］．2 版．北京：北京理工大学出版社，2014.

[5] 张兴，杜少武，黄海宏．电力电子技术［M］．北京：科学出版社，2010.

[6] 曲永印，白晶．电力电子技术［M］．北京：机械工业出版社，2013.

[7] 王楠，沈倪勇，莫正康．电力电子应用技术［M］．4 版．北京：机械工业出版社，2013.

[8] 麦崇漪，苏开才．电力电子技术基础［M］．广州：华南理工大学出版社，2003.

[9] 钱照明，等．中国电气工程大典（第 2 卷）——电力电子技术［M］．北京：中国电力出版社，2009.

[10] 王云亮．电力电子技术［M］．3 版．北京：电子工业出版社，2013.

[11] 浣喜明，姚为正．电力电子技术［M］．2 版．北京：高等教育出版社，2011.

[12] 石玉，粟书贤，王文郁．电力电子技术题例与电路设计指导［M］．北京：机械工业出版社，1999.

[13] 林飞，杜欣．电力电子应用技术的 MATLAB 仿真［M］．北京：中国电力出版社，2009.

[14] 洪乃刚．电力电子、电机控制系统的建模和仿真［M］．北京：机械工业出版社，2010.

[15] 裴云庆，卓放，王兆安．电力电子技术学习指导习题集及仿真［M］．北京：机械工业出版社，2012.

[16] 冯垛生．交流调速系统［M］．北京：机械工业出版社，2008.

[17] 陈伯时．电力拖动自动控制系统——运动控制系统［M］．3 版．北京：机械工业出版社，2003.

[18] 冯玉生，李宏．电力电子变流装置典型应用实例［M］．北京：机械工业出版社，2008.